台科大
since 1997

用 Arduino 輕鬆入門 物聯網 IoT 實作應用

使用圖形化 motoBlockly 程式語言

慧手科技 – 徐瑞茂 · 林聖修 編著

案例程式下載說明：

本書程式檔案請至台科大圖書網站（http://tkdbooks.com）圖書專區下載；或可直接於台科大圖書網站首頁，搜尋本書相關字（書號、書名、作者），進行書籍搜尋，搜尋該書後，即可下載本書程式檔案內容。

序言

隨著各式聯網裝置價格及聯網成本的日益下滑，物聯網（Internet of Things, IoT）時代已正式宣告來臨。而各種如智慧城市、智慧家庭及智慧醫療等的延伸應用，均是建構在物聯網基礎上。由此可知在未來，物聯網將與我們的生活密不可分。

讓各式物件連上網路的目的，不外乎是想遠端控制、收集資訊、監控應對及擷取網路資訊等，依其需求及目的的不同，使用的聯網裝置及協定可能也有所不同，此時便宜易取得又好上手的 Arduino 開發板便是用來模擬實作物聯網的最佳選擇。

本書將以 Arduino 開發板搭配慧手科技的 ESP8266 連網模組，透過 WiFi 上網並搭配各式不同且免費的網路服務平台來示範各種物聯網的相關應用，包括，Thingspeak 大數據蒐集，IFTTT 物聯網通報服務，MQTT 遠端遙控，Google Form 數據收集，以及 Line Notify 即時通報應用。也希望讀者在經過這些拋磚引玉的練習之後，能夠就此衍生出更多更酷的物聯網應用。

本書能順利出版，最主要感謝 范總經理精準的定位教育市場，以及編輯團隊的合作，特別感謝讀者們對本書的支持，若有任何問題，歡迎隨時來信交流。

編者　謹識

目錄 Contents

Chapter 0 Arduino 軟硬體的基礎介紹與設定

Chapter 1 ThingSpeak - 農場大數據 & 雲端叫號系統

Chapter 2 IFTTT - 防盜 & 求援系統

Chapter 3

MQTT - 遠端遙控 & 傳訊系統

Chapter 4

Google Form - 雲端點餐 & 打卡系統

Chapter 5

NTP 與 LINE Notify - 定時開關 & 用藥提醒系統

附錄

Arduino 軟硬體的基礎介紹與設定 0

Arduino 近幾年已成為全球學生、自造者(Maker)等最喜愛的開發板之一，伴隨著時代的演進，物聯網(IoT，Internet of Things)與人工智慧(AI，Artificial Intelligence)大行其道，Arduino 開發板自然也不會置身其外，透過搭配 ESP8266 或其他的邊緣運算裝置，Arduino 同樣也可以做到 IoT 或 AI 的相關應用。本書將介紹數種可與 Arduino 搭配運作的免費物聯網平台及服務協定，透過慧手科技(Motoduino)所提供的圖控式程式編輯軟體 motoBlockly，使用者將可迅速地讓自己的 Arduino 連上雲端，輕鬆實現自己翱翔雲端的想法。

0-1 相關硬體簡介

Arduino 簡介

近幾年來，國內的自造者（Maker，又有人稱之為「創客」）運動風起雲湧，隨著物聯網與人工智慧的興起，這股風潮更是銳不可擋。究其原因，軟硬體皆開源（Open Source）的單晶片開發板 – Arduino 問世，算是點燃這股風潮的一個最大引信。

Arduino UNO 於 2005 年由義大利米蘭互動設計學院裡的教授設計推出，原本是要讓自己的學生能夠更簡易地設計出能和民眾互動的藝術裝置。為了讓沒有電子或資訊背景的設計學院學生能夠輕易上手，Arduino 開發板的使用方式設計的相當簡便。正因 Arduino 開發板簡易、親民的使用方式及無遠弗屆的應用範圍，消弭了初學者想一窺究竟的進入門檻，致使這片開發板在短短幾年間便席捲全世界。

那什麼是 Arduino 呢？以電腦來比喻的話，一片 Arduino 開發板就像是一個沒有外接任何輸入（如鍵盤、滑鼠）及輸出（如螢幕、喇叭）裝置的小型電腦主機，但 Arduino 並不像電腦具有超大容量的記憶體空間及作業系統，因此若要讓它做出輸出／入的動作，除了得「外接」其他的硬體模組外，尚需編寫程式來指揮它。雖然 Arduino 的執行效能不像電腦那麼強大，但已足夠支援日常生活中的感測監控、危險或重複性的工作。至於 Arduino 能做什麼或要做什麼樣的工作，則需端看其所搭配的外接裝置與相關程式的設定流程而定。

（圖片來源：https://www.arduino.cc/en/Main/Products）

Arduino 本身並無配置任何硬碟裝置，不過本書搭配使用的 UNO 或 U1 型號的 Arduino 開發板配置有 32KB 的 Flash Memory、2KB 的 SRAM 與 1KB 的 EEPROM 可供使用。

如上圖所示，除了左上角的那片常見的 UNO 開發板外，依不同的功用需求，Arduino 也推出了許多不同型號的開發板：

1. 可提供更多腳位與記憶體空間的 Arduino MEGA 2560（54 個數位腳位，並配置有 256KB 的 Flash Memory、8KB Arduino 的 SRAM 與 4KB 的 EEPROM）。
2. 不需外接其他連網裝置，可直接讓 Arduino 連上網路的 Arduino Yún。
3. 開發板尺寸縮小的 Arduino MINI、MICRO 與 NANO。
4. 外觀改為圓形的 Arduino GEMMA。

如下圖所示，本書所使用的開發板 Motoduino U1 型號，則可直接驅動兩顆直流馬達。使用者可以針對自己的需求，選擇適當的 Arduino 開發板來做運用。

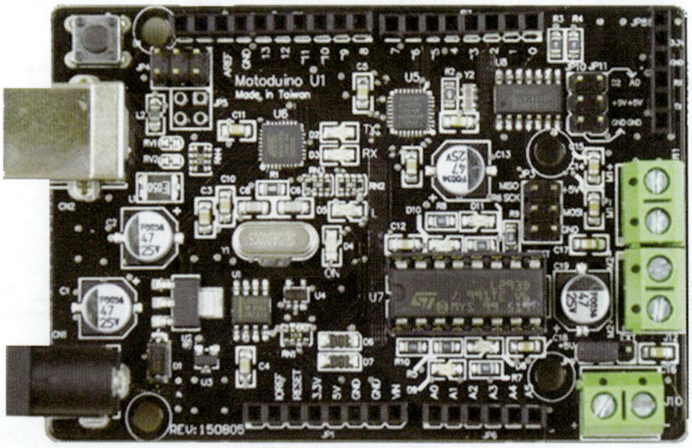

擴充板與外接裝置簡介

前述之 Arduino 開發板就是一台小型的電腦主機，如同電腦會搭配鍵盤、螢幕來擔任輸出／入的介面一樣，Arduino 同樣也擁有屬於自己的輸出／入裝置，這些裝置大多由特殊的感測元件組成，不同的感測元件可量測不同的感測數值（如溫濕度、亮度等）。也由於 Arduino 可以使用這些特殊的感測元件，所以 Arduino 和使用者之間也多了許多和電腦大不相同的應用互動方式。

如下圖所示，為了減少非本科使用者在外接其他元件上的麻煩，本書將使用慧手科技公司的 S4A Sensor Board 擴充板與 Arduino 搭配，讓使用者可以直接將其安裝在 Arduino UNO 及 Motoduino U1 上使用。

此款擴充板已事先在上面配置了多種的輸出入裝置（例如光敏、聲音感測器、LED 及蜂鳴器…等），當使用者將其安裝至 UNO 或 U1 上後，並不需再另行配線，馬上就可以透過相關軟體來對上頭的元件進行操作。

若是 S4A Sensor Board 所配置的元件不敷使用（例如上網時需用的 ESP8266），我們還可以透過擴充板上 RJ11 擴充槽（如下圖方框處所示）以外接其他元件的方式來拓展其功能，藉此讓你的 Arduino 能夠發展出更多的可能性。

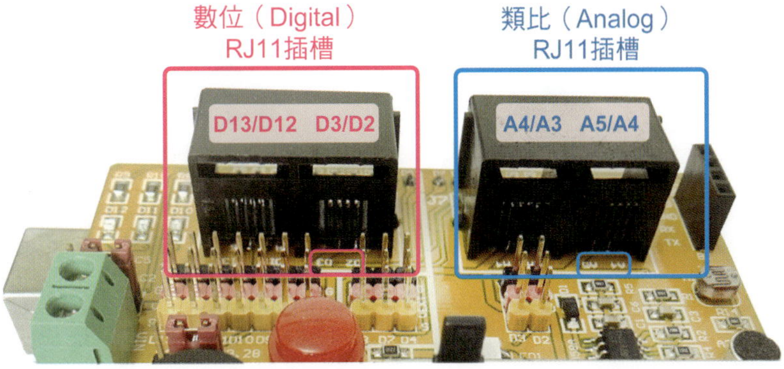

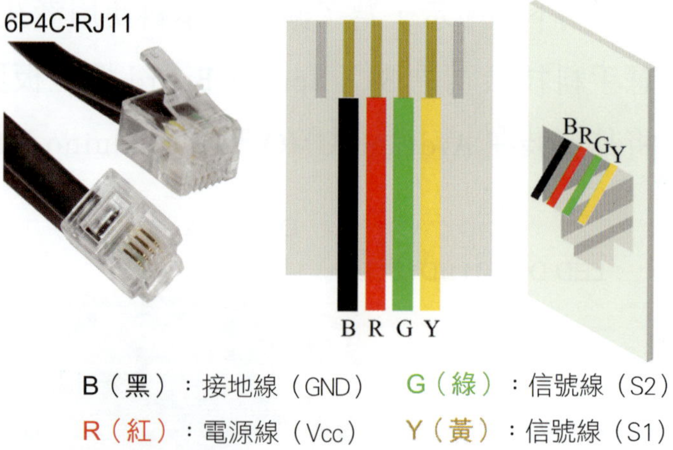

而 6P4C 的 RJ11 連接線構造如右圖所示，裡面除了黑、紅兩條線會分別接到 Arduino 開發板的接地（GND）和電源（VCC）外，還有綠、黃兩條訊號線可以使用。眼尖的讀者應該會注意到，Sensor Board 上每一個 RJ11 的插槽都分別連接至 Arduino 開發板的 2 個腳位，主要還是因為某些外接擴充模組會需要兩個腳位才能夠操控（例如：1602 LCD、超音波感測器……等），所以 Sensor Board 上的每個 RJ11 插槽才會配合 RJ11 線連接至 Arduino 開發板的兩個腳位。

可支援 RJ11 插槽的 Arduino 外接裝置如下：

Relay 繼電器

LM35 溫度感測模組

磁簧感測器

環境光源感測器

LED 模組

按鈕開關模組

可變電阻模組

水溫感測模組

傾斜開關

微動 / 碰撞開關

溫濕度感測模組

12C 1602 LCD

WiFi 模組（ESP8266）的簡介

由於常見的 Arduino UNO 與本書所配合使用的 Motoduino U1 本身均無法自行連上網路，因此本書所有關於物聯網的相關範例，均會使用如下圖所示可支援 RJ11 與 Sensor Board 連接的 Motoduino ESP8266 WiFi 模組。

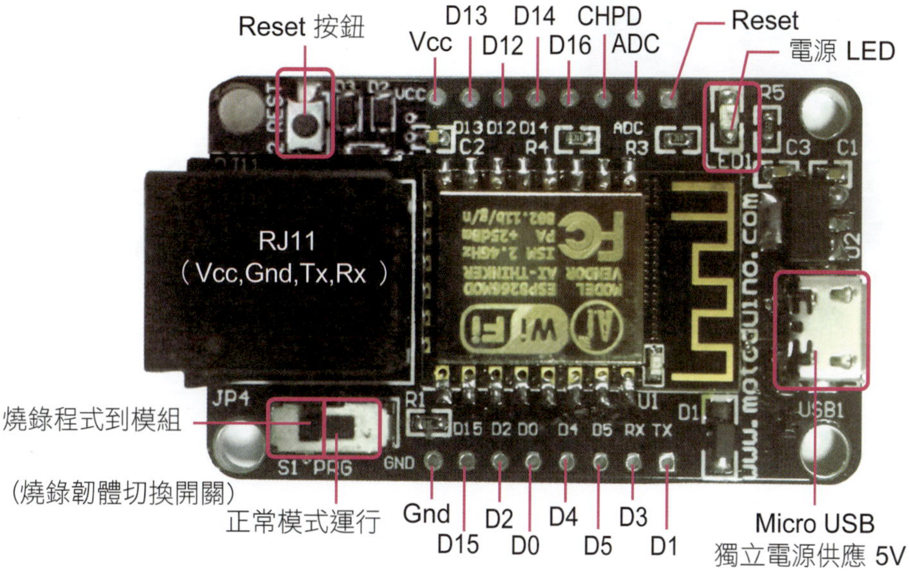

此款 WiFi 模組是以 ESP8266-12F 晶片為核心，配置 4MB 的快閃記憶體（Flash Memory），並可支援 2.4GHz 802.11 b/g/n 與 WPA/WPA2 通訊協定，在透過 RJ11 連接線與 Arduino 的擴充板 Sensor Board 對接後，便可讓 Arduino 以 UART 介面的方式與其溝通，進而協助 Arduino 開發板躍上雲端。

由於此 ESP8266 模組本身就配置有 4MB 的快閃記憶體，因此可以捨棄與 Arduino 開發板的搭檔，單獨與具有 RJ11 擴充槽的擴充板搭配來作為程式開發板使用。若有一些物聯網應用需要小一點的開發板尺寸或大一點的記憶體空間，建議便可單獨使用 ESP8266 模組與其擴充板來完成。

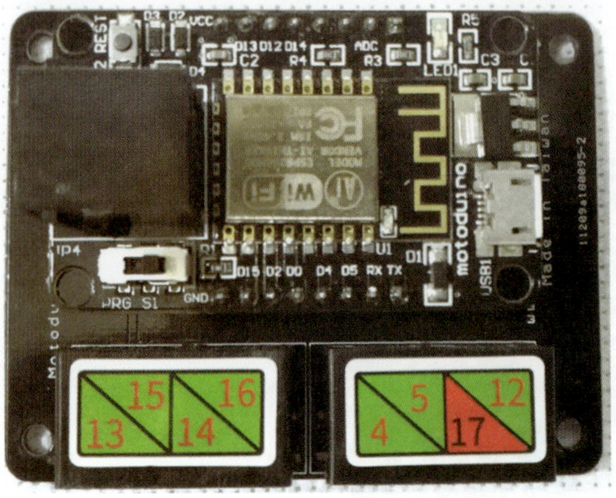

若需其更詳細的規格資訊，可至其官網（http://www.motoduino.com/product/esp8266only）中查詢。

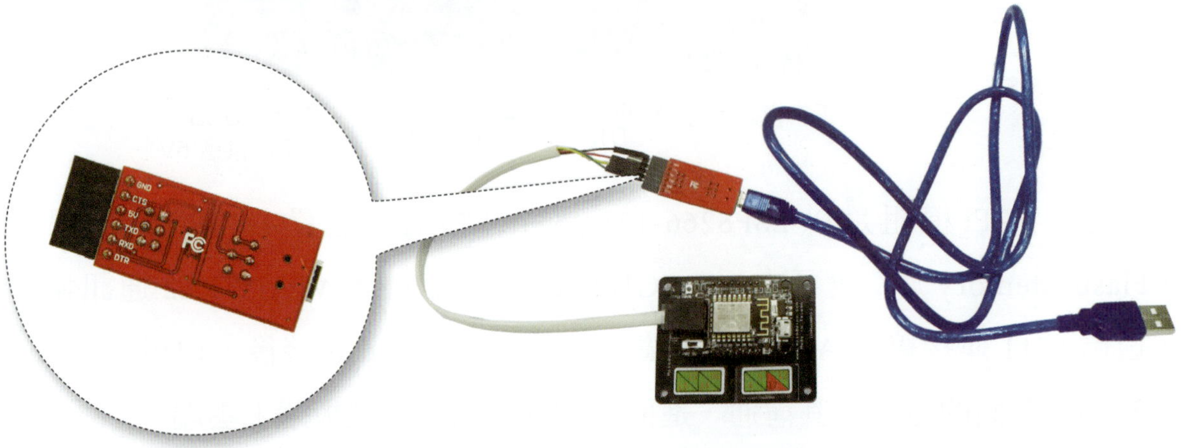

ESP8266 模組的 MicroUSB 只具備提供外接電源的功用，若想直接上傳程式到 ESP8266 模組讓其單獨運作，則需使用如上圖所示般的 TTL 轉 USB 轉接板才可以。其中轉接板的一頭需以 RJ11 轉 4 Pins 杜邦線連接至 ESP8266 模組，而另一頭則以 MiniUSB 傳輸線連接至電腦端，在編譯上傳程式前請務必留意其硬體接線的方式。

在以 Arduino 搭配 ESP8266 模組上網時，使用者僅需完成 Arduino 端的程式即可，此時的 ESP8266 模組並不需再另寫程式來控制。不過單獨以 ESP8266 模組作為控制板時需另寫程式，一旦 ESP8266 模組的出廠程式被新程式蓋過之後，此 ESP8266 模組便無法再與 Arduino 進行搭配上網的動作，除非再重新上傳 ESP8266 模組的出廠程式。（重新上傳出廠程式的流程可參考下列網頁：http://sinocgtchen.blogspot.com/2016/05/motoduino-wifi-terminal-esp8266.html）

由於 Arduino 開發板外接 ESP8266 模組與單獨的 ESP8266 模組在圖控式程式開發軟體 motoBlockly 中均有現成的程式積木可供使用，因此在硬體接線與程式控制都相對簡易的狀況下，便可更快速地讓使用者利用 Arduino 與此 WiFi 模組來做出屬於自己的物聯網作品。

0-2 安裝 Arduino IDE 與驅動程式

Arduino IDE 是由 Arduino 官方所提供的 Arduino 程式開發軟體，不論是程式的編寫與上傳，還是相關開發板驅動程式的安裝，都需要使用到此套軟體。本節將以 Windows 作業系統為例，逐步說明 Arduino IDE 的安裝流程。

Step 01 如下圖所示，請先至 Arduino 官網 http://arduino.cc 下載 Arduino 官方的程式開發環境軟體 Arduino IDE。

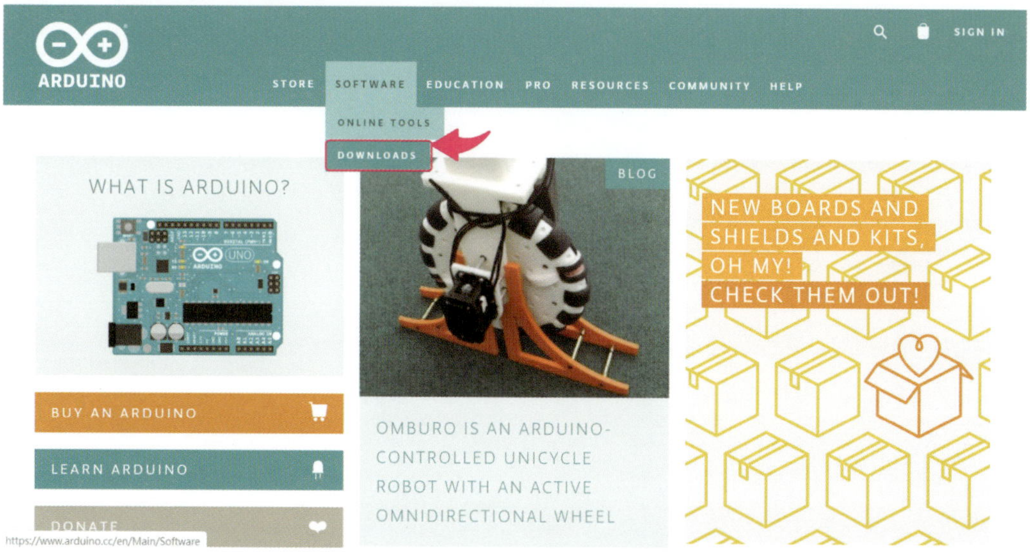

由於筆者的電腦是安裝 Win10 作業系統，為了讓在 motoBlockly 堆疊完成的程式積木可以透過 IDE 直接將程式上傳燒錄至 Arduino 開發板，使用 Windows 電腦系統者請務必選擇下載「Windows Installer」版本。

若作業系統為非 Windows 者（例如 Mac 或 Linux 版本），請依自己的作業系統選擇對應的安裝程式下載即可，不過 motoBlockly 目前在 Mac 或 Linux OS 下無法使用直接下載燒錄的功能。

Step 02 下載 Arduino IDE 的安裝程式（arduino-1.8.X-windows.exe）完畢後，請依下圖所示的流程圖直接進行安裝即可。

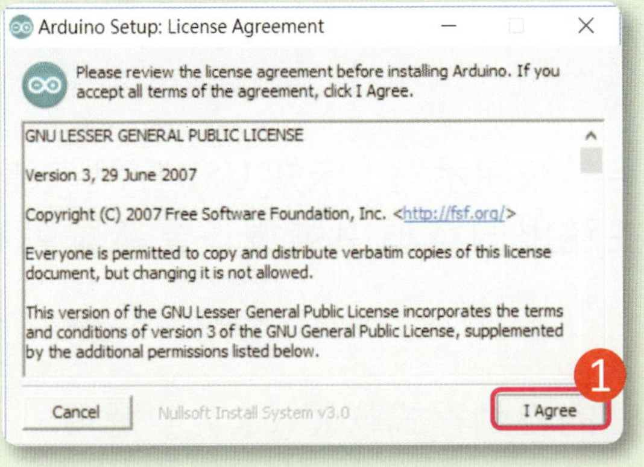

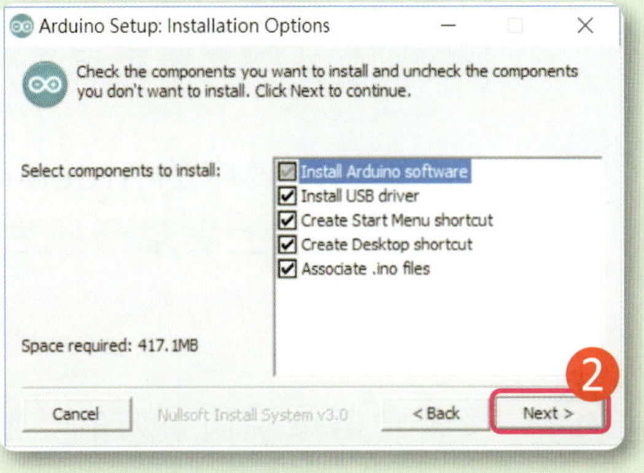

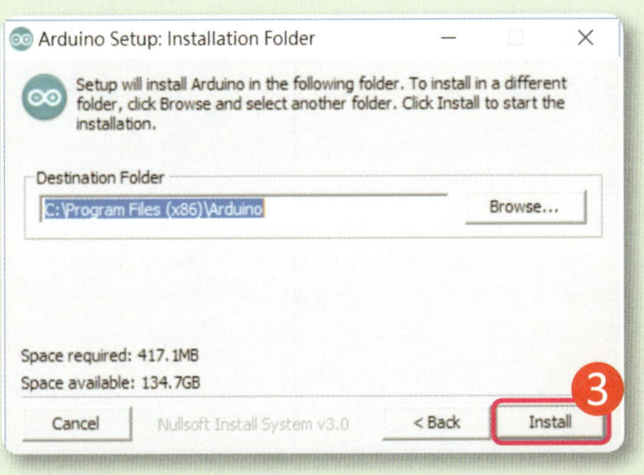

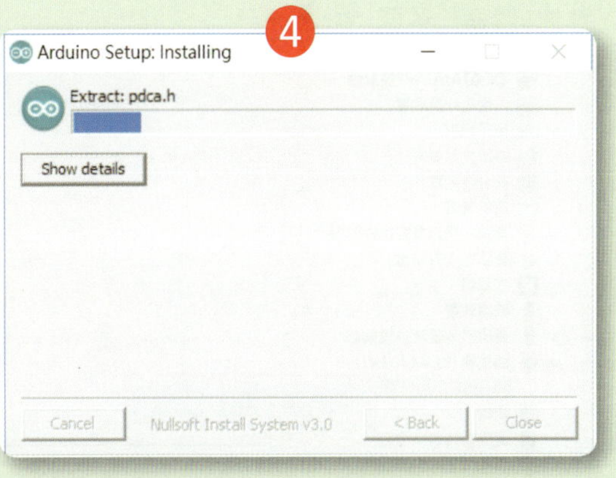

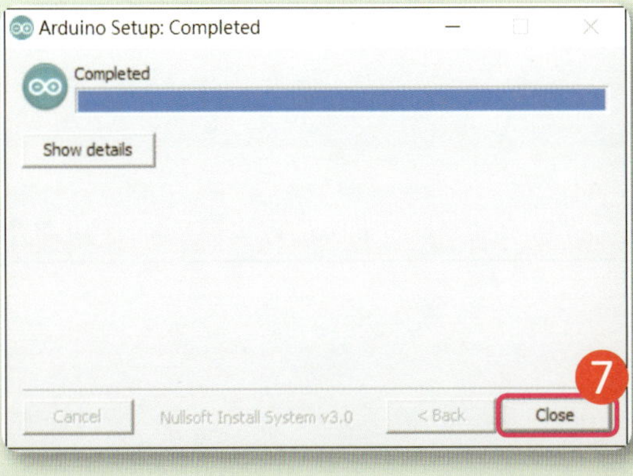

為配合 motoBlockly 的直接上傳燒錄動作，請絕對不要修改安裝時的預設目錄。

Step 03 以 USB 傳輸線連接電腦與 Arduino 開發板，接著開啟作業系統的「裝置管理員」。若在該視窗的「連接埠（COM 和 LPT）」中看到『Arduino Uno （COMxx）』的字樣，就表示作業系統已幫你找到 Arduino 開發板的驅動程式並自動安裝完成，否則請繼續依照下列 4~7 的步驟來繼續完成驅動程式的安裝設定。

Step 04 在裝置管理員中的 Arduino 開發板若是被顯示為「未知 USB 序列裝置」，請在該選項上點擊滑鼠右鍵，並在跳出的選項中選擇『更新驅動程式（P）』。

Step 05 接著請選擇視窗下方的『瀏覽電腦上的驅動程式軟體（R）』選項。

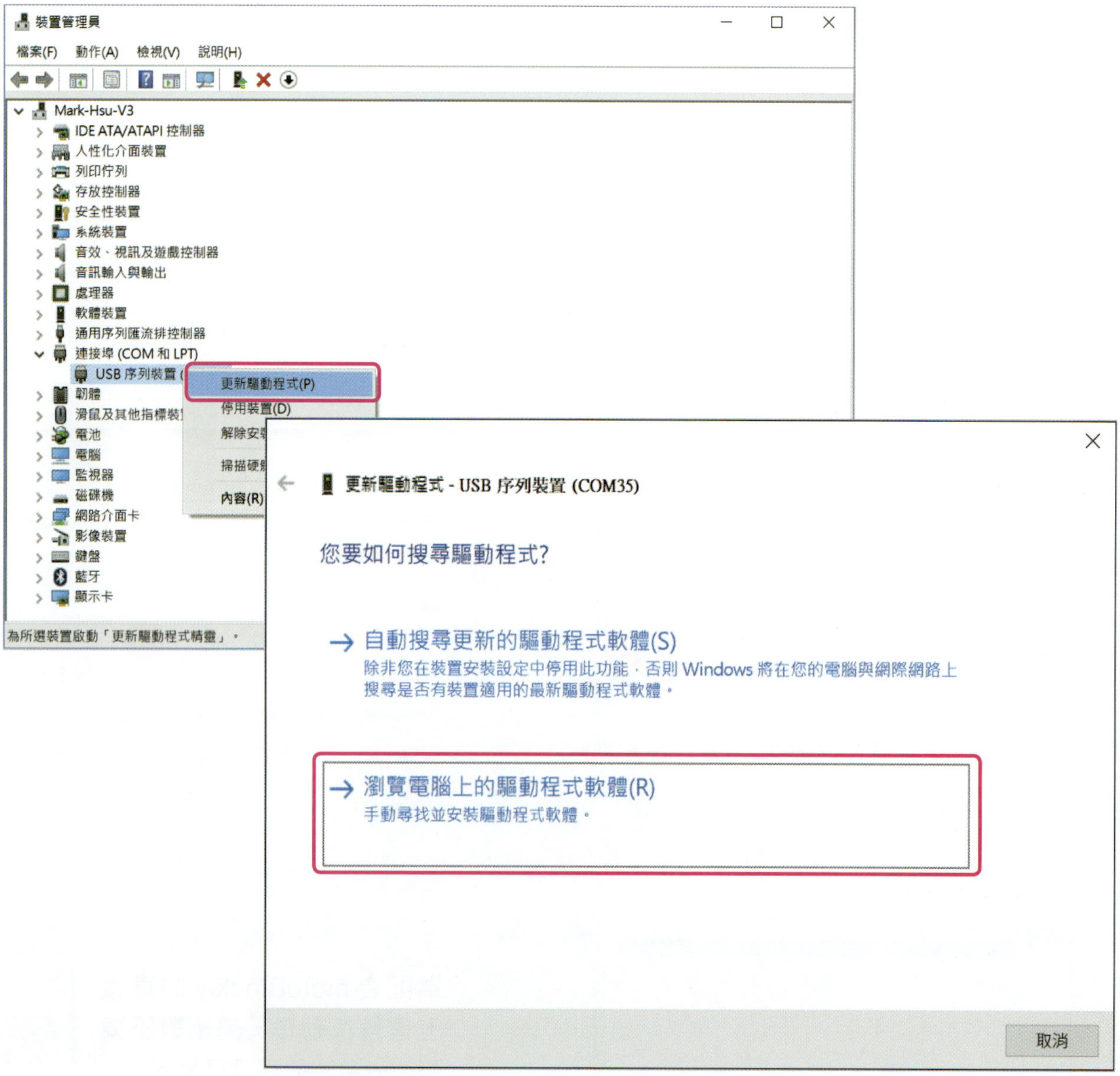

Step 06 將下圖藍色區塊中的驅動程式路徑設定指向 IDE 安裝時的預設目錄：C:\Program Files （x86）\Arduino\drivers 後點選下一步。（也請勾選視窗中的「包含子資料夾（I）」選項）

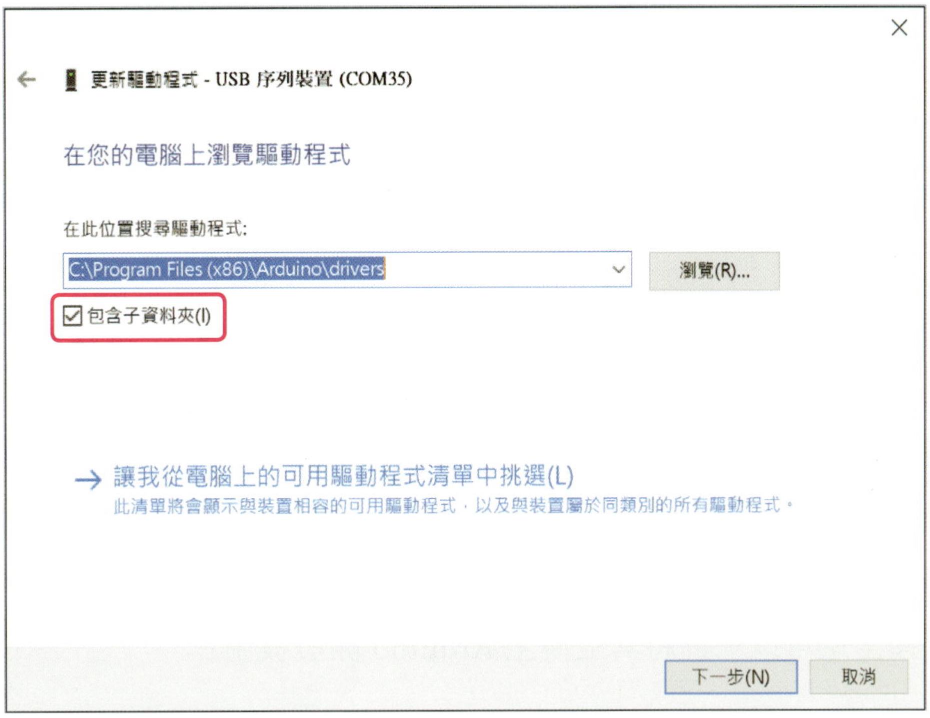

Step 07 最後 Arduino 開發板的驅動程式若已完成安裝，就可以在裝置管理員的視窗中看到如下圖紅框處所示的『Arduino Uno （COMxx）』的字樣。（Arduino 開發板驅動程式安裝需要一點時間，請務必耐心等候）

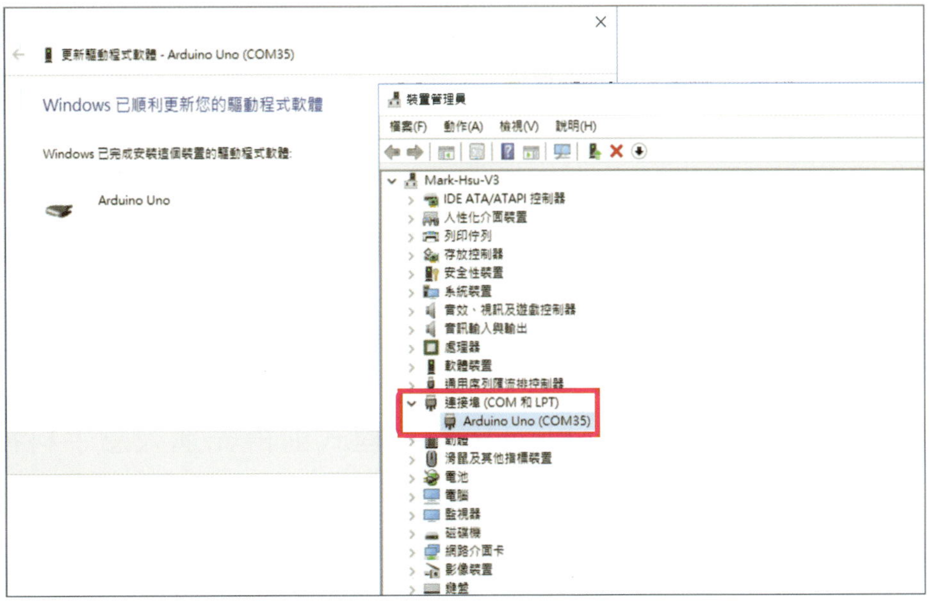

0-3 motoBlockly 的前置設定及程式上傳

motoBlockly 簡介

在安裝完 Arduino IDE 後便可以開始編寫 Arduino 程式，但若是對 Coding 或 Arduino 物聯網方面不熟悉的初學者，建議可先試著從圖控式的 Arduino 程式開發軟體開始入門。

motoBlockly 是由慧手科技公司所開發的線上 Arduino 圖控式程式編輯軟體，其利用程式積木堆疊來編寫 Arduino 程式的方式，與另一種圖控式編輯軟體 APP Inventor 非常相像，對於想嘗試自行編寫程式的初學者來說非常容易上手。使用者只須把 Arduino 預定要執行的動作依序地將程式積木堆疊起來，motoBlockly 便可將所堆疊的程式積木轉換成 Arduino 程式碼，在 Windows 作業系統下甚至還可以一鍵將其上傳至 Arduino 開發板中。

如上圖所示，欲使用 motoBlockly 編寫程式前得先進入慧手科技的官網首頁（網址為：www.motoduino.com），再點選頁面中 motoBlockly 的程式積木 Logo（上圖紅框處）即可進入。

motoBlockly 目前僅以線上的方式提供給大眾做 Arduino 程式的開發，使用者只需在有網路及網頁瀏覽器（慧手官方建議使用 Google Chrome 瀏覽器）的環境下即可上線進行開發，因此其也可以橫跨不同的作業平台來使用。另外為了因應廣大使用者的要求，離線版的 motoBlockly 也會在不久的將來推出，屆時使用者便可以在沒有網路的環境下開發相關程式。

motoBlockly 同時也提供了多種免費物聯網平台的相關程式積木，並支援將程式積木直接轉換成 Arduino 程式碼的一鍵切換服務。使用者可藉此服務比對程式積木與 Arduino 程式碼之間的關聯，對於想更進一步直接使用 IDE 來編寫程式碼的進階使用者會有相當大的幫助。

完成動作流程的程式積木堆疊之後，motoBlockly 支援兩種將程式碼上傳至 Arduino 開發板的方式：

1. 在作業系統為 Windows 的環境下，預先下載並開啟 motoBlockly 的中介程式後，便可直接從網頁下達命令來執行上傳程式的動作。
2. 在非 Windows 的作業系統下，得先複製（Copy）由 motoBlockly 所轉換的 Arduino 程式碼，再將這些程式碼全部貼到（Paste）自己本地電腦端的 Arduino IDE 中再進行編譯上傳。

兩種不同的上傳方式在前置作業的準備上也稍有不同，在稍後的章節中便會一一為各位介紹。

Windows 作業系統的 motoBlockly 前置設定與上傳

在 motoBlockly 兩種上傳程式的方式中，若電腦安裝的是 Windows 作業系統，就可以選擇從 motoBlockly 網頁中直接呼叫本地電腦端的 IDE 來編譯上傳 Arduino 程式。雖然此種燒錄程式的方式快速又便利，不過在開始上傳前得先下載並安裝 motoBlockly 的中介程式（Broker）才行。其相關的設定流程如下：

Step 01 如下圖所示，先進入 motoBlockly 程式編輯的頁面後，選擇工具列中的 按鈕（紅色箭頭處）下載 Broker 的安裝程式。

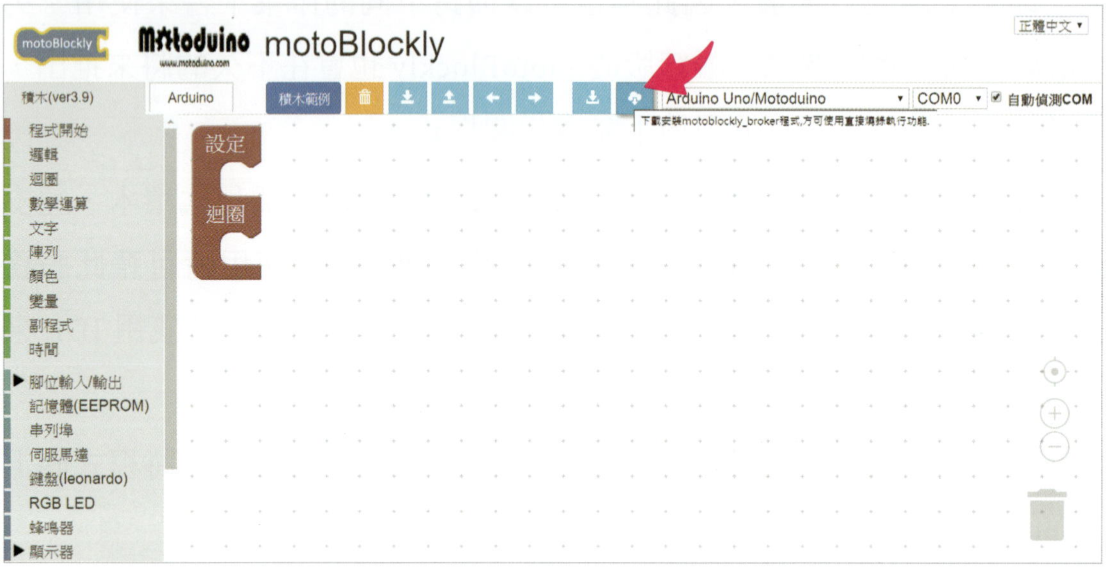

Step 02 依下圖所示，直接安裝從上一步驟所下載的 motoblockly_broker_setup.exe 檔案。

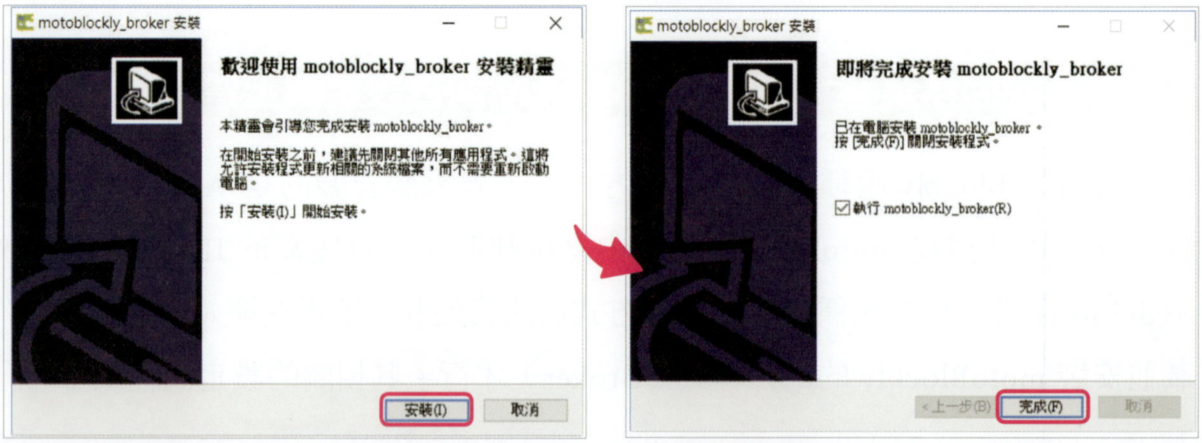

注意

安裝 motoblockly_broker_setup.exe 前，請務必先安裝 Arduino IDE。

在完成上述的 motoBlockly 中介程式安裝後，桌面會多出一個如下圖白框處所示、名為「motoblockly_broker」的捷徑。若想要直接從 motoBlockly 網頁中上傳 Arduino 程式，請務必預先將其點選開啟。
當該中介程式 motoblockly_broker 啟動完成、並出現如下圖所示的『motoblockly broker can now be accessed』字樣時，請將此黑色提示視窗保留或最小化（不可關閉），如此程式上傳時其才能協助呼叫本地電腦端的 Arduino IDE 代為執行程式的編譯與燒錄。

Step 03 完成了 motoBlockly 中介程式的安裝與啟動、並以 USB 傳輸線連接 Arduino 開發板與電腦後，便可開啟 motoBlockly 所提供的積木範例，並藉此來練習積木轉程式碼、以及程式碼上傳到 Arduino 的燒錄動作。

Step 04

如圖所示，❶ 選擇開啟 motoBlockly 積木範例裡的「LED 閃爍」程式範例，其為控制 Arduino 開發板上 D13 數位腳位 LED 的程式，點選後 motoBlockly 便會匯入並顯示此範例程式的程式積木堆疊狀態 → ❷接著在選擇正確的開發板型號（使用 UNO 與 U1 均需選擇『Arduino UNO/Motoduino』選項）以及對應的 COM Port 位置（勾選『自動偵測 COM』即可）後，即可進行下一步驟的程式上傳動作。

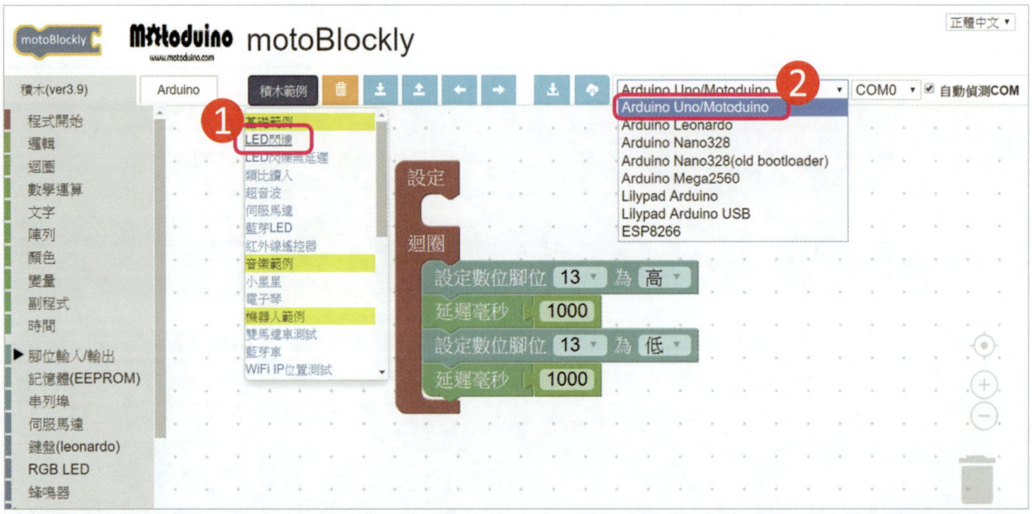

Step 05

範例程式積木開啟完成後，❶ 點選下圖中 motoBlockly 的「Arduino」選項，先將整個範例的程式積木轉換成 Arduino 程式碼 → ❷ 按下工具列中的 ➡ 按鈕開始進行燒錄 → ❸ 預先啟動的中介程式開始將 motoBlockly 產生的程式碼傳送給本地電腦端的 Arduino IDE，IDE 便可在背景中進行程式的編譯與程式上傳。

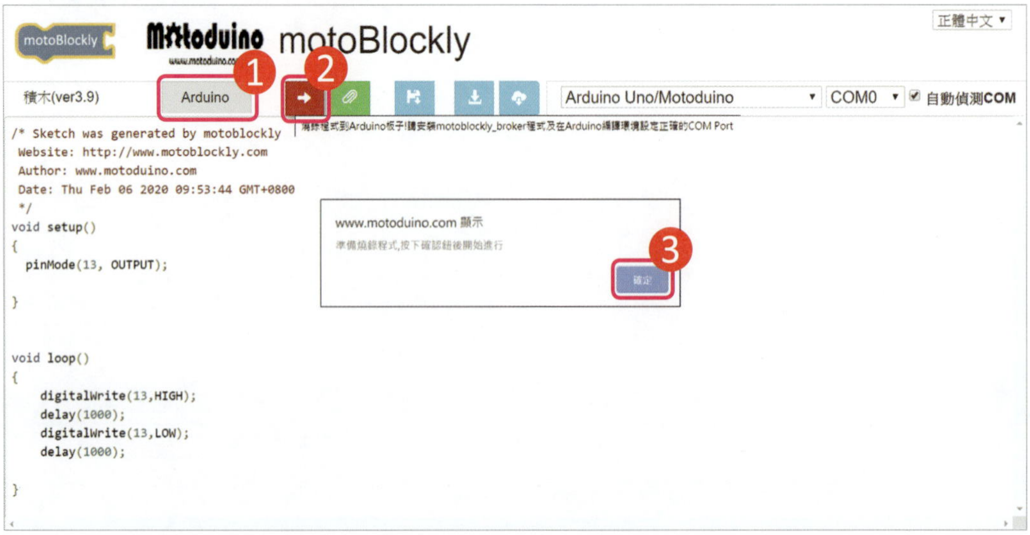

④ 如下圖所示，當 motoBlockly 開始上傳程式時，於步驟 2 開啟的中介程式視窗也會同步顯示目前程式碼編譯及上傳的狀況。

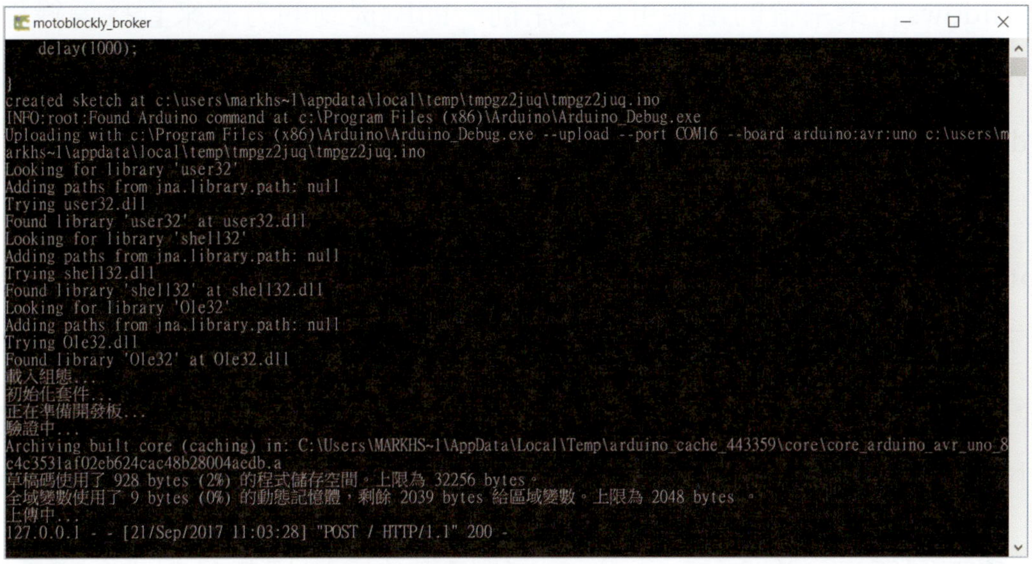

Step 06 當 motoBlockly 頁面跳出如下圖的訊息時，便是代表 motoBlockly 已完成程式上傳，此時的 Arduino 就會開始執行該範例程式所指定的動作了（即數位腳位 D13 的 LED 會以一秒的間隔時間開始閃爍）。

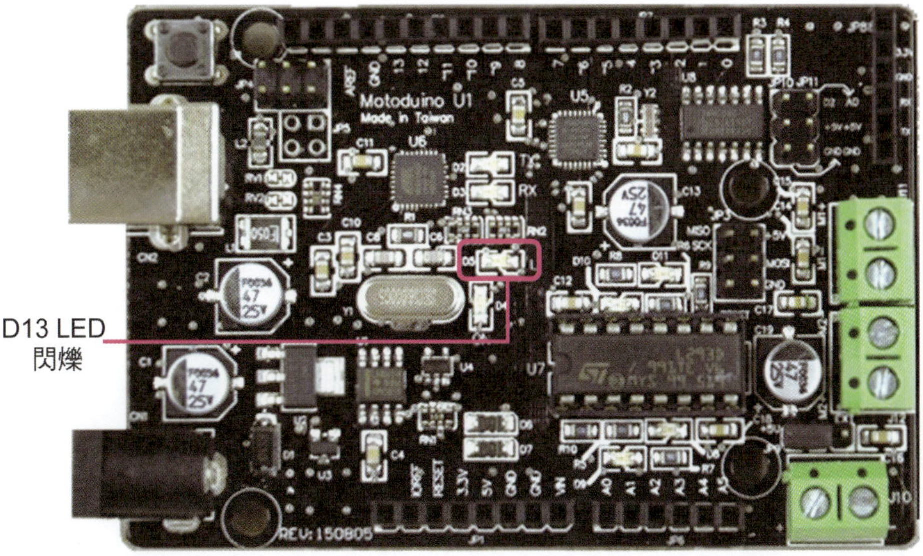

非 Windows 作業系統的 motoBlockly 前置設定與上傳

Windows 作業系統的電腦可以使用前一節所提到的方式來直接燒錄程式碼，但非 Windows OS 的電腦要上傳程式，就要先將 motoBlockly 產生的程式碼複製到 Arduino IDE 中再上傳。

使用此方式上傳除了得先在自己的電腦安裝 Arduino IDE 外，還得另外先下載 motoBlockly 會用到的函式庫（Libraries），並在解壓後將其複製到 Arduino IDE 的 libraries 目錄下才行。

下載安裝 motoBlockly 函式庫及使用 IDE 上傳 motoBlockly 產生的程式碼步驟如下：

Step 01 如下圖所示，進入 motoBlockly 的網頁後，選擇工具列中的 [下載] 按鈕開始下載 motoBlockly 的函式庫壓縮檔。

Step 02

❶ 將下載的 motoBlockly 函式庫壓縮檔（Moto_library.zip）解壓縮 → ❷ 再將解壓縮後的所有目錄（Moto_IR、Motousino_v1X、Motoesp_v1 與 SmartSensor…等）複製到 Arduino IDE 的 libraries 目錄下。

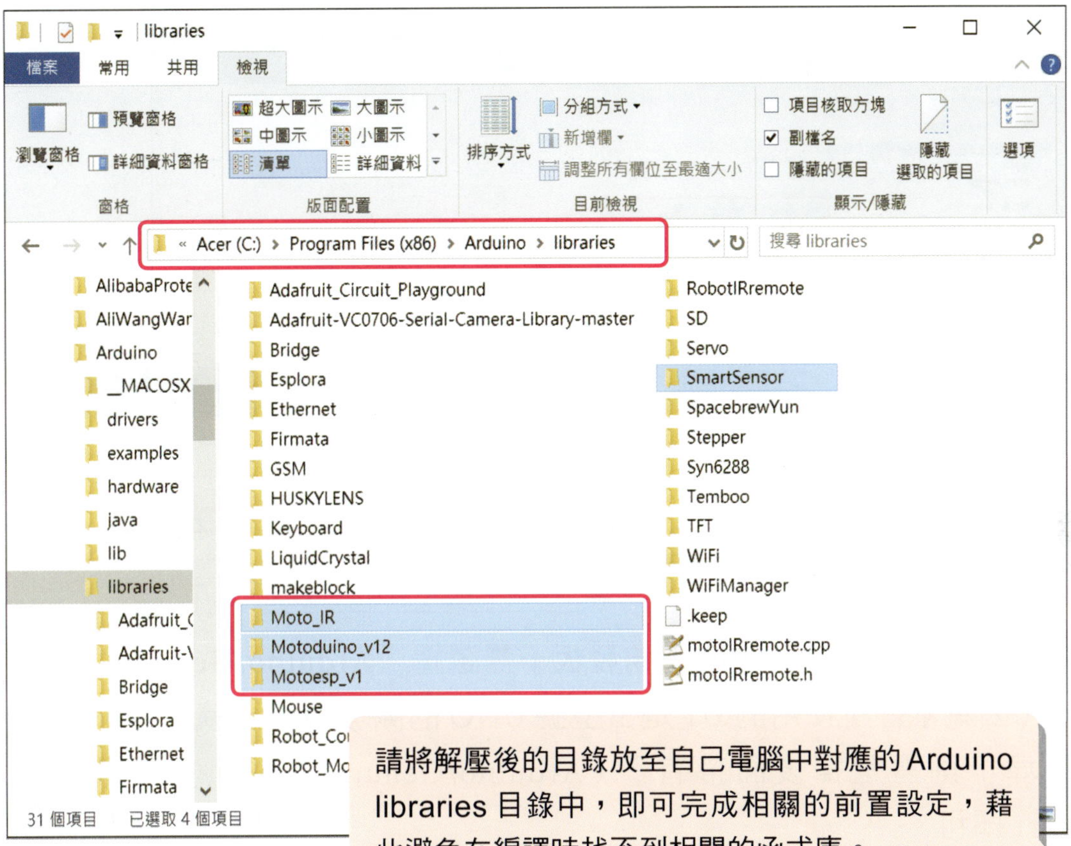

請將解壓後的目錄放至自己電腦中對應的 Arduino libraries 目錄中，即可完成相關的前置設定，藉此避免在編譯時找不到相關的函式庫。

Step 03

完成 motoBlockly 函式庫的安裝之後，一樣載入 motoBlockly 中的「LED 閃爍」範例，❶ 點選下圖中 motoBlockly 的「Arduino」選項，將範例程式堆疊的程式積木轉換成 Arduino 程式碼 → ❷ 再點選 motoBlockly 中的 [按鈕圖示] 按鈕，motoBlockly 便會將轉換後的 Arduino 程式碼全部複製到電腦的剪貼簿中暫存備用。

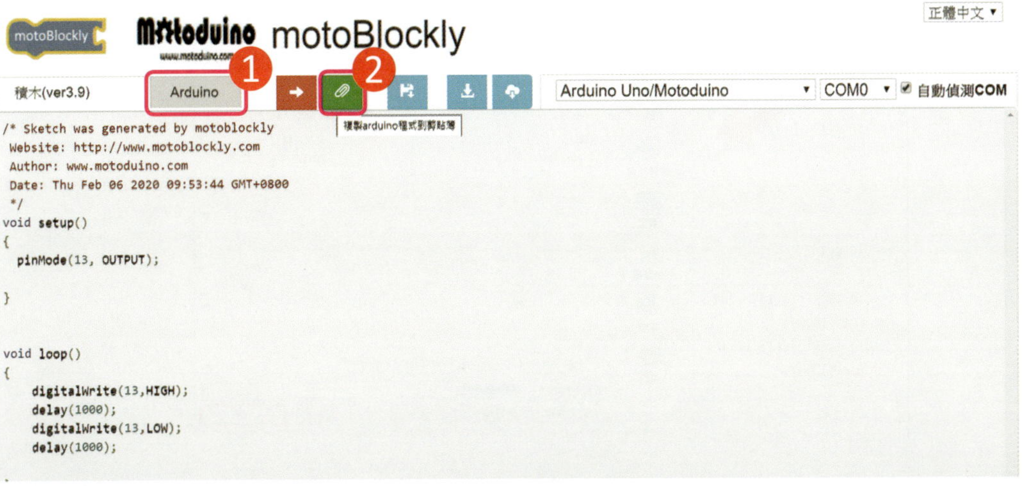

Step 04

將 Arduino 開發板用 USB 傳輸線連接至電腦後，開啟之前所安裝的 Arduino IDE 程式編輯軟體。為了讓 IDE 知道接下來的程式該往哪邊上傳，IDE 這邊還需要做一些簡單的設定。

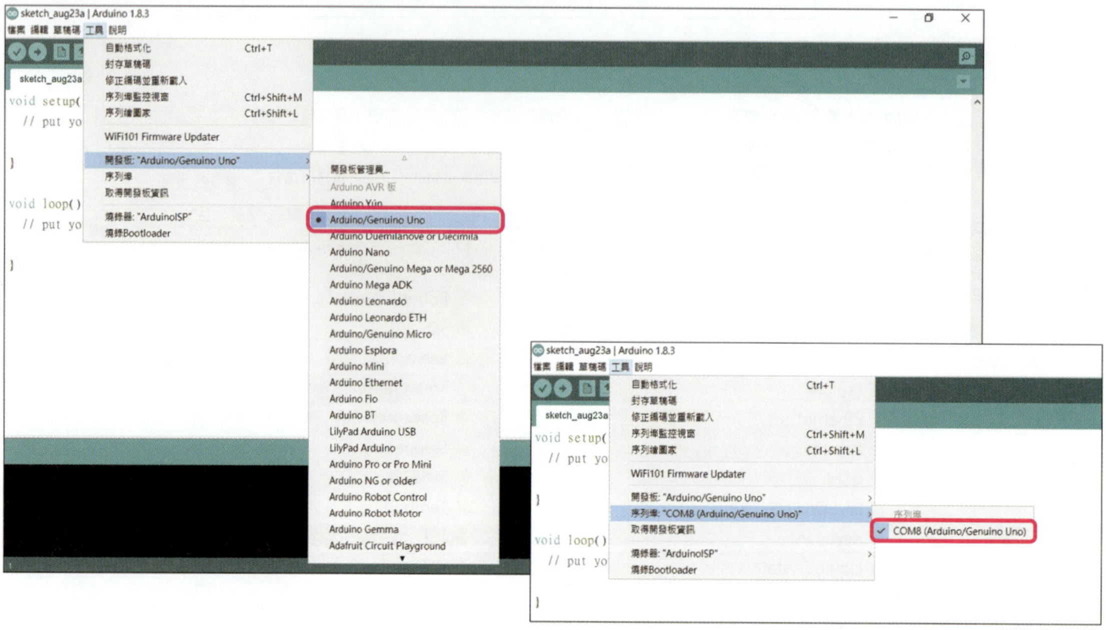

如圖所示，工具選項中的「開發板」需選擇『Arduino/Genuino Uno』選項（因為本書所使用的 U1 是由型號 UNO 的開發板修改擴充），另外「序列埠」則需選擇後面帶有『（Arduino/Genuino Uno）』字樣的 COM Port 即可。

Step 05

接著先清除掉 Arduino IDE 中原本的程式碼（Ctrl+A 全選後再按 Del 鍵刪除之），再貼上（Ctrl+V）自步驟 3 中所複製的 Arduino 範例程式碼。貼上範例程式碼後，再點選 Arduino IDE 左上角的  按鈕開始進行程式的上傳。此時 IDE 會跳出如下圖所示的視窗詢問是否要儲存目前的程式碼，由於目前只是練習如何上傳 Arduino 程式，因此這邊選擇『取消』不儲存。

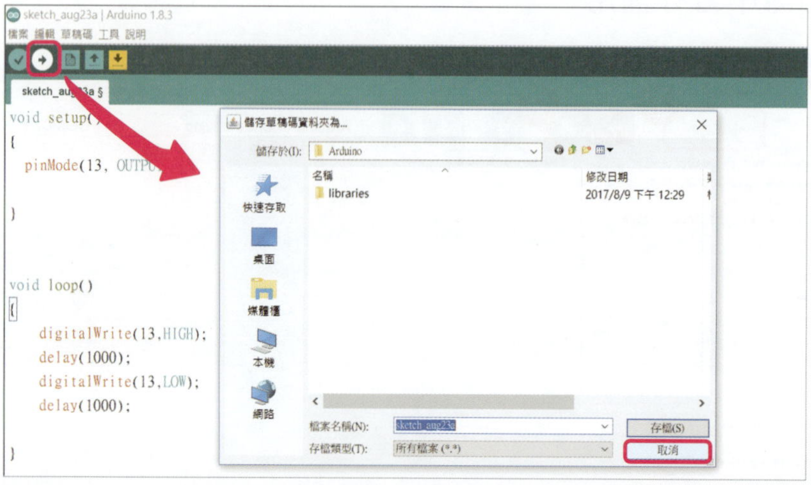

Step 06 程式成功上傳至 Arduino 開發板後，Arduuno IDE 底下的狀態列便會顯示如下圖紅框處所示的「上傳完畢。」字樣，並會秀出目前 Arduino 記憶體被使用的狀況。

此範例程式上傳成功之後，Arduino UNO 或 Motoduino U1 位在 D13 腳位的 LED 燈（參考 P19 圖示 LED 位置）就會開始依照程式的指令，以 1 秒的間隔時間持續閃爍。

0-4 motoBlockly 操作介面說明

進入圖控式 Arduino 程式編輯軟體 -motoBlockly 頁面後可看到如下的操作畫面，我們將此操作介面分成「工具列區」、「開發板設定區」、「程式積木區」以及「程式積木堆疊區」等幾個區塊，而針對各個區塊的操作方式與功能介紹，將在後續的章節中一一地為各位說明。

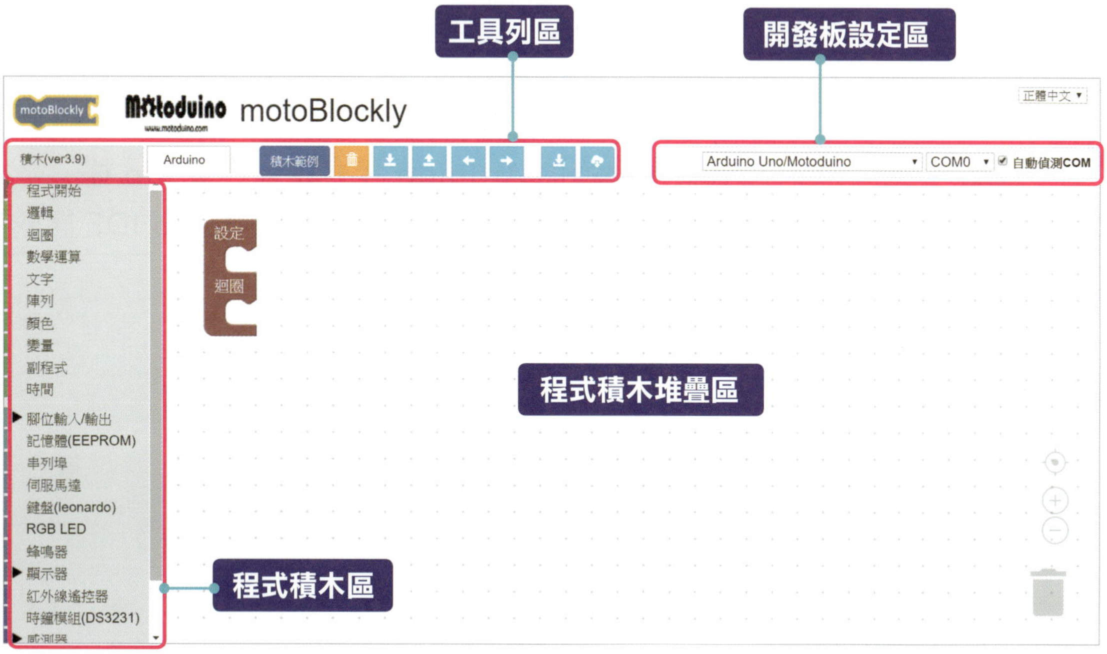

工具列區簡介

按鈕型式	功　　能
積木(ver3.9)	此選項可將積木堆疊區切換成可讓程式積木堆疊的模式。
Arduino	此選項可將積木堆疊區裡堆疊的程式積木，轉換成可上傳至 Arduino 開發板的程式碼。
積木範例	motoBlockly 內建的一些程式積木堆疊範例。
	移除積木堆疊區中目前所有堆疊的程式積木。
	將積木堆疊區裡目前堆疊的程式積木儲存成 xml 檔，並從網路下載（download）到本地（Local）電腦端。
	載入本地電腦端之前下載儲存的 motoBlockly 程式積木 xml 檔，並將其顯示在 motoBlockly 的積木堆疊區中。
	恢復在程式堆疊區的上一個動作。
	恢復在程式堆疊區的下一個動作。
	下載 motoBlockly 會使用到的相關元件函式庫。
	下載 motoBlockly 可支援直接燒錄的中介程式（Broker）與函式庫安裝檔。
	將積木轉換的 Arduino 程式碼透過中介程式上傳至 Arduino 開發板。（僅支援 Windows 作業系統）
	全選並複製程式積木所轉換出的 Arduino 程式碼。
	將程式積木轉換的 Arduino 程式碼儲存成 ino 檔，並從網路下載到本地電腦端。（ino 檔可由 Arduino IDE 開啟）

開發板設定區簡介

如同在 Arduino IDE 中上傳程式前須先選擇正確的 Arduino 開發板型號與連接埠（COM Port）一樣，motoBlockly 在將程式碼上傳至 Arduino 前，也需要提供正確的 Arduino 開發板型號與連接埠位置。因此本開發板設定區，便是提供給使用者能依自己需求而有不同的選擇機會。

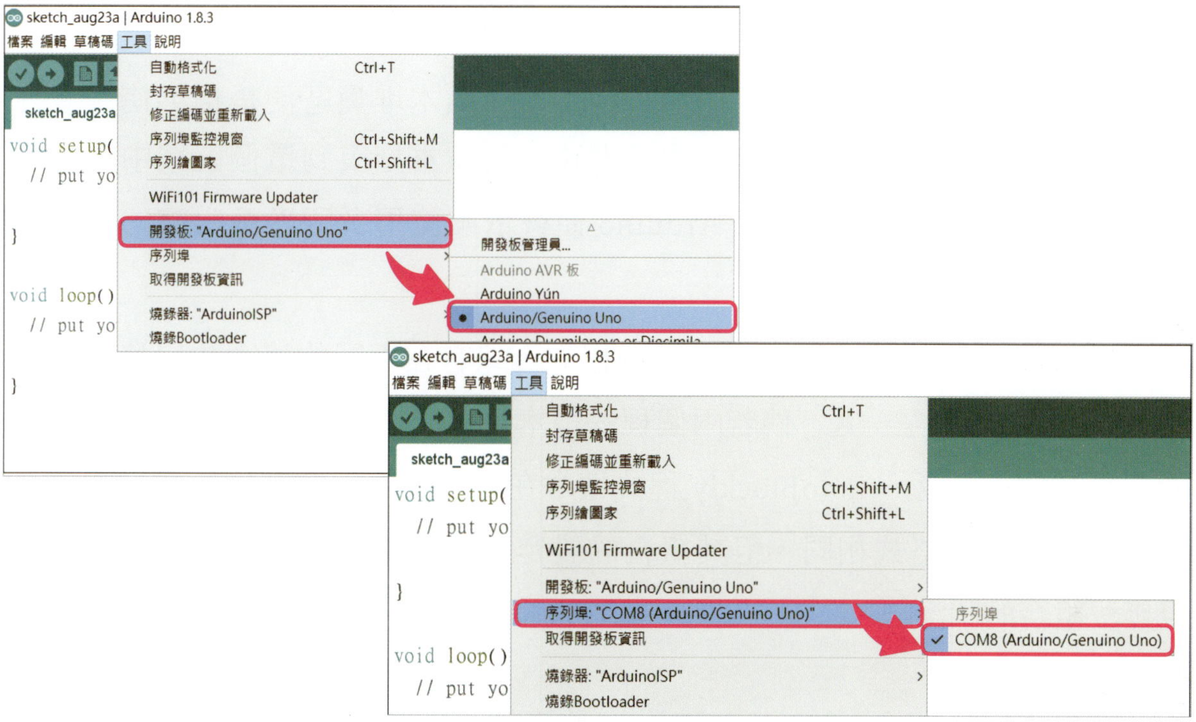

如下圖所示，motoBlockly 提供了『自動偵測 COM』的功能，一旦勾選了該選項，電腦將會自行尋找 Arduino 開發板所在的 USB 連接埠位置，藉此提供給使用者更快速方便的上傳環境。

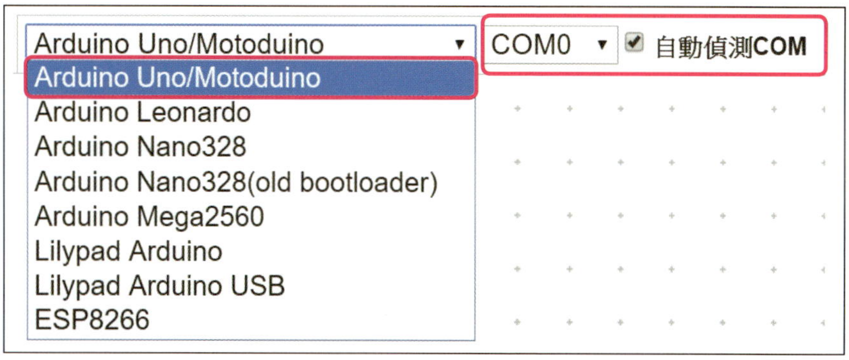

程式積木區簡介

程式積木區會將不同功能的程式積木放置在不同的積木群組中，使用者可依各積木群組最左邊的顏色來區分，藉此找到書中範例相對所使用的程式積木。而各式程式積木的功能與使用方法，將在其被使用到時再做個別的說明。

程式積木堆疊區簡介

1 當工具列區的 積木(ver3.9) 按鈕被按下時，積木堆疊區便是提供使用者堆疊程式積木的地方，使用者可將程式積木區裡的積木拖曳到這個區域中來完成自己想要的動作或功能，上傳後 Arduino 便會依照使用者所堆疊出來的積木順序及邏輯來依序作動。

motoBlockly 的程式積木在堆疊過程中，只有在相同的積木缺口格式條件下才「有可能」組合在一起。倘若兩個程式積木可以成功組合，電腦便會發出「喀」的一聲音效來示意。motoBlockly 程式積木在製作時都有做基本的防呆偵測，因此若有積木缺口格式相同，但其組合的設定型態不相容的話，也是會有可能出現無法組合的狀況。

2 如圖所示，在 motoBlockly 積木堆疊區裡面一定需要一塊名為『設定 / 迴圈』的程式積木，這是為了對應 Arduino IDE 專案中最基本的 setup ( ) 與 loop ( ) 兩個函式，也是 Arduino 程式中一定要具備的兩個最基本函式。所以 motoBlockly 在堆疊積木的時候，起手式一定是從這塊『設定 / 迴圈』程式積木來開始設定起。

3

千里之行始於足下，不管是要走多遠的路都得先踏出眼前的第一步才行。Arduino 的程式運作也是一樣，不管是再複雜的程式，總會有一個開始執行的起點，而這個程式起點就是 setup ( ) - 設定函式。Arduino 開發板在啟動後會從 setup ( ) 函式的第一行程式碼一直執行到最後一行，不過此 setup ( ) 函式只會在一開始時被執行一次，因此該函式中大多會被放置一些只須執行一次的硬體初始化積木，所以這個函式才會被稱為 setup（設定）函式。

當 Arduino 執行完一次 setup ( ) 函式裡的所有程式碼後，接著就會自動跳到 loop ( ) - 迴圈函式中運作。和 setup ( ) 不同的是，當 Arduino 執行完畢 loop ( ) 函式的最後一行程式碼後，又會自動返回執行 loop ( ) 函式的第一行程式碼。以此類推，之後的 Arduino 開發板便會一直、一直地反覆執行 loop ( ) 裡的程式，直到 Arduino 電源關閉為止，這也是這個函式被取名為 loop（迴圈）的原因。

4

最後還有位於積木堆疊區右下角的一些特殊按鈕：其中的  是可放大 / 縮小堆疊區中程式積木尺寸的按鈕。當積木堆疊區裡的程式積木太多或太小不方便瀏覽的時候，便可利用這兩顆按鈕來進行縮放積木的動作。  則是可將目前的程式積木堆疊移動至積木堆疊區正中位置的按鈕。

另外 則是丟棄無用積木的地方，若有需要刪除的程式積木，將其拖曳到這邊，看到垃圾桶蓋打開時再放開就可以了。

【結語】

以上就是 motoBlockly 操作介面的概略說明。其實使用 motoBlockly 這套圖控式程式編輯軟體來編寫 Arduino 物聯網程式非常的便利，因為其直接提供了許多不同雲端服務平台的程式積木，若想要再更熟悉這些程式積木的使用方式與功能，只要再多加使用及練習就可以了。

1 ThingSpeak- 農場大數據 & 雲端叫號系統

大數據資料的收集是企業及個人從中發掘商業金礦的第一步，但對一般人而言，建置一個可收集不同感測數值的自有伺服器平台，不僅費時費力更耗費金錢。本章所介紹的 ThingSpeak 雲端服務平台，是一個可以協助解決伺服器建置問題的良方。ThingSpeak 平台提供了便利的網頁命令讓 Arduino 可以簡單快速地將所收集到的數據上傳記錄，並提供手持裝置 APP 支援，讓使用者即使身在別處，也可輕鬆掌握各項監控數據的變化。

1-1 ThingSpeak 簡介

隨著網路由 4G 慢慢地進入了 5G 的世代，網路的傳輸速度也有了飛躍性的成長，許多過往被認為難以解決的問題，到了今天卻已變成理所當然的存在。而號稱萬物皆可聯網的各式物聯網（Internet Of Things, IoT）應用，便是順應在這股潮流下的產物。

除了科技進步和網路發達等因素造就了物聯網應用的普及外，其能迅速深入各個角落中的原因，不外乎就是由各物聯裝置所收集累積的大數據中，充滿了俯拾即是的龐大商機。舉例來說：藉由大數據的幫助，保險公司可經由客戶平時開車的習慣來計算出不同保戶的保費金額；賣場或超商亦可藉由客戶過往累積的消費行為來推出大眾可能會感興趣的新商品；即便是警察機關，都可以依據以往的犯罪熱點來機動調整巡邏的路線…。以上種種的案例都是大數據早已落實在一般大眾生活中的有力證明。

然而在開始進行大數據的「分析」之前，首先還是得設法「收集」這些數據資料。自己架設收集數據的伺服器固然可變化的自由度較高，但隨之而來的一些防毒、防駭，以及資料如何串聯上傳的設定工作也是需要花費不少的時間與精力。因此，目前仍是免費提供使用的 ThingSpeak 雲端服務平台（如右圖，網址：https://thingspeak.com），便成為了 Arduino 搭配感測元件來收集各類數據的最佳拍檔。

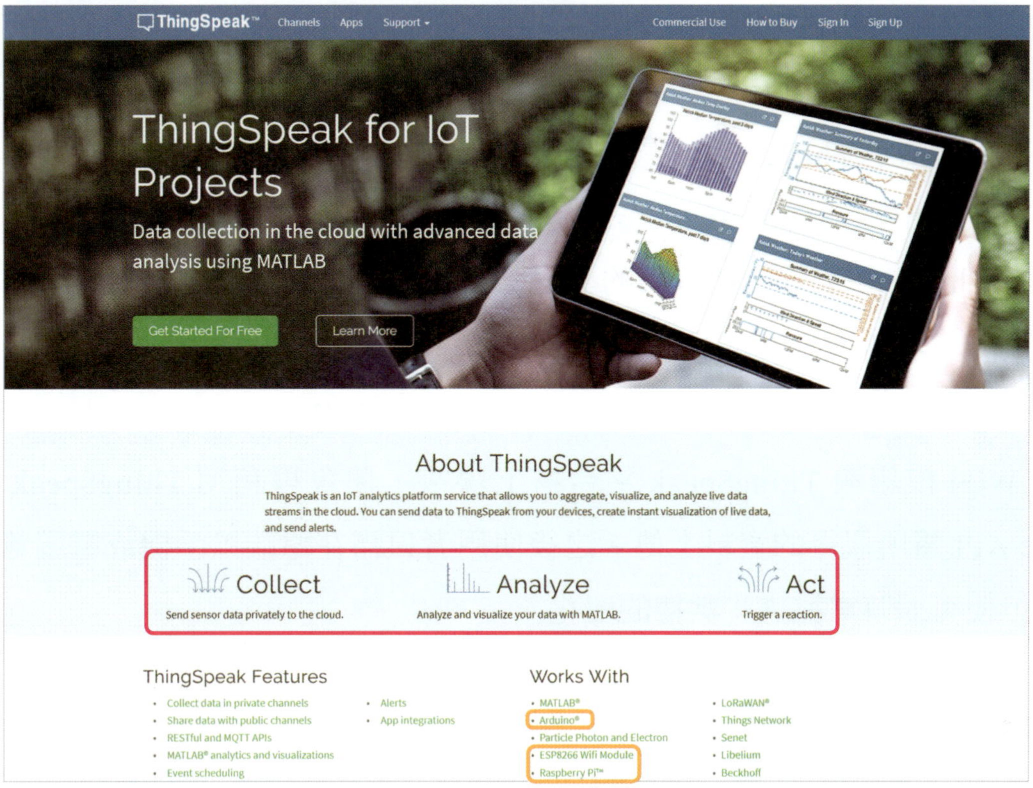

如上圖紅框處所示，ThingSpeak 的首頁（https://thingspeak.com）很直接明白地告知使用者它可以協助做到「收集感測器資訊（Collect）」、「分析及具體化所收集的資訊（Analyze）」以及「觸發動作（Act）」…等三大服務。另外上圖黃框處也標示了此服務平台可支援的各項硬體：包括本書所配合使用的 Arduino 開發板，以及其他如 ESP8266 無線 WiFi 模組及樹莓派…等等。不過本章僅會聚焦在 ThingSpeak 所提供的數據收集（Collect）服務上，並利用此項服務做出幾個實用的範例練習。

1-2 ThingSpeak 與 Arduino

上一節介紹了 ThingSpeak 雲端服務平台可協助收集並記錄各式感測器所取得的感測值，其中也包括了 Arduino 開發板及它的各式外接感測器。而兩邊的溝通是靠著由 ThingSpeak 平台所提供的 Requests API 來達到資料傳輸的效果。

簡單的 Arduino 開發板與 ThingSpeak 平台的運作流程如下圖所示：Arduino 開發板外接的各式感測元件會將所量測到的數據回傳給 Arduino，接著 Arduino 在透過 WiFi 模組與 ThingSpeak 平台搭上線後，便會再利用 ThingSpeak 提供的 Request API 將所取得的資料上傳。之後使用者只需在遠端以手機或電腦等聯網裝置上網，便可即時掌握這些數據的變化。

因此我們可利用 Arduino 搭配 ThingSpeak 平台來持續量測並記錄一些惡劣或特殊環境下的數據，例如：農地的土壤濕度、光照時間或魚池裡的水溫變化…等，並藉由長期所累積下來的資訊，找出更適合栽種或養殖的時間與方法。

1-3 ThingSpeak 的帳號註冊（Sign Up）

開始使用 ThingSpeak 所提供的服務前，必須先完成帳號的註冊才能建立屬於自己的資料收集空間，不過註冊帳號並非在 ThingSpeak 的頁面下進行，而是在 MathWorks 的頁面（https://mathworks.com）中來完成。其註冊步驟如下：

Step 01 登入 MathWorks（網址：https://mathworks.com）的首頁後，點擊網頁右上角的人頭圖示（紅色箭頭所示處）。

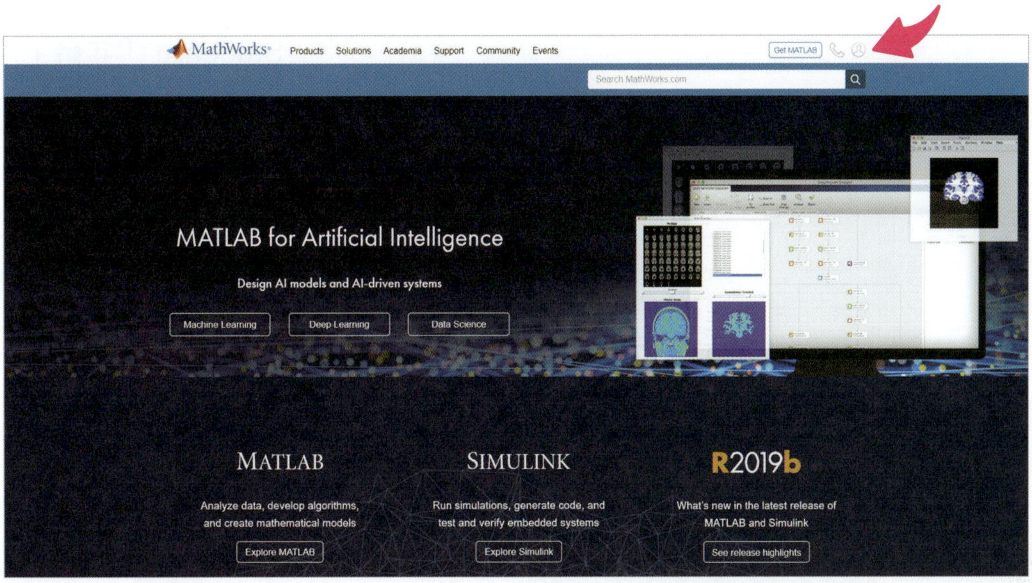

Step 02 點擊頁面下方的『Create one!』文字（紅色方框處）來開始建立新的帳號。

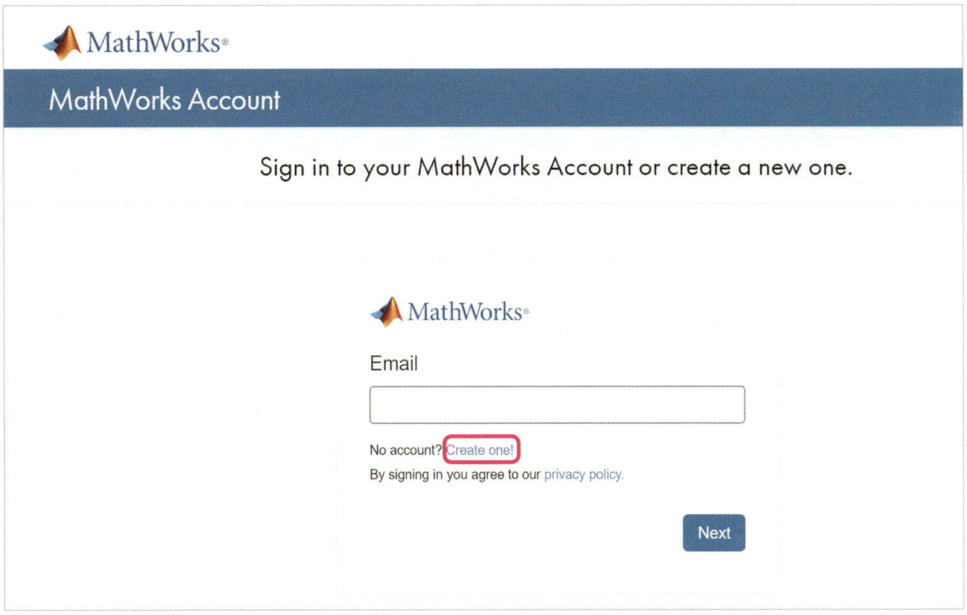

Step 03 依下圖頁面中欄位的指示，依序填入自己的 E-Mail 信箱位址（Email Address）、所在地區（Location）、自我描述（Which best describes you?）及年齡來進行註冊。

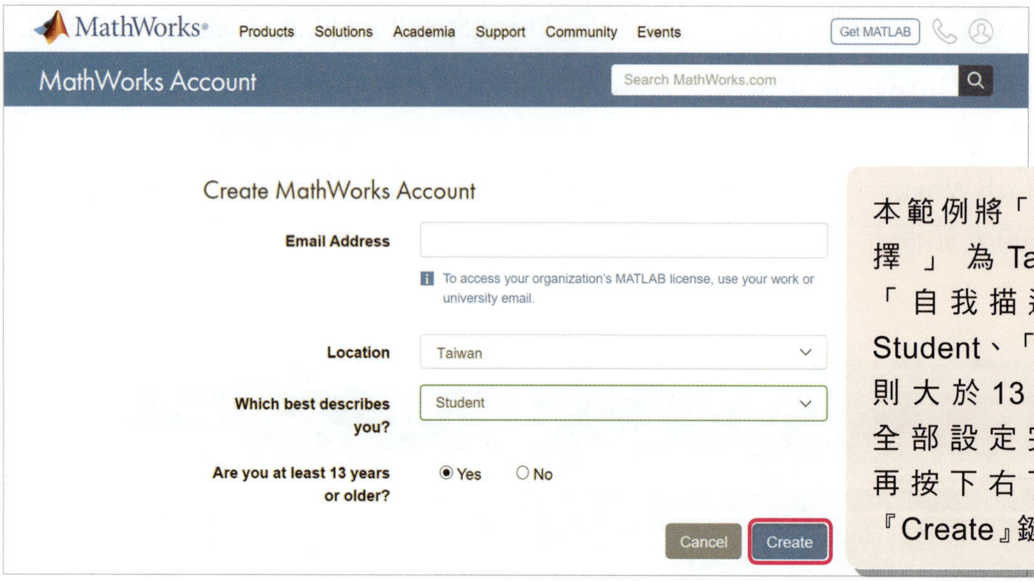

本範例將「地區選擇」為 Taiwan、「自我描述」為 Student、「年齡」則大於 13 歲）。全部設定完畢後再按下右下角的『Create』鍵繼續。

Step 04 點擊下圖頁面中紅色箭頭處的『Continue with Current Email』鍵，讓 MathWorks 發送確認信函到步驟 3 所註冊的 E-Mail 帳號中。

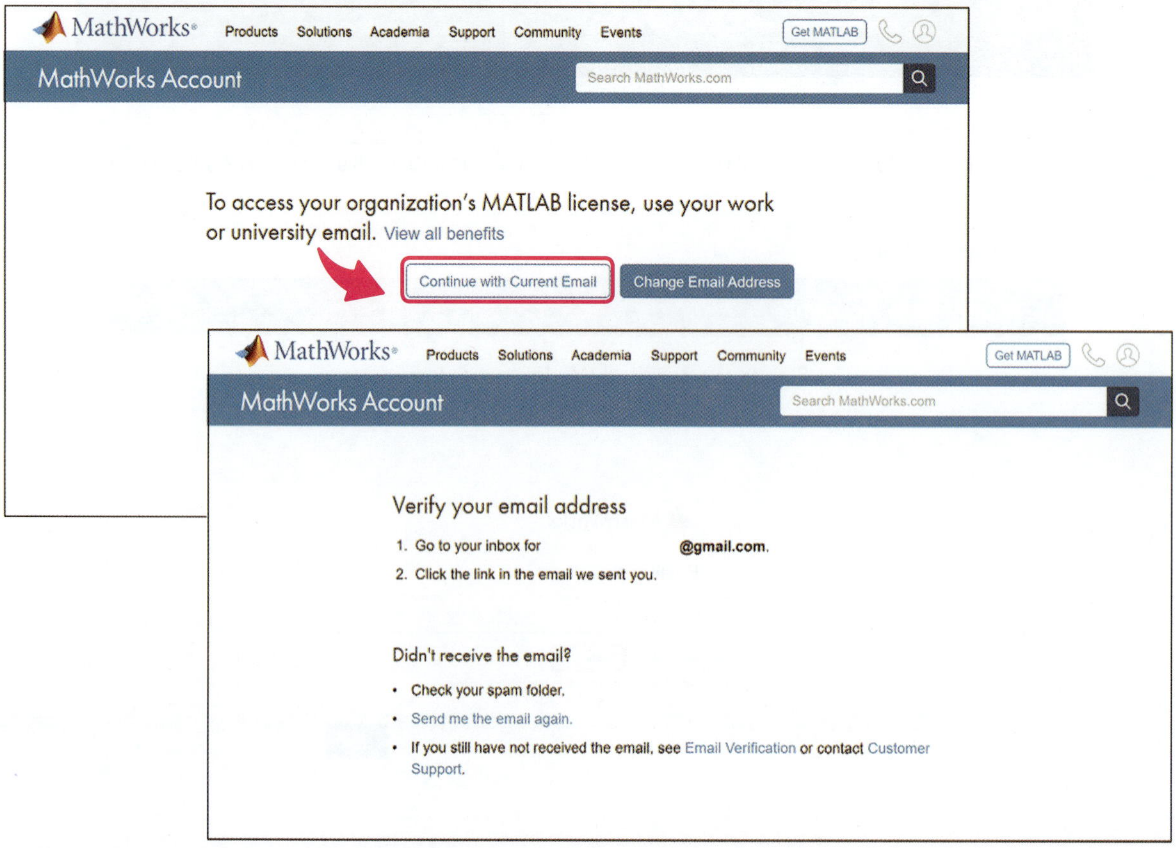

Step 05 進入在步驟 3 中登記註冊的 E-Mail 信箱，收取由 MathWorks 官方所發出的確認信函、並點選信件裡的確認鍵（『Verify your email』，下圖紅色箭頭處）。

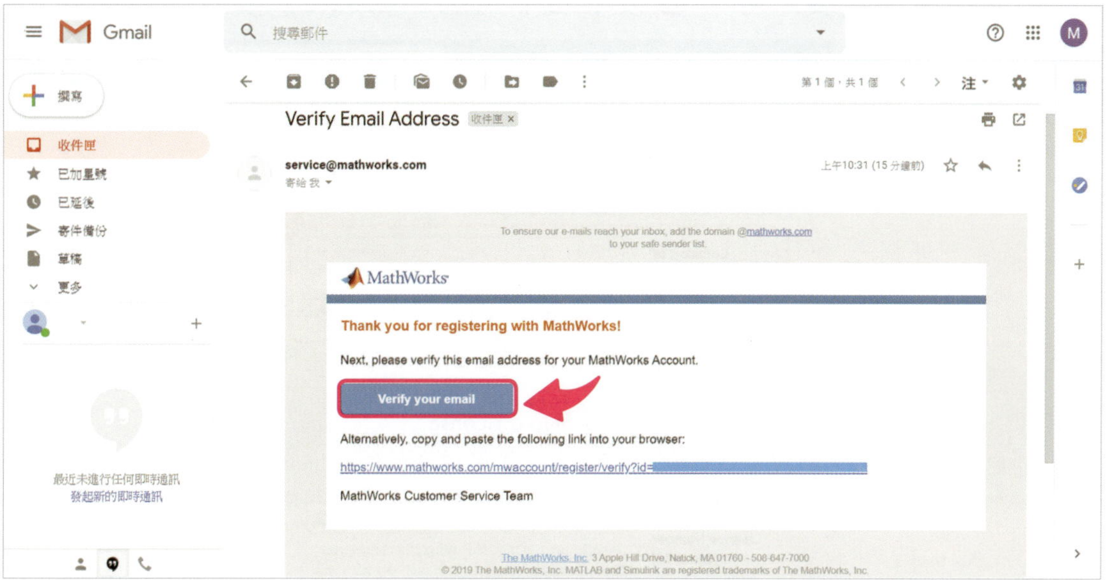

Step 06 點選步驟 5 E-Mail 中的確認按鈕後，瀏覽器會自動開啟如下所示的網頁。依據頁面上半段各欄位的指示，依序填入：名 / 姓（First Name / Last Name）、密碼、角色（Role) 與部門（Department）來進行註冊。

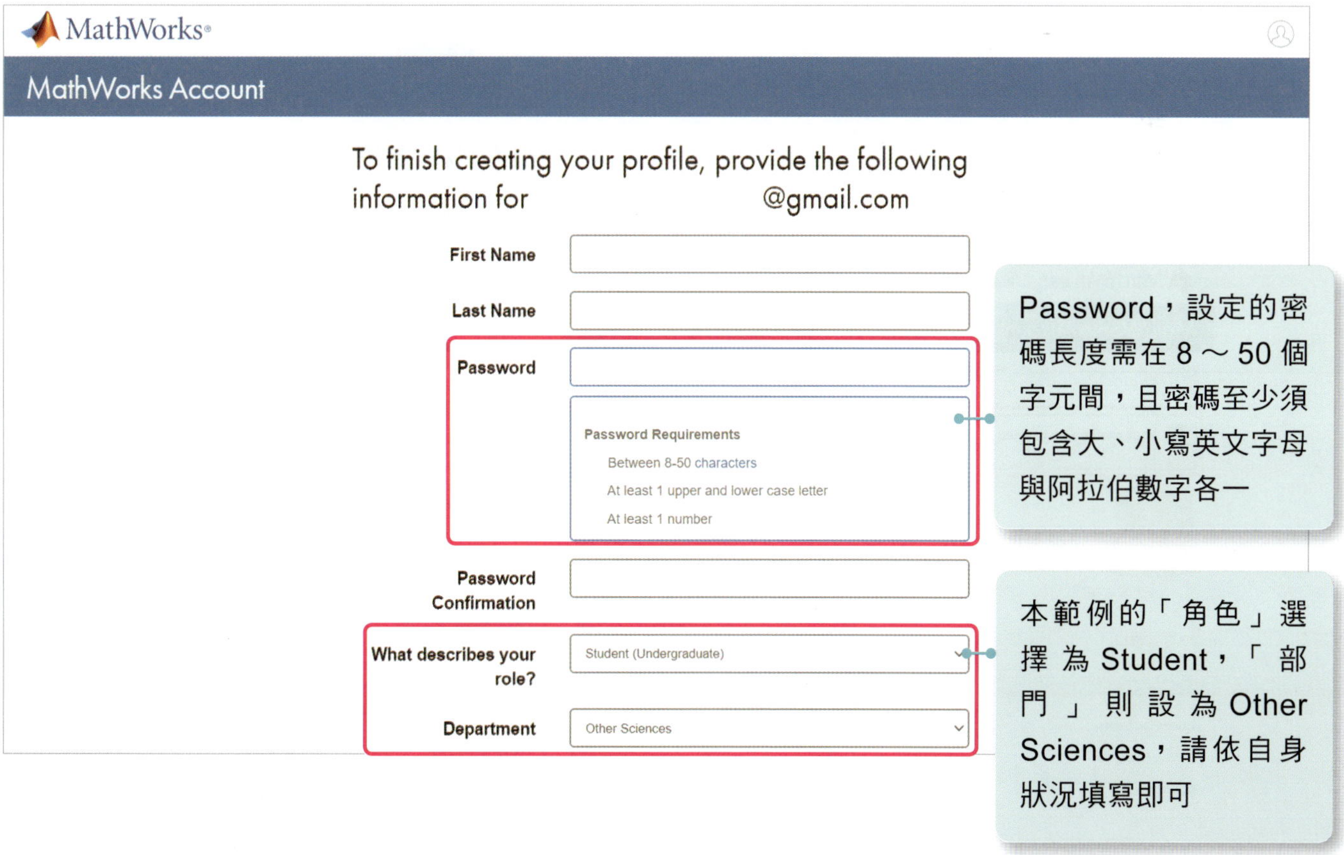

Step 07

承上一步驟，在同一網頁的下半段，選擇 ❶ 學校所在位置（Location of School）與學校名稱（School / University），❷ 在紅色箭頭處勾選同意接受使用規範後即可。❸ 按下右下角的『Create』按鈕送出資料。

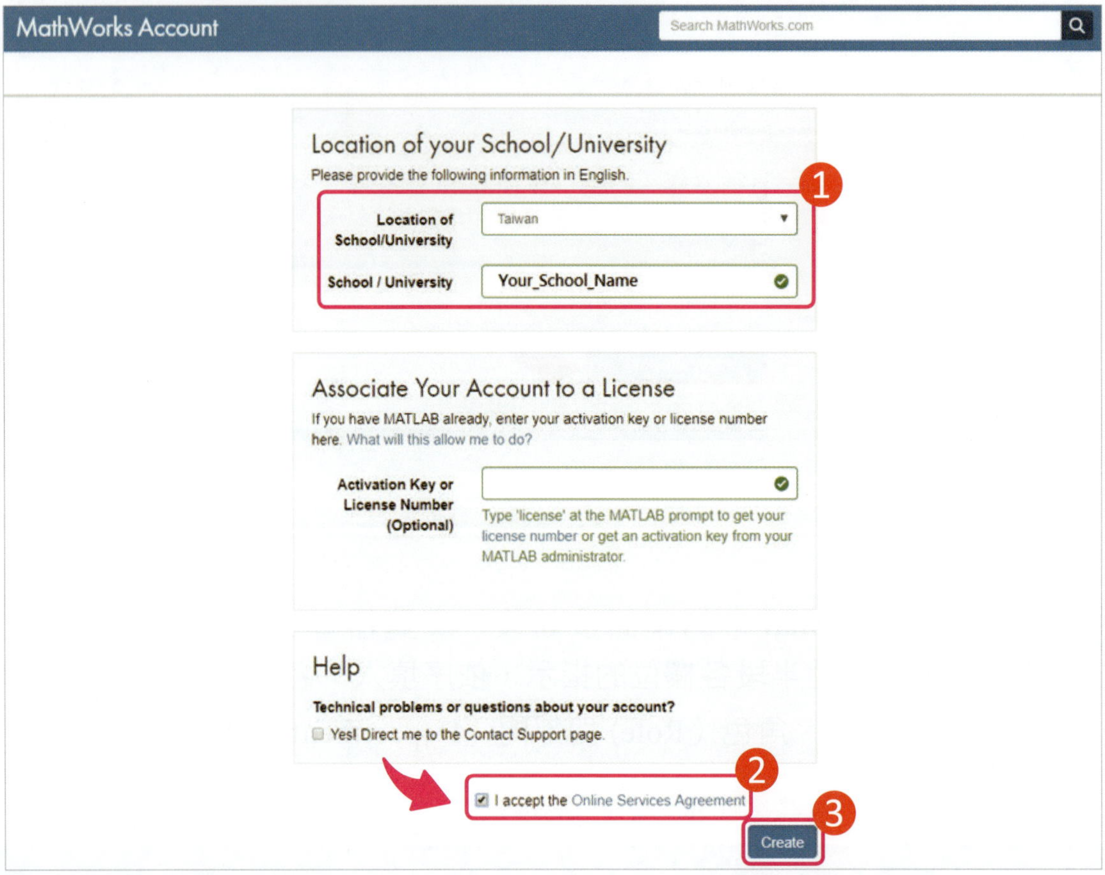

Step 08

看到此頁面的『Your profile was created』字樣即代表帳號註冊成功。以上的註冊動作只需完成一次，之後便可利用所註冊的帳密來登入 ThingSpeak。

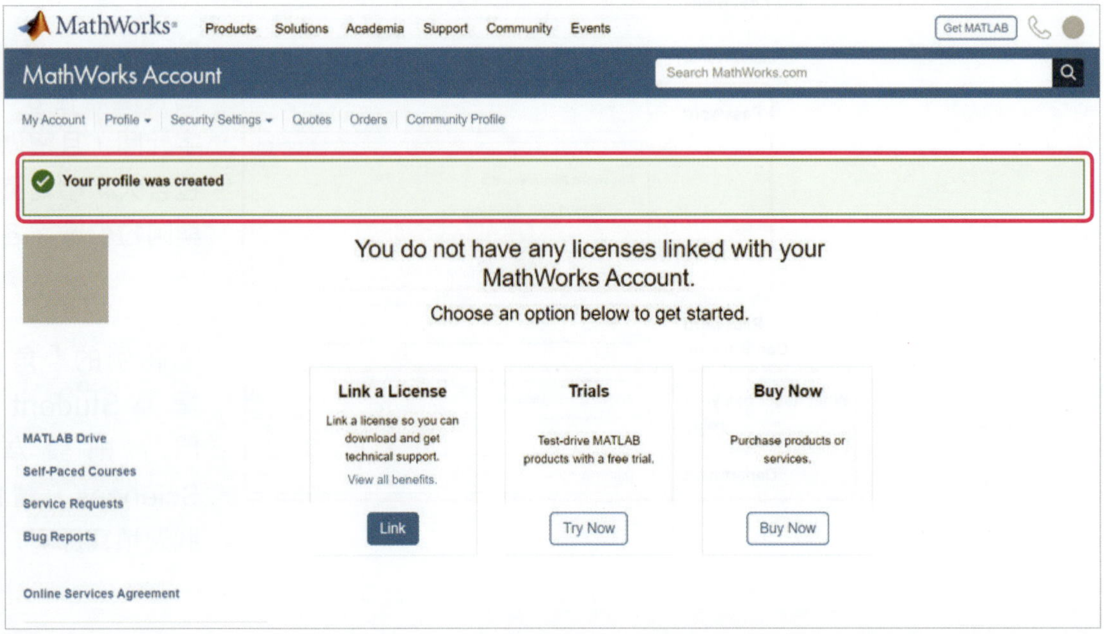

Step 09 在 MathWorks 註冊完成後，便可回到 ThingSpeak 首頁 (https://thingspeak.com)，點擊紅色方框處的人頭圖示來登入該平台。

ThingSpeak™
Channels
Apps
Support
Commercial Use
How to Buy
Sign In
ThingSpeak for IoT Projects
Data collection in the cloud with advanced data analysis using MATLAB
Get Started For Free
Learn More

Step 10 輸入在 MathWorks 所註冊的帳密來登入。

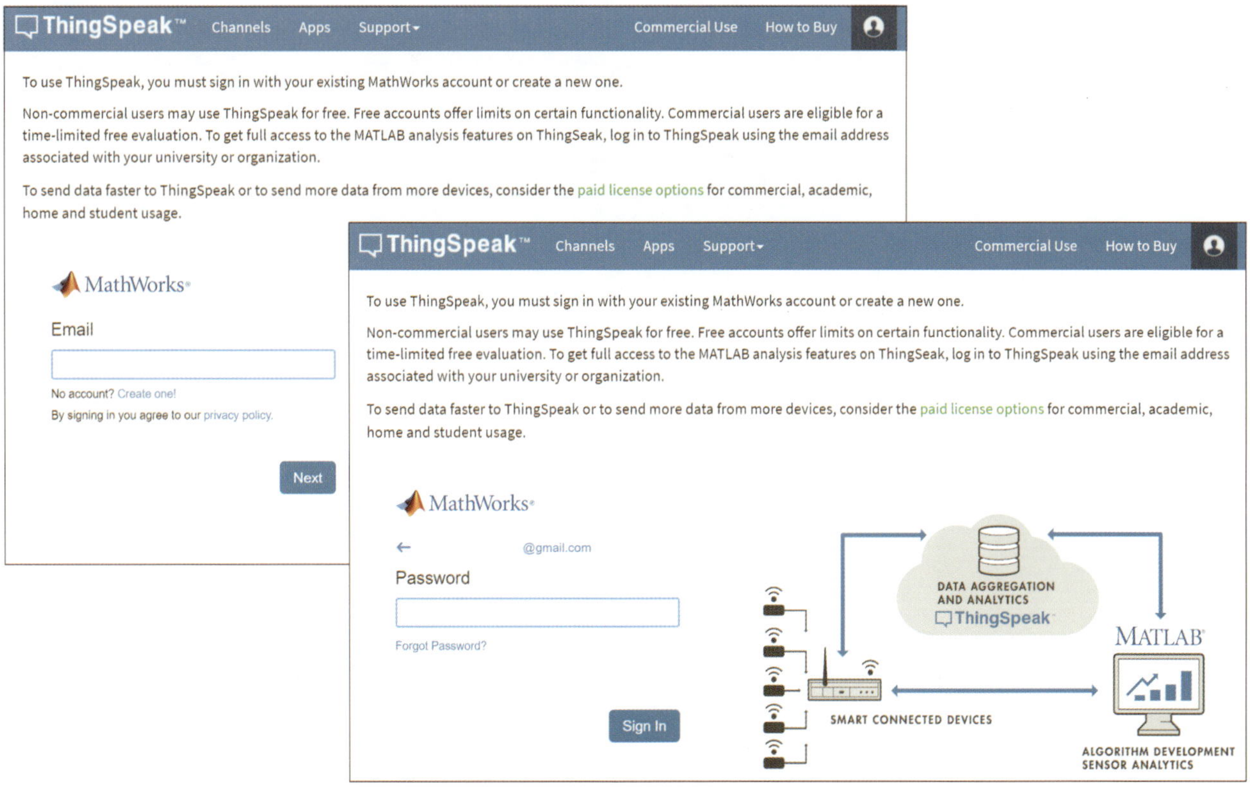
ThingSpeak™
Channels
Apps
Support
Commercial Use
How to Buy
To use ThingSpeak, you must sign in with your existing MathWorks account or create a new one.
Non-commercial users may use ThingSpeak for free. Free accounts offer limits on certain functionality. Commercial users are eligible for a time-limited free evaluation. To get full access to the MATLAB analysis features on ThingSeak, log in to ThingSpeak using the email address associated with your university or organization.
To send data faster to ThingSpeak or to send more data from more devices, consider the paid license options for commercial, academic, home and student usage.
MathWorks
Email
No account? Create one!
By signing in you agree to our privacy policy.
Next
@gmail.com
Password
Forgot Password?
Sign In
DATA AGGREGATION AND ANALYTICS
ThingSpeak
MATLAB
SMART CONNECTED DEVICES
ALGORITHM DEVELOPMENT
SENSOR ANALYTICS

Step 11 當頁面出現『Signed in successfully』字樣，即代表成功登入 ThingSpeak。

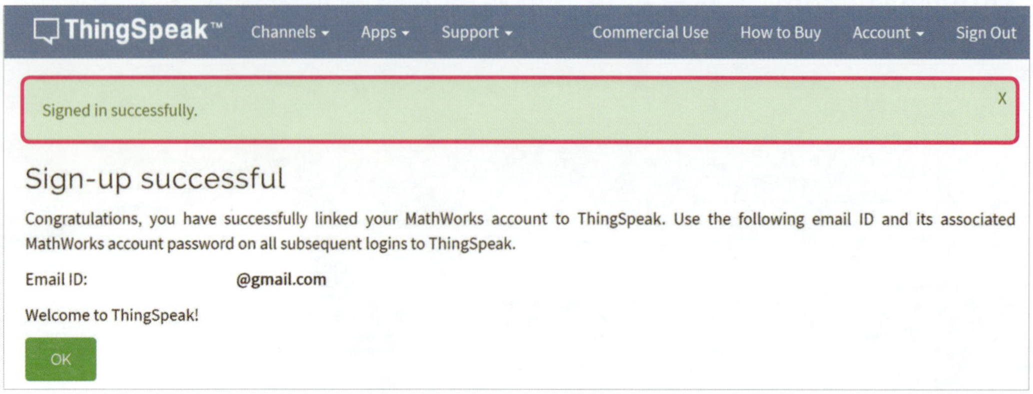
ThingSpeak™
Channels
Apps
Support
Commercial Use
How to Buy
Account
Sign Out
Signed in successfully.
X
Sign-up successful
Congratulations, you have successfully linked your MathWorks account to ThingSpeak. Use the following email ID and its associated MathWorks account password on all subsequent logins to ThingSpeak.
Email ID:
@gmail.com
Welcome to ThingSpeak!
OK

1-4 ThingSpeak 實作應用 I – 農場大數據收集系統

科學研究報告指出，農作物的生長除了需要土壤和水以外，日照時間和噪音干擾也是影響植物成長的重要因素。所以在第一個實作練習中，我們將利用慧手科技 S4A Sensor Board 上的光敏電阻（位於類比腳位 A1）及聲音感應器（位於類比腳位 A2）兩個感測元件，搭配 ThingSpeak 雲端平台來收集農地附近的光線強度以及聲音大小等數值。經由實際日照時間及噪音干擾的數據收集，便可觀察這兩個因素對於農作物實際的生長狀況會有什麼樣的影響。

建立 ThingSpeak 資料收集頻道

Step 01 由於 ThingSpeak 平台上各個收集不同數據的專案是以建立不同的 Channel（頻道）來作為區隔，因此在登入 ThingSpeak 網站後，首先須建立一個新的 Channel 來收集資訊。

1. 如下圖所示，請先在頁面上方的工具列 Channels 選項裡選擇「My Channels」。
2. 接著在 My Channels 頁面中按下最左邊的綠色按鈕『New Channel』來建立新的 Channel。

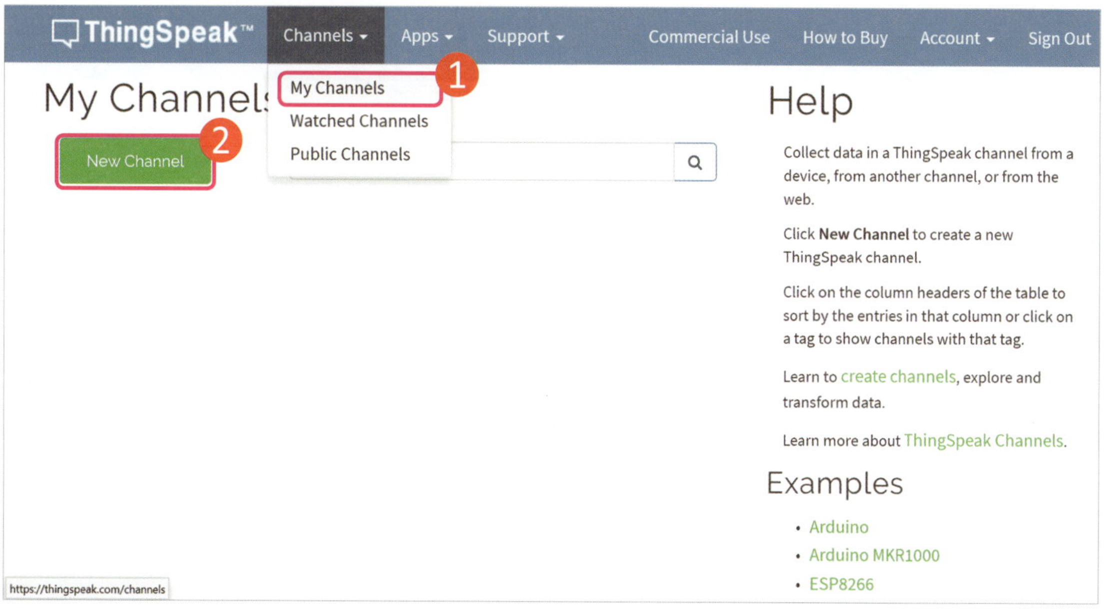
ThingSpeak™
Channels
Apps
Support
Commercial Use
How to Buy
Account
Sign Out
My Channels
My Channels
Watched Channels
Public Channels
New Channel
1
2
Help
Collect data in a ThingSpeak channel from a device, from another channel, or from the web.
Click New Channel to create a new ThingSpeak channel.
Click on the column headers of the table to sort by the entries in that column or click on a tag to show channels with that tag.
Learn to create channels, explore and transform data.
Learn more about ThingSpeak Channels.
Examples
Arduino
Arduino MKR1000
ESP8266
https://thingspeak.com/channels

Step 02 設定欄位的內容。以下兩個欄位是為「必填」的重要項目。

1. Name：設定此 Channel 的名稱，可支援各國語言，本例設為『TSChannelName』。可依自己喜好設定，但勿與其他 Channel 的名稱重複，否則容易造成混淆。
2. Field x：Channel 記錄數據資訊的欄位。每個 Channel 最多可同時支援 8 個 Fields，欲增加 Field 須先勾選 Field 後面的 Check-box。此處的欄位名稱也可支援各國語言，因此本例分別以中文的「亮度值」欄位來記錄光線強度，再以英文的「Volume」欄位來記錄音量大小（如下圖所示）。

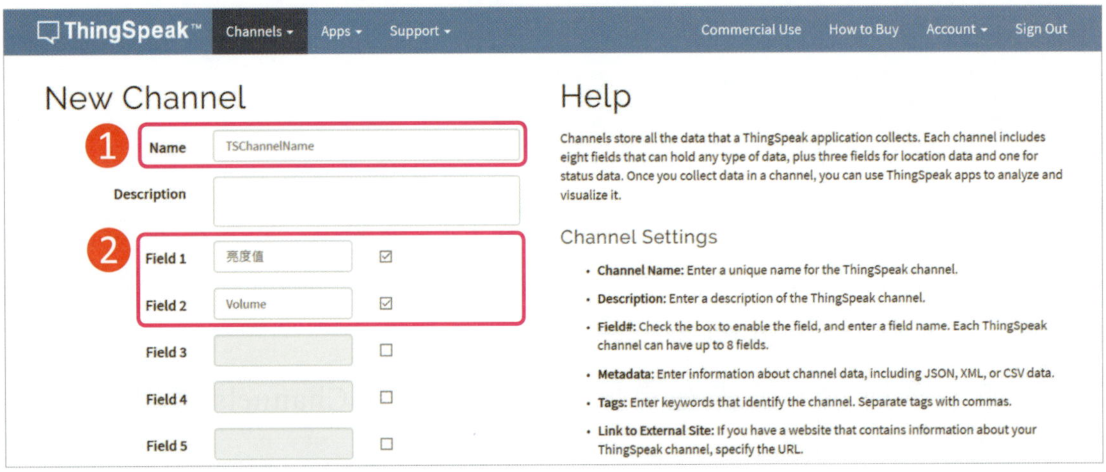
ThingSpeak™
Channels
Apps
Support
Commercial Use
How to Buy
Account
Sign Out
New Channel
1
Name
TSChannelName
Description
2
Field 1
亮度值
Field 2
Volume
Field 3
Field 4
Field 5
Help
Channels store all the data that a ThingSpeak application collects. Each channel includes eight fields that can hold any type of data, plus three fields for location data and one for status data. Once you collect data in a channel, you can use ThingSpeak apps to analyze and visualize it.
Channel Settings
Channel Name: Enter a unique name for the ThingSpeak channel.
Description: Enter a description of the ThingSpeak channel.
Field#: Check the box to enable the field, and enter a field name. Each ThingSpeak channel can have up to 8 fields.
Metadata: Enter information about channel data, including JSON, XML, or CSV data.
Tags: Enter keywords that identify the channel. Separate tags with commas.
Link to External Site: If you have a website that contains information about your ThingSpeak channel, specify the URL.

Step 03 在與步驟 2 的同一頁面中將 Channel 設定完成之後，尚得按下該頁面最下方的『Save Channel』按鈕才能儲存這些設定並建立新的 Channel。

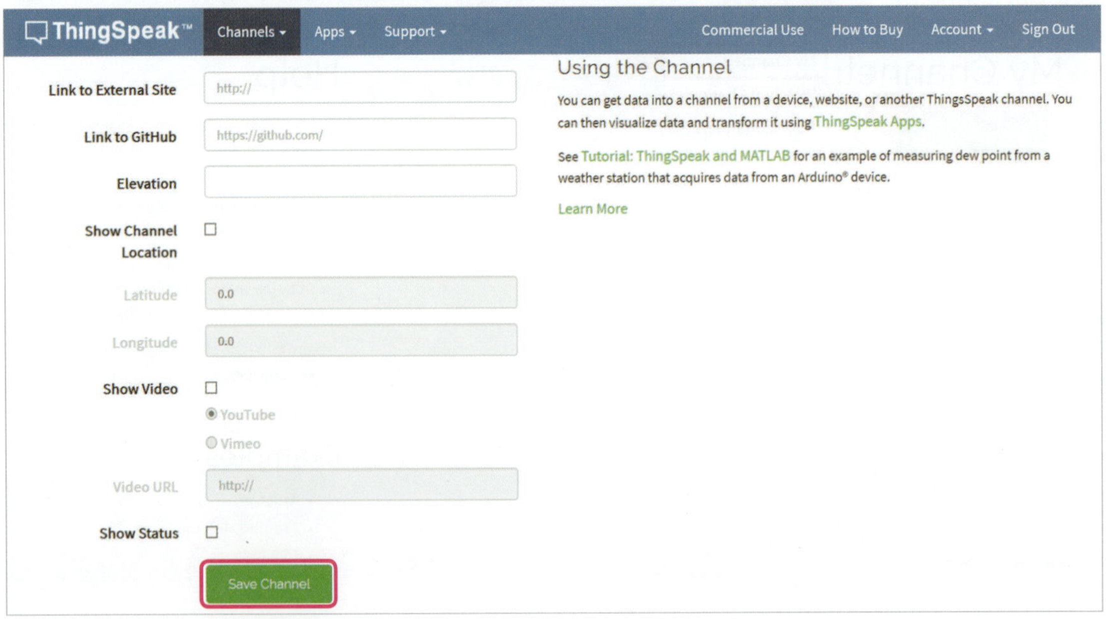
ThingSpeak™
Channels
Apps
Support
Commercial Use
How to Buy
Account
Sign Out
Link to External Site
http://
Link to GitHub
https://github.com/
Elevation
Show Channel Location
Latitude
0.0
Longitude
0.0
Show Video
YouTube
Vimeo
Video URL
http://
Show Status
Save Channel
Using the Channel
You can get data into a channel from a device, website, or another ThingsSpeak channel. You can then visualize data and transform it using ThingSpeak Apps.
See Tutorial: ThingSpeak and MATLAB for an example of measuring dew point from a weather station that acquires data from an Arduino® device.
Learn More

Step 04 當新的 Channel 被建立後便會跳到如下圖所示的頁面，ThingSpeak 會賦予該頻道一個代表號（Channel ID，如下圖紅色方框處所示），而此 ID 在之後使用 APP 來讀取數據時會需要輸入。另外在步驟 2 所設定的 Fields（本例為亮度值與 Volume），也會在此頁面中建立數據圖表（折線圖）。

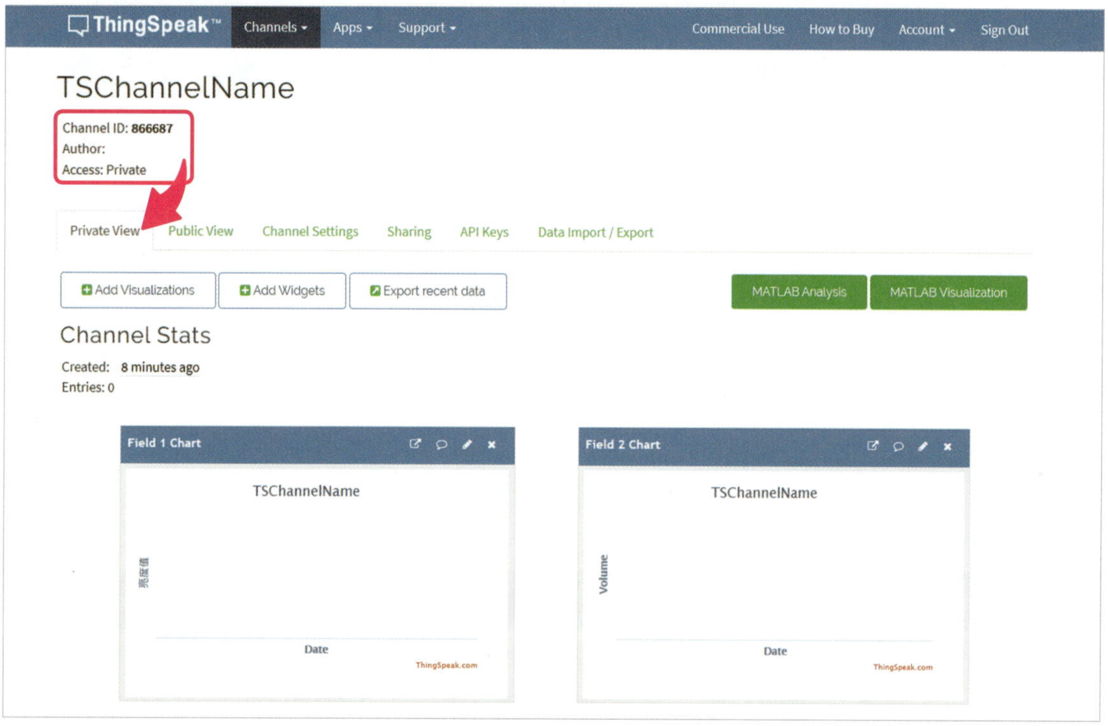

此外，圖的紅色方框處也會顯示該 Channel 目前的存取狀態（Access）。當 Channel 剛被建立時，Channel 的預設狀態為需要授權碼才能讀取的私密（Private）狀態。存取狀態可自行設定，切換的方式則會在步驟 6 中再做說明。

當 Channel 的存取狀態被設定成公開（Public）時，在 Private View 和 Public View 兩個頁面均可看到如上圖所示的 Fields 表格資訊（亮度值與 Volume）。反之，若此 Channel 的狀態被設定成私密（Private），那就只能在 Private View 中看到 Fields 的表格資訊，Public View 頁面則只能看到如下的畫面。而如何修改 Channel 的存取狀態，將會在步驟 6 中揭露。

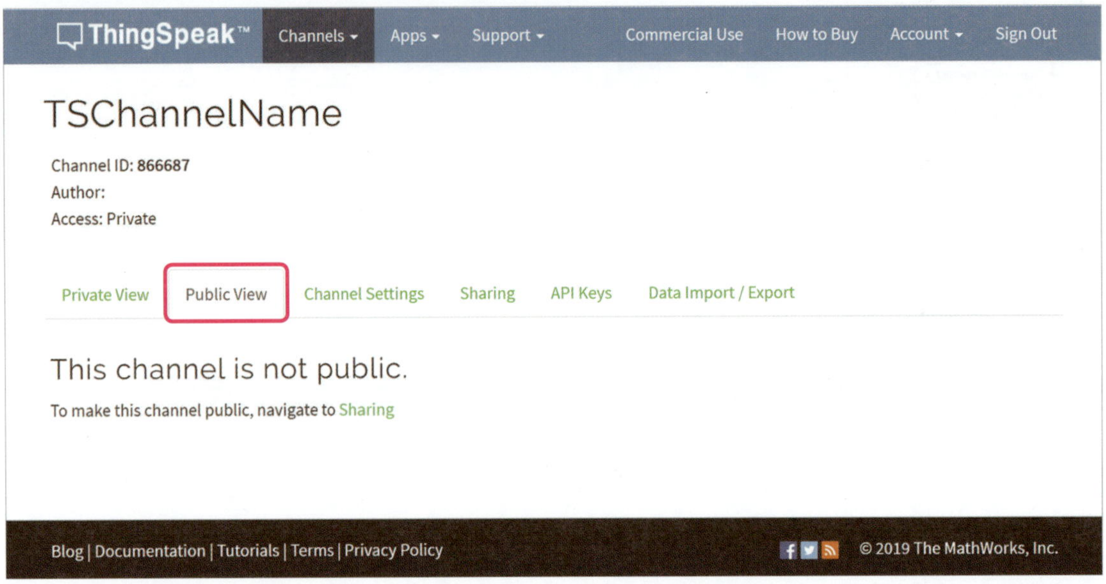
ThingSpeak™
Channels
Apps
Support
Commercial Use
How to Buy
Account
Sign Out
TSChannelName
Channel ID: 866687
Author:
Access: Private
Private View
Public View
Channel Settings
Sharing
API Keys
Data Import / Export
This channel is not public.
To make this channel public, navigate to Sharing
Blog | Documentation | Tutorials | Terms | Privacy Policy
© 2019 The MathWorks, Inc.

Step 05 Channel 建立完畢之後，若欲修改原 Channel 的設定，可至這個 Channel Settings 頁面中進行修改。

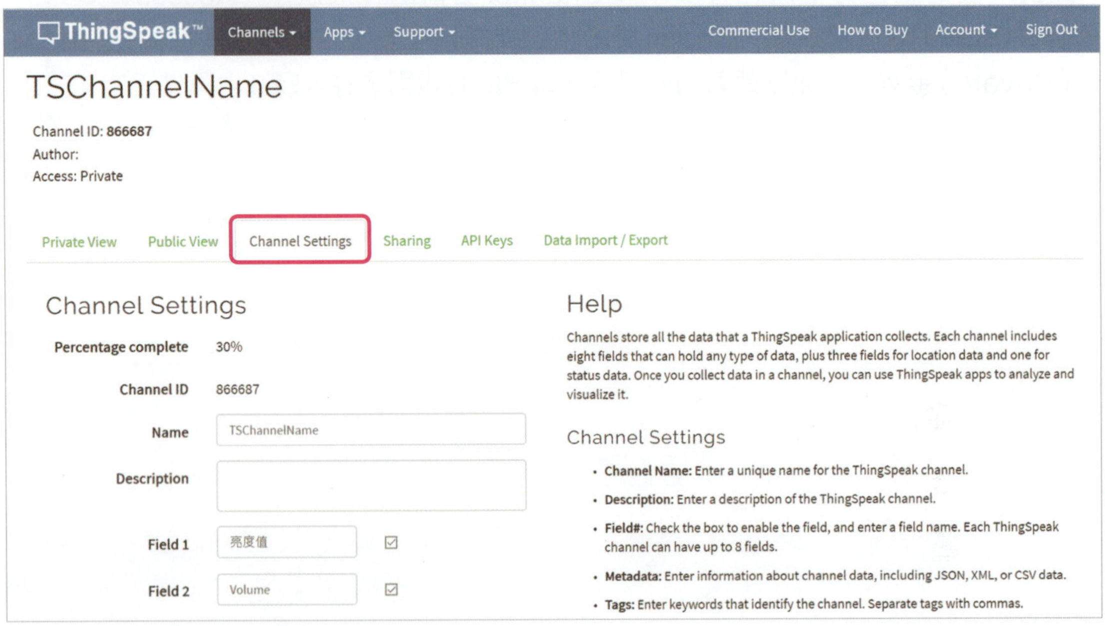
ThingSpeak™
Channels
Apps
Support
Commercial Use
How to Buy
Account
Sign Out
TSChannelName
Channel ID: 866687
Author:
Access: Private
Private View
Public View
Channel Settings
Sharing
API Keys
Data Import / Export
Channel Settings
Percentage complete 30%
Channel ID 866687
Name TSChannelName
Description
Field 1 亮度值
Field 2 Volume
Help
Channels store all the data that a ThingSpeak application collects. Each channel includes eight fields that can hold any type of data, plus three fields for location data and one for status data. Once you collect data in a channel, you can use ThingSpeak apps to analyze and visualize it.
Channel Settings
Channel Name: Enter a unique name for the ThingSpeak channel.
Description: Enter a description of the ThingSpeak channel.
Field#: Check the box to enable the field, and enter a field name. Each ThingSpeak channel can have up to 8 fields.
Metadata: Enter information about channel data, including JSON, XML, or CSV data.
Tags: Enter keywords that identify the channel. Separate tags with commas.

❶ 若是在本頁面有設定的修改，結束後需按下頁面下方的綠色『Save Channel』按鈕來儲存。

❷ 若要清除此 Channel 原本已記錄的數據，則可按下此頁面下方的紅色『Clear Channel』按鈕來進行。

❸ 按下『Delete Channel』按鈕會刪除整個 Channel（包含所記錄的數據）。

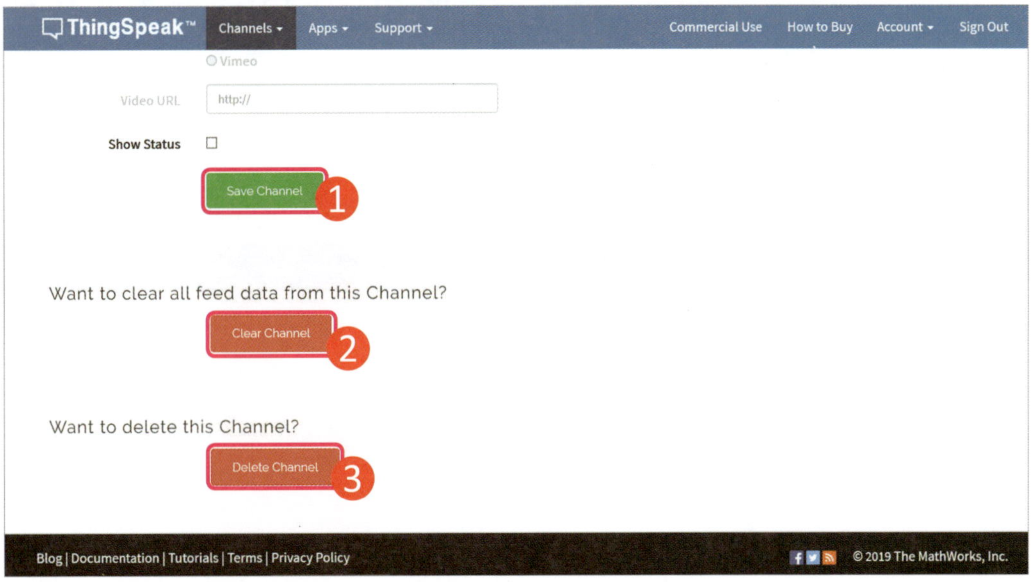

Step 06 設定 Channel 存取（Access）狀態的頁面。其狀態選項有三：

1. Keep channel view private：將 Channel 設為私密（Private）狀態，此時若要以其他裝置來讀取此 Channel 所記錄的數據，除了步驟 4 提到的 Channel ID 外，還需要輸入授權碼（Read API Keys）才能讀取。
2. Share channel view with everyone：將此 Channel 設為公開（Public）狀態，此時只要知道步驟 4 所說的 Channel ID，所有人皆可讀取此 Channel 裡的數據。
3. Share channel view only with the following users：僅開放給特定人士（以 Email Address 判斷）讀取。

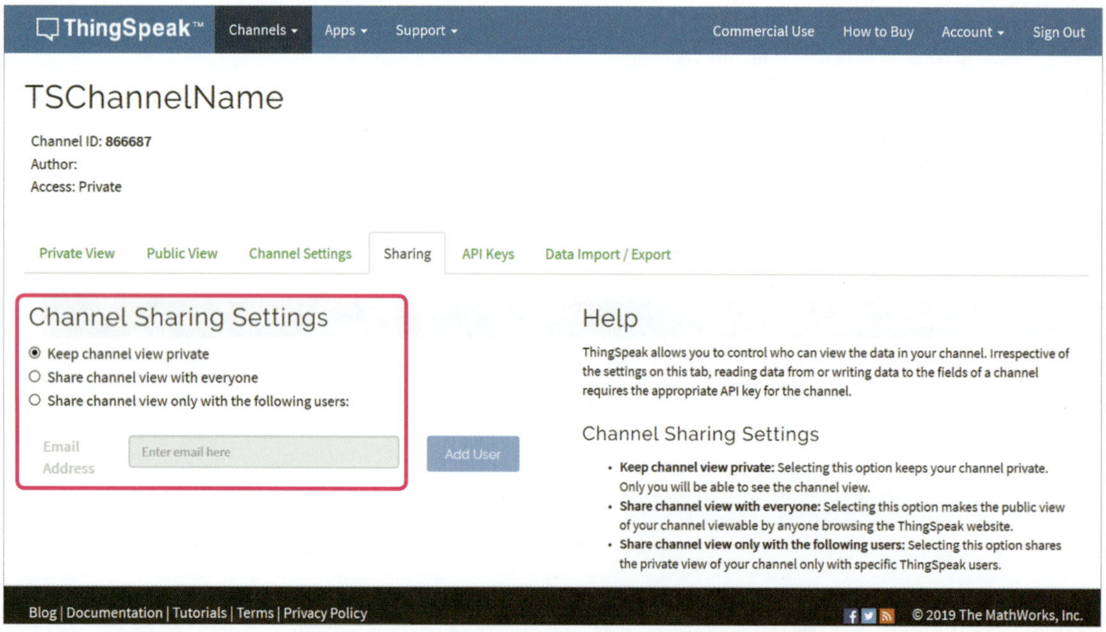
ThingSpeak™
Channels
Apps
Support
Commercial Use
How to Buy
Account
Sign Out
TSChannelName
Channel ID: 866687
Author:
Access: Private
Private View
Public View
Channel Settings
Sharing
API Keys
Data Import / Export
Channel Sharing Settings
Keep channel view private
Share channel view with everyone
Share channel view only with the following users:
Email Address
Enter email here
Add User
Help
ThingSpeak allows you to control who can view the data in your channel. Irrespective of the settings on this tab, reading data from or writing data to the fields of a channel requires the appropriate API key for the channel.
Channel Sharing Settings
Keep channel view private: Selecting this option keeps your channel private. Only you will be able to see the channel view.
Share channel view with everyone: Selecting this option makes the public view of your channel viewable by anyone browsing the ThingSpeak website.
Share channel view only with the following users: Selecting this option shares the private view of your channel only with specific ThingSpeak users.
Blog | Documentation | Tutorials | Terms | Privacy Policy
© 2019 The MathWorks, Inc.

如上圖所示，本例將此 Channel 的存取狀態設為私密（Private）狀態。

Step 07 如下圖所示，API Keys 頁面所提供的「Write API Key」是當物聯裝置要把資料上傳至 ThingSpeak 平台指定的 Channel 時，其寫入指令所需要的授權碼。而「Read API Keys」則是當我們把 Channel 狀態設為 Private 時，其他裝置（例如手機或平板）讀取此 Channel 資料時所需的授權碼。

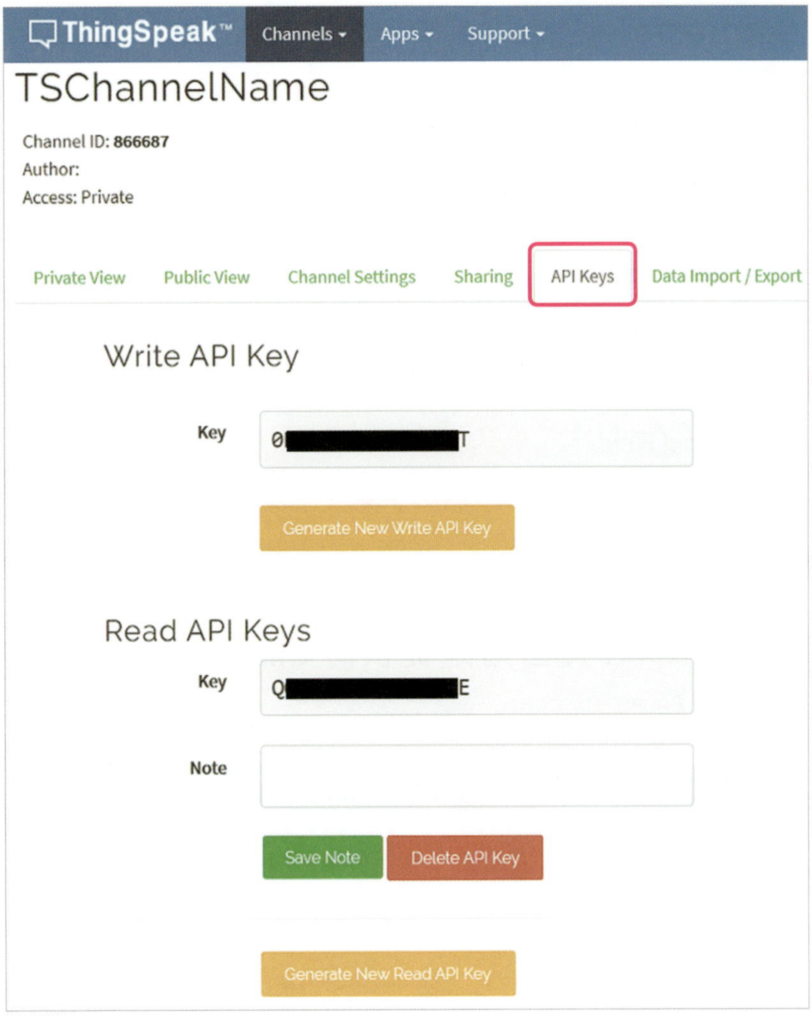

Step 08　在 API Keys 頁面的右下角，便是 ThingSpeak 提供給其他物聯裝置與其溝通的指令（API Requests）。其中的「Write a Channel Feed」為上傳資料至 ThingSpeak 的指令，而指令中的 api_key 參數便是要填入步驟 7 所提到的 Write API Key。

Step 09　Data Import/Export 頁面則是提供將 Channel 記錄數據載入或輸出成 CSV 檔案的服務。

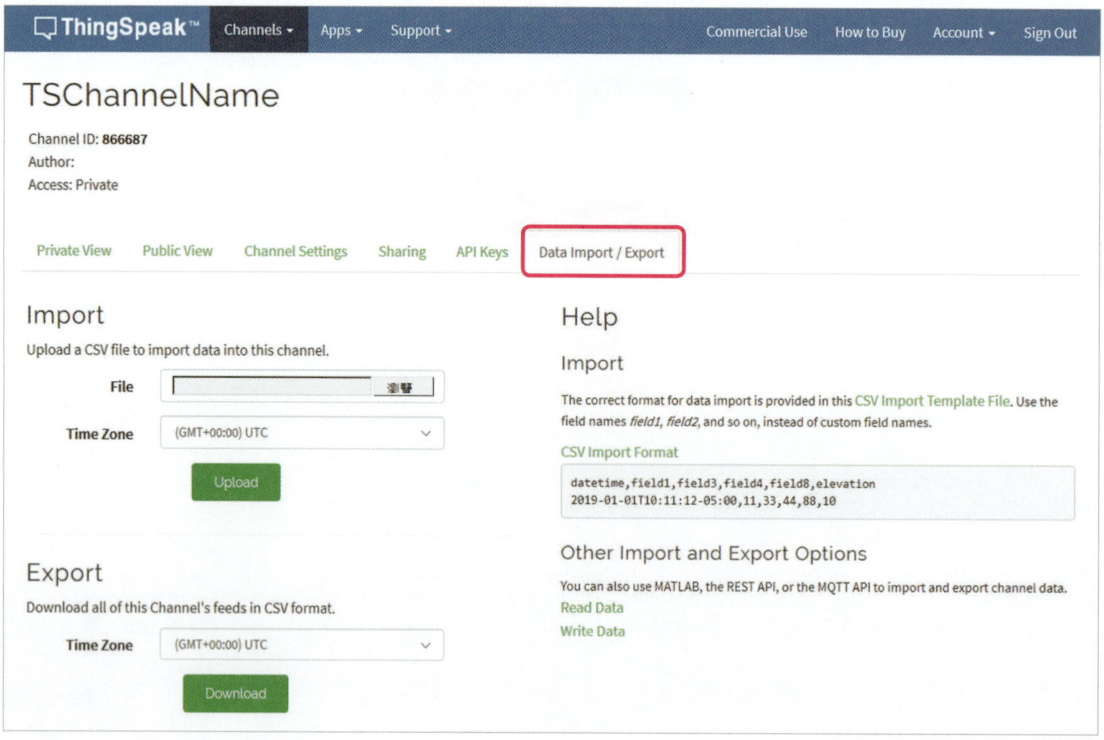

Arduino 硬體設定

ThingSpeak 農場大數據收集系統在硬體方面的需求有：

1. 改款自 Arduino UNO 且作為大腦來控制各項硬體的「Motoduino U1」。
2. 配置有光敏電阻（A1）與聲音感測器（A2），可藉此來量測光線強度以及音量大小的「慧手科技 S4A Sensor board」擴充板。
3. 可協助 Arduino 與 ThingSpeak 平台溝通的「ESP8266 WiFi Terminal」。

硬體組裝步驟：

Step 01 先將 Motoduino U1 與 S4A Sensor Board 依下圖所示的方式接合在一起。

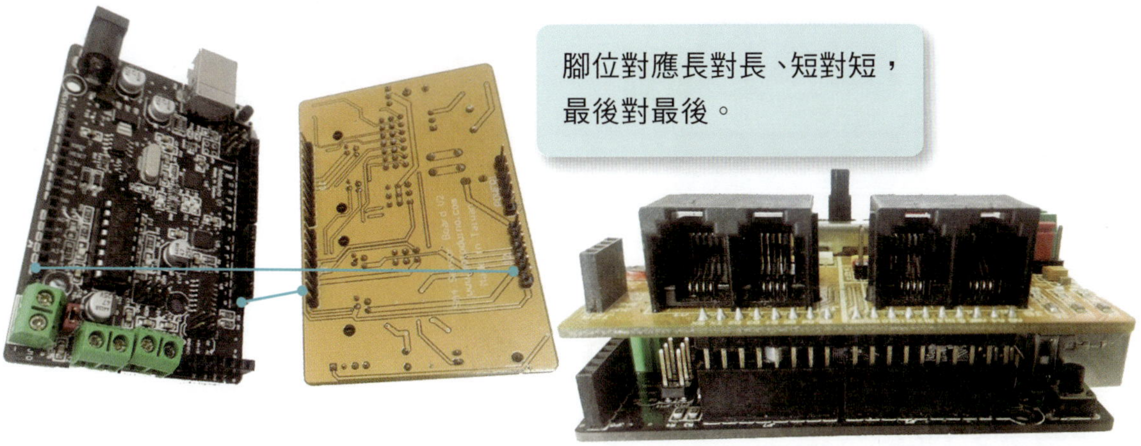
腳位對應長對長、短對短，
最後對最後。

Step 02 WiFi Terminal 以 RJ11 線與 S4A Sensor Board 的 D12/D13 插槽相連接，完成。

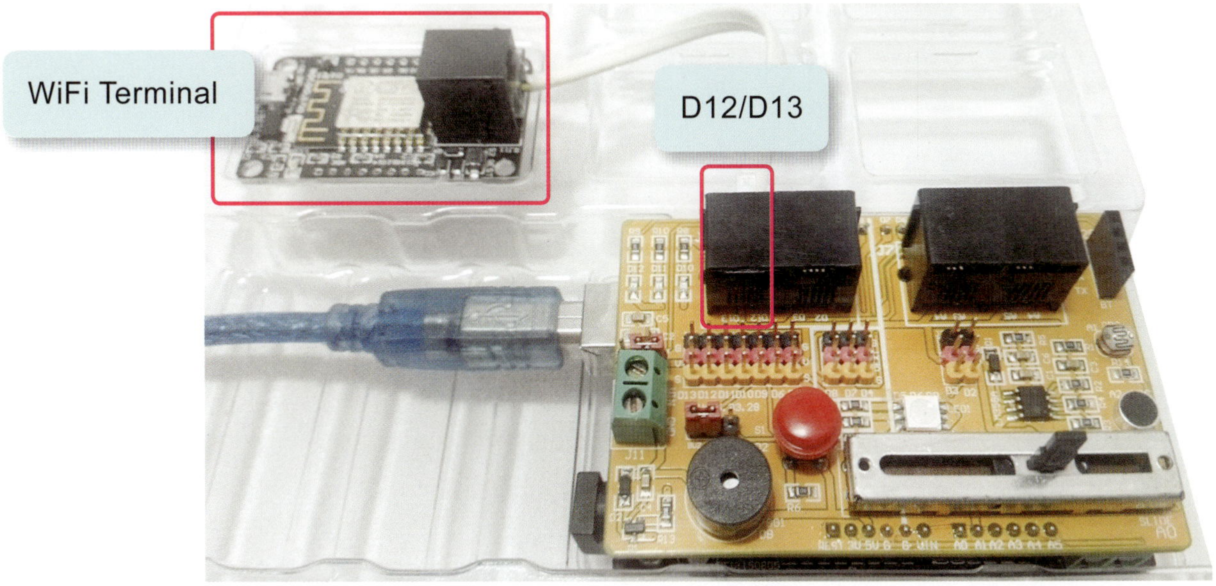
WiFi Terminal
D12/D13

Arduino 圖控程式

完成 ThingSpeak 平台的設定與 Arduino 硬體的組裝後，接下來便可開始透過所編寫的 motoBlockly 圖控程式，將 Arduino 所量測的數據上傳至 ThingSpeak。

Step 01 在設定（Setup）積木中初始化 ESP8266 WiFi Terminal 的相關設定。

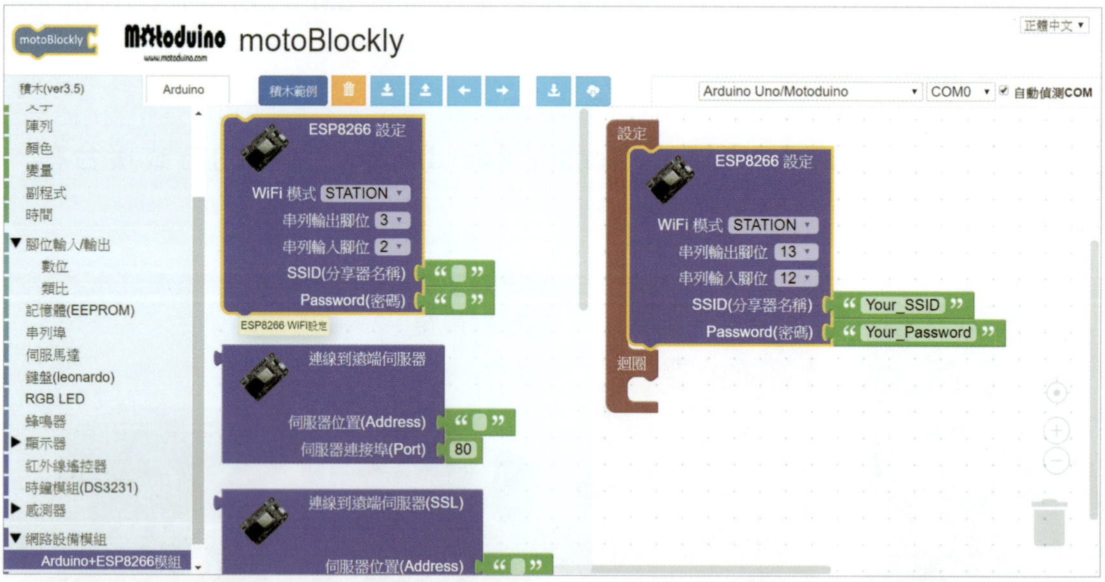

依前面硬體的示範接線所示：ESP8266 設定積木的『串列輸出腳位』請選擇 13（數位腳位 D13）、『串列輸入腳位』請選擇 12（數位腳位 D12），「SSID（分享器名稱）」與「Password（密碼）」則為 ESP8266 準備連線的路由器或無線網路分享器的名稱與密碼，請依實際狀況輸入即可。

Step 02

點亮 Arduino 擴充板 D10 腳位的綠色 LED，使用者便可由 Arduino 每次重新開機後，擴充板左上角的綠色 LED 狀態來判斷網路連線是否成功（綠色 LED 被點亮即代表網路連線動作成功）。

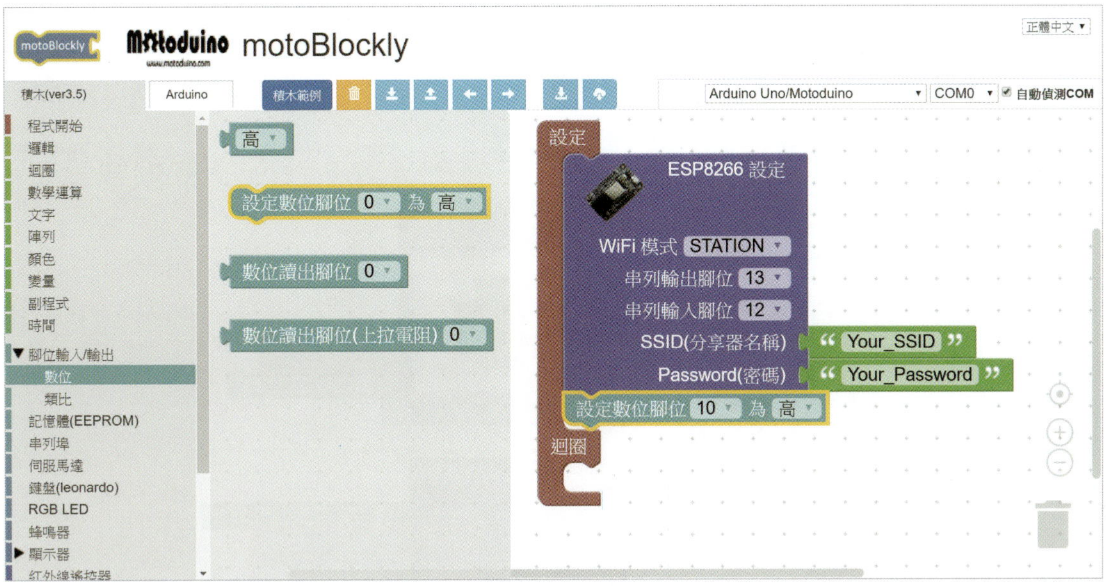

Step 03

在迴圈（Loop）積木中加入可將量測數據上傳至 ThingSpeak 平台的程式積木。由於上傳數據對 ThingSpeak 而言為寫入動作，因此程式積木中的「API_KEY（寫入授權碼）」欄位請填入在 ThingSpeak 設定時所取得的 Write API Key。

Step 04

預設 ThingSpeak 上傳資料的程式積木僅有一個「欄位 1」可上傳數據，使用者可點擊 ThingSpeak 上傳資料積木左上角的藍色齒輪（下圖紅色箭頭處）來新增出「欄位 2」。最後再將讀取光敏電阻（A1）與聲音感測器（A2）數據的程式積木分別填入程式積木的「欄位 1」與「欄位 2」即可。

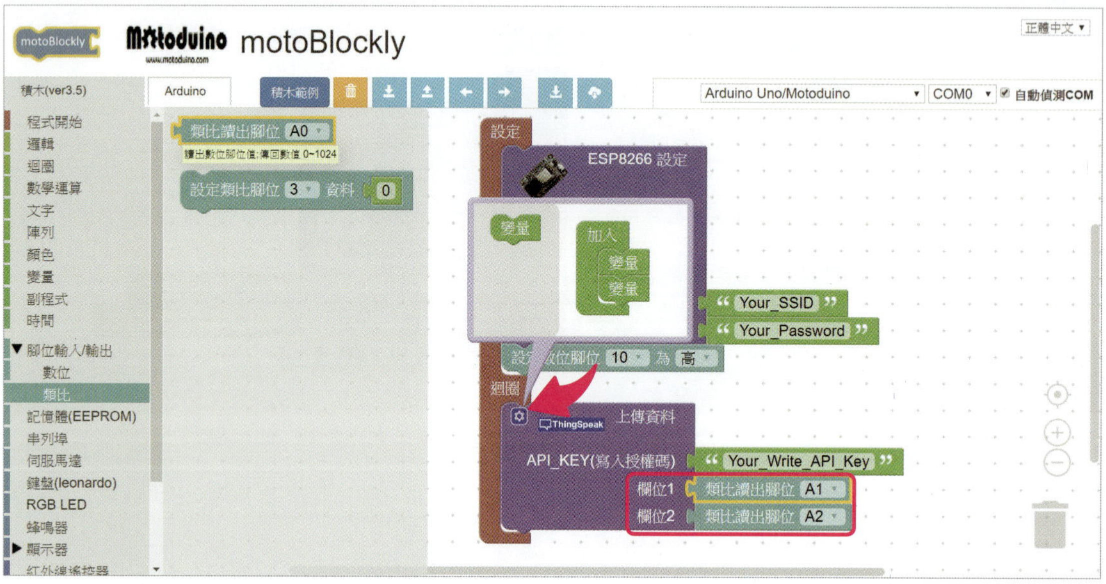

Step 05

最後加入延遲 30,000 毫秒的積木，讓農場大數據收集系統能以每 30 秒（1000 毫秒 =1 秒）的間隔時間，不斷地收集日照與噪音的數據。

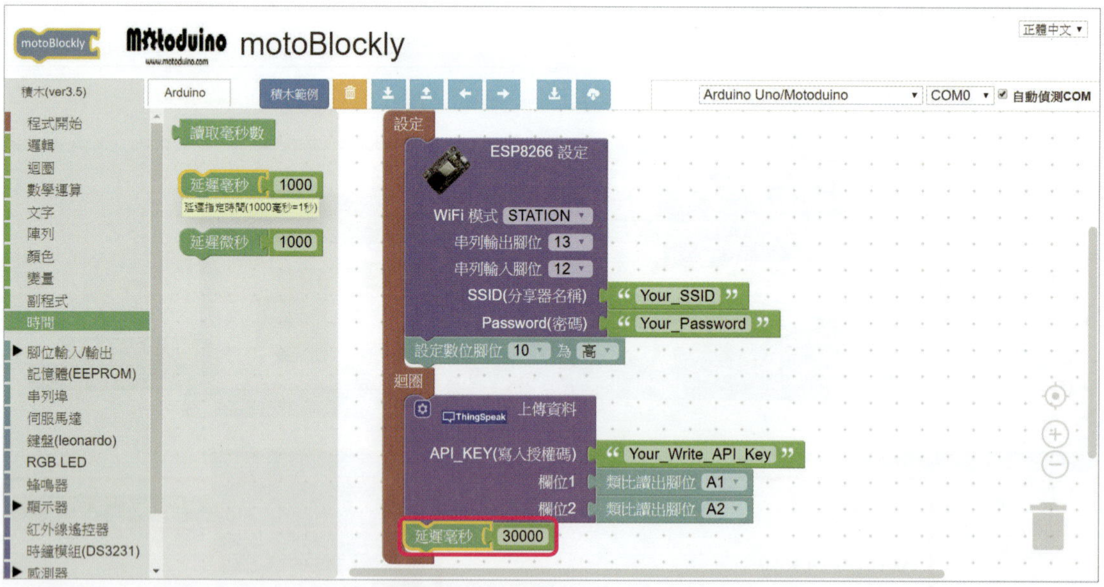

如下圖紅框處所示，由於 ThingSpeak 官方限定免費（FREE）的使用者每筆資料的間隔上傳時間（Message update interval limit）至少需相隔 15 秒（Every 15 seconds）。因此為避免資料因上傳太過頻繁而造成數據的遺失，此範例才會設定以 30 秒為間隔時間。

	FREE For time-limited commercial evaluation of the service	STANDARD For all commercial, government and revenue generating activities
Scalable for larger projects	✗ No. Annual usage is capped.	✓
Number of messages	3 million/year (~8,200/day)(2)	33 million/year per unit (~90,000/day per unit)(2)
Message update interval limit	Every 15 seconds	Every second
Number of channels	4	250 per unit
MATLAB Compute Timeout	20 seconds	60 seconds
Number of simultaneous MQTT subscriptions	Limited to 3	50 per unit
Private channel sharing	Limited to 3 shares	Unlimited
Technical Support	Community Support	Standard MathWorks support

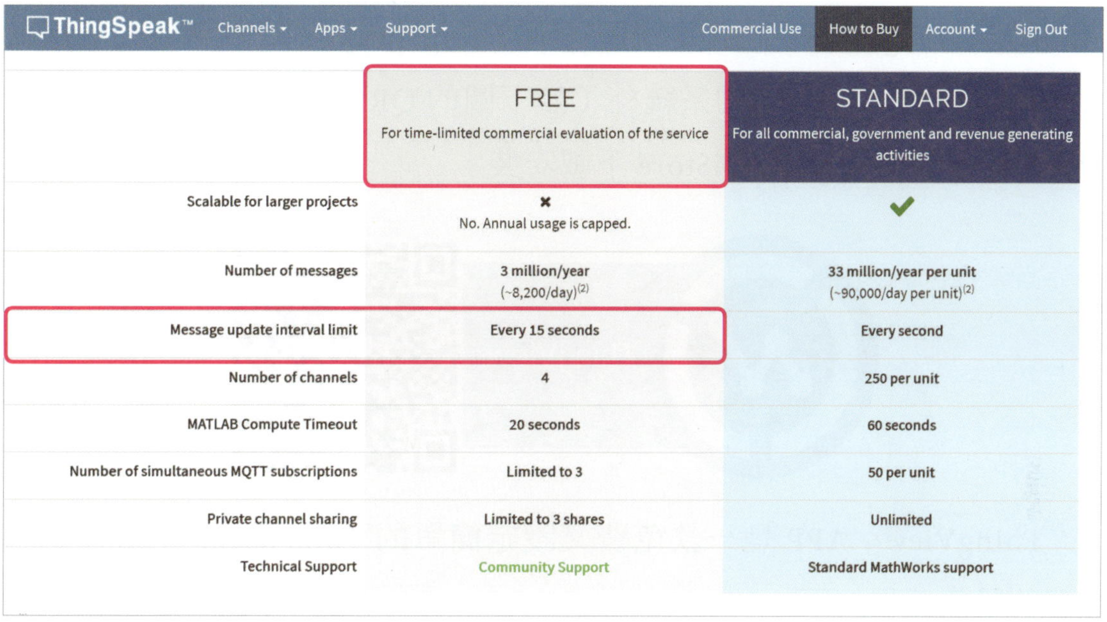

Step 06 完整的 Arduino 農場大數據收集系統 motoBlockly 程式碼如下。請在紅框處填入自己對應的資訊，程式才能正常的運作。

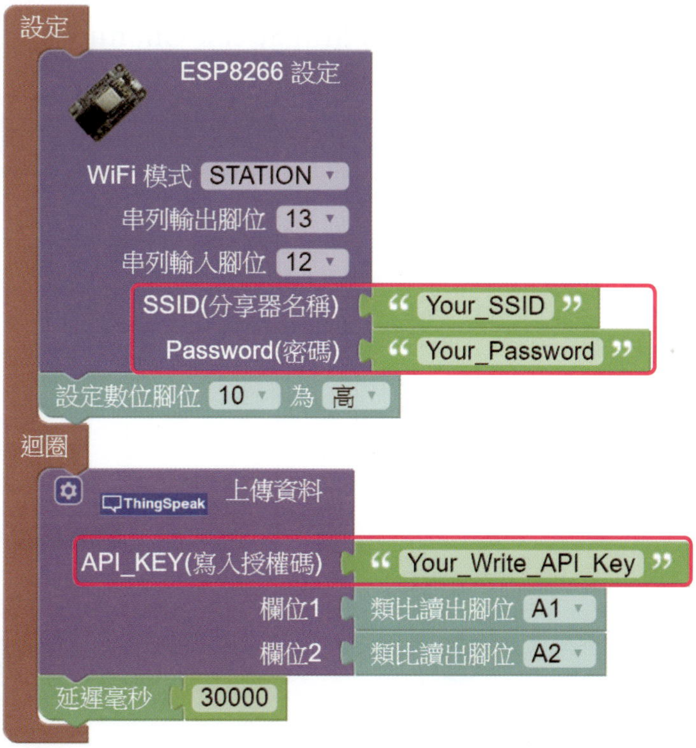

農場大數據數收集系統展示影片：https://youtu.be/O-L-fcDUj_E

手機 APP 的設定

當 Arduino 開始傳送光線與聲音感測器的數據至 ThingSpeak 平台來記錄後，使用者便可以在遠端利用自己的手機或其他行動裝置監看這些資訊。而接下來要介紹的「ThingView」，就是一個可與 ThingSpeak 無障礙溝通的實用 APP，該 APP 除了支援 Android 的系統外（如下圖的 QR code 所示），也有支援 iOS 的安裝版本，讀者可自行至 iStore 下載安裝。

「ThingView」APP 是一款免費又設定簡單的 ThingSpeak 手機應用程式，其相關的設定流程如下：

Step 01 下載並安裝好 ThingView APP 後，一開始進入時會看到空無一物的 Channels List。這時請先點選 App 右下角的『+ Add channel』選項來新增想要連線並讀取數據紀錄的 ThingSpeak Channel。

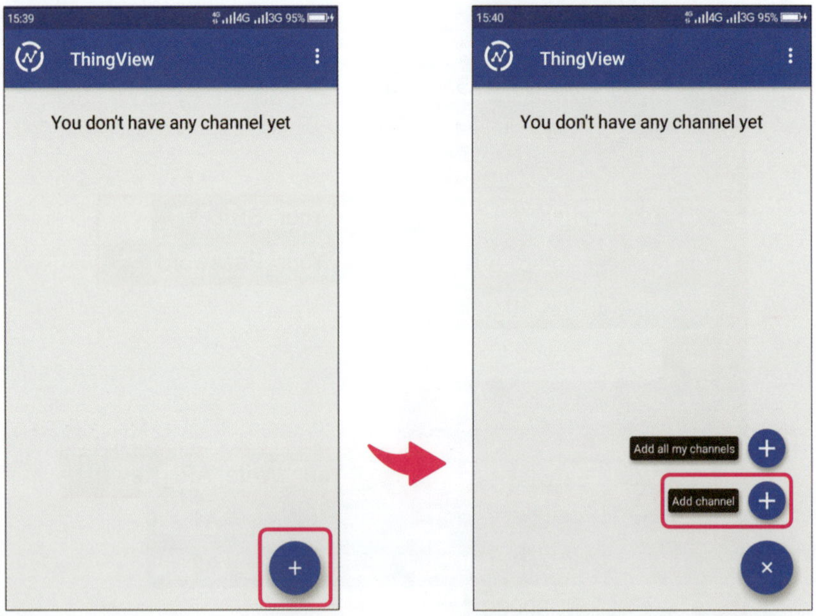

Step 02

如右下圖所示，APP 在新增 Channel 時，設定頁面會要求填入欲連線的 Channel ID。此 Channel ID 就是在 ThingSpeak 平台設定步驟 4 所提到的 Channel 代表編號，APP 便是藉由這個獨一無二的 ID 連線到正確的 ThingSpeak Channel 中。

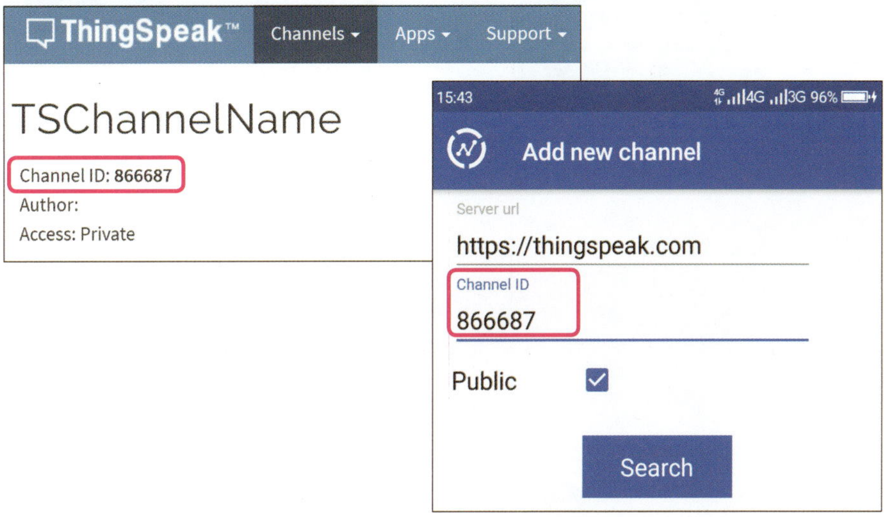

Step 03

若想要連線的 Channel 存取狀態是為 Private 的話，則左下圖設定頁面中箭頭處的 Public 欄位便不可勾選，且需填入 ThingSpeak 平台設定步驟 7 所取得的讀取授權碼（Read API Keys）後，才能順利連線並顯示所記錄的數據。

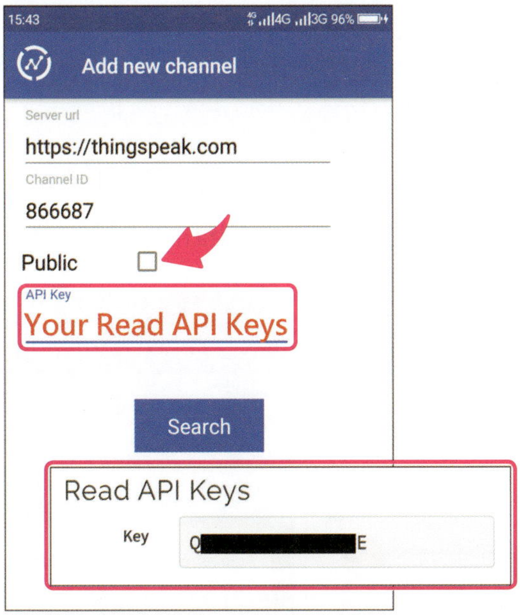

Step 04 完成上述的設定步驟後，APP 便會列出設定完成並且可以成功連線的 Channel 列表（如左下圖所示），此時再點選進入要觀察的 Channel 中，便可看到該 Channel 所上傳的數據記錄（如右下圖所示）。

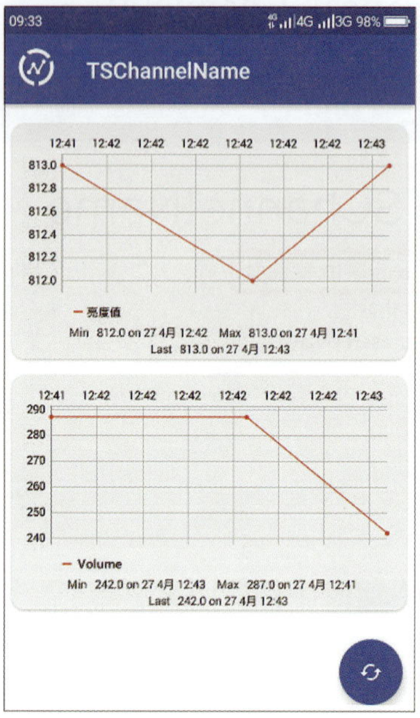

Step 05 APP 亦可經由設定間隔時間，自動重新讀取 ThingSpeak 平台上的最新數據並顯示之。

❶ 首先如左下圖般點選 App 右上角的 Settings 選項，進入如下圖中的 Settings 頁面。

❷ 再將「Auto refresh charts」選項打勾，之後再點擊「Auto refresh time (in seconds)」選項。

❸ 接著如右下圖一樣設定自動更新資料的間隔時間（本例設定為 20 秒），最後還需按下確定鍵方可完成 APP 自動顯示 Channel 最新數據的設定。

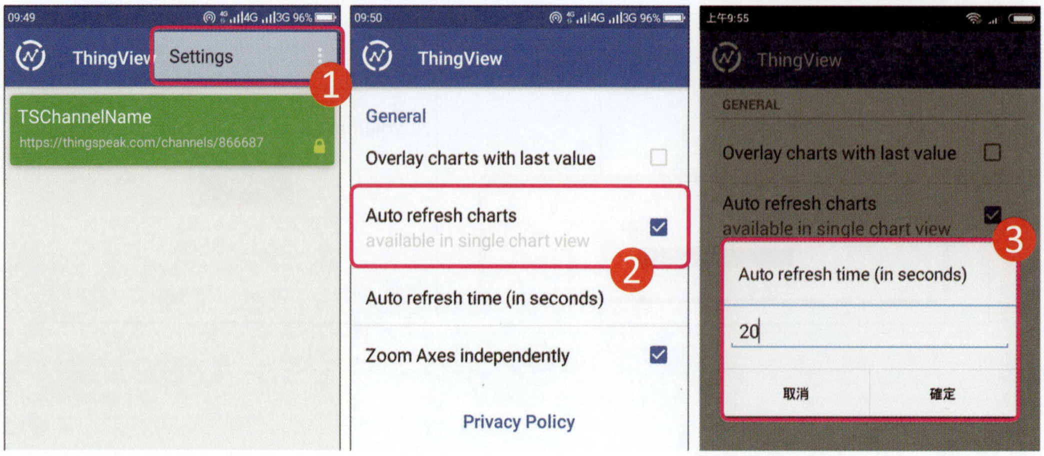

1-5 ThingSpeak 實作應用 II – 雲端叫號系統

到醫院看病時最難熬的就是等待看診的時間。若是先以網路或電話完成掛號，由於醫生看診的速度有快有慢，便會造成預約病人不好拿捏報到的時間。台灣的醫療院所大多已有設立現場的叫號系統，若是能利用 Arduino 結合 ThingSpeak 及 APP，便可讓原有的叫號系統輕鬆地升級到可支援雲端查詢的功能。當醫院看診的號次可即時同步到網路時，病人或家屬就可以利用手機 APP 遠端查詢目前醫院的看診進度，進而推估出該到醫院報到的時間，從而減少浪費寶貴的時間。

雲端叫號系統算是 ThingSpeak 平台中較為另類的應用，因其上傳的資料不再僅限於 Arduino 感測器所量測到的數據，而是醫生目前看診的號次。每當醫生診治完病人按下 Arduino 擴充板上的紅色按鈕後，看診的號次就會自動加 1，此時連接在 Arduino 上的 4 位數七段顯示器也會顯示出最新的看診號次，並透過蜂鳴器發出跳號提示音來提醒現場的候診病人。此外 Arduino 也會透過 ESP8266 模組將最新的號次資訊同步上傳至 ThingSpeak 平台上，只要醫院公開記錄目前號次的 Thing Speak Channel ID，所有人都可以隨時隨地利用手機 APP 來查詢最新的看診號次。

建立 ThingSpeak 資料收集頻道

因為雲端叫號系統上傳的數據內容完全不同於農場大數據收集系統，所以需要在 ThingSpeak 平台上再建立一個新的 Channel 來儲存新的上傳資訊，下圖便是新建立的資料收集頻道「Hospital」。因為該 Channel 只需接收儲存最新的看診號次，所以在 Field 項目中只需建立一個代表看診號次的「Number」欄位即可。

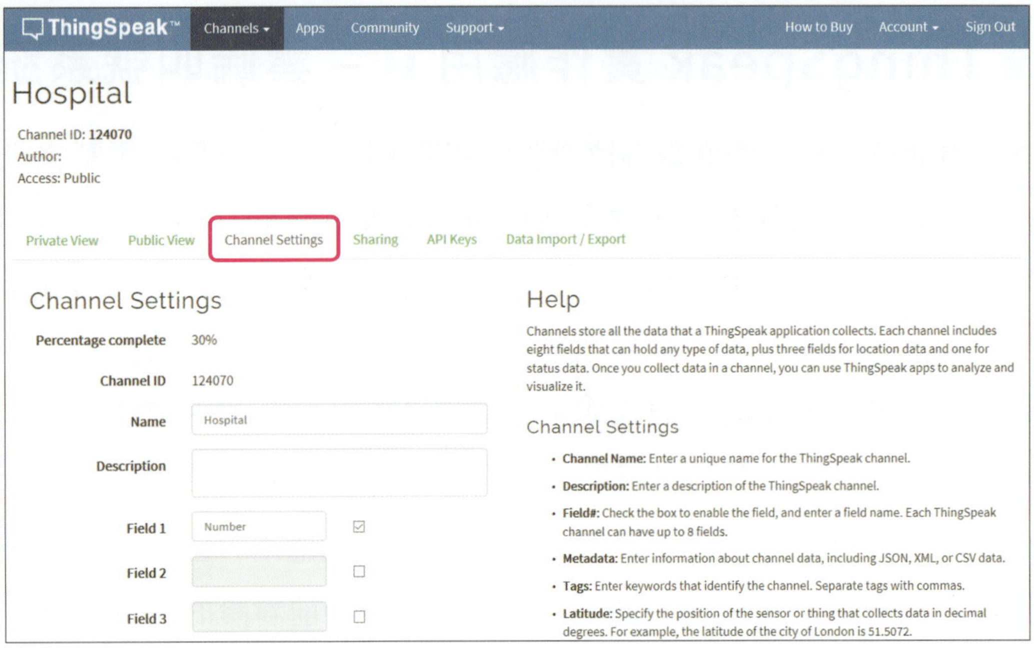
ThingSpeak™
Channels
Apps
Community
Support
How to Buy
Account
Sign Out
Hospital
Channel ID: 124070
Author:
Access: Public
Private View
Public View
Channel Settings
Sharing
API Keys
Data Import / Export
Channel Settings
Percentage complete 30%
Channel ID 124070
Name Hospital
Description
Field 1 Number
Field 2
Field 3
Help
Channels store all the data that a ThingSpeak application collects. Each channel includes eight fields that can hold any type of data, plus three fields for location data and one for status data. Once you collect data in a channel, you can use ThingSpeak apps to analyze and visualize it.
Channel Settings
Channel Name: Enter a unique name for the ThingSpeak channel.
Description: Enter a description of the ThingSpeak channel.
Field#: Check the box to enable the field, and enter a field name. Each ThingSpeak channel can have up to 8 fields.
Metadata: Enter information about channel data, including JSON, XML, or CSV data.
Tags: Enter keywords that identify the channel. Separate tags with commas.
Latitude: Specify the position of the sensor or thing that collects data in decimal degrees. For example, the latitude of the city of London is 51.5072.

而建立此 Channel 的目的便是要讓所有人都可以直接上網查詢醫院最新的看診號次，因此在 Sharing 頁面中記得要將 Channel 的存取狀態修改為公開（如下圖紅框處，選擇 Share channel view with everyone），最後還須將 ThingSpeak 產生的 Channel ID（本例為 124070）公告給大眾知道才有用。

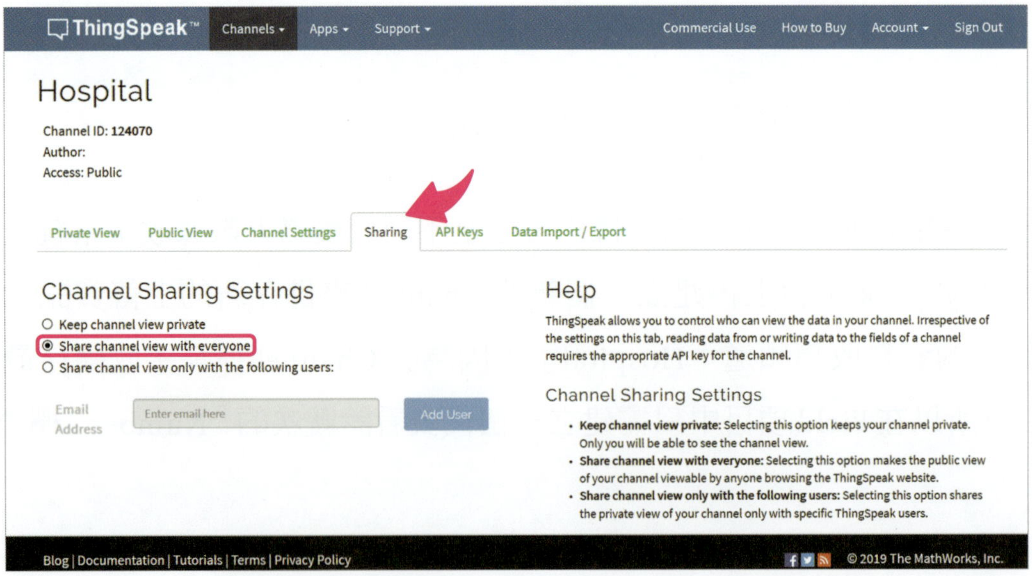
ThingSpeak™
Channels
Apps
Support
Commercial Use
How to Buy
Account
Sign Out
Hospital
Channel ID: 124070
Author:
Access: Public
Private View
Public View
Channel Settings
Sharing
API Keys
Data Import / Export
Channel Sharing Settings
Keep channel view private
Share channel view with everyone
Share channel view only with the following users:
Email Address
Enter email here
Add User
Help
ThingSpeak allows you to control who can view the data in your channel. Irrespective of the settings on this tab, reading data from or writing data to the fields of a channel requires the appropriate API key for the channel.
Channel Sharing Settings
Keep channel view private: Selecting this option keeps your channel private. Only you will be able to see the channel view.
Share channel view with everyone: Selecting this option makes the public view of your channel viewable by anyone browsing the ThingSpeak website.
Share channel view only with the following users: Selecting this option shares the private view of your channel only with specific ThingSpeak users.
Blog | Documentation | Tutorials | Terms | Privacy Policy
© 2019 The MathWorks, Inc.

Arduino 硬體設定

ThingSpeak 雲端叫號系統在硬體方面的需求有：

1. 慧手科技 Motoduino U1。
2. 慧手科技 S4A Sensor board 擴充板（會用到板子上的按鈕（D2）和蜂鳴器（D9））。
3. 4 位數七段顯示器（顯示目前的看診號次用）。
4. 可與 ThingSpeak 平台溝通的「ESP8266 WiFi Terminal」。

硬體組裝圖：

先將 Arduino 與 Sensor Board 結合之後，再將 Arduino 與 ThingSpeak 的溝通橋梁 WiFi Terminal 以 RJ11 線連接至 S4A Sensor Board 的 D12/D13 RJ11 插槽中。另外可以即時顯示看診號次的 4 位數七段顯示器則與 S4A Sensor Board 的 A3/A4 RJ11 插槽相連。硬體組裝的完成圖如下。

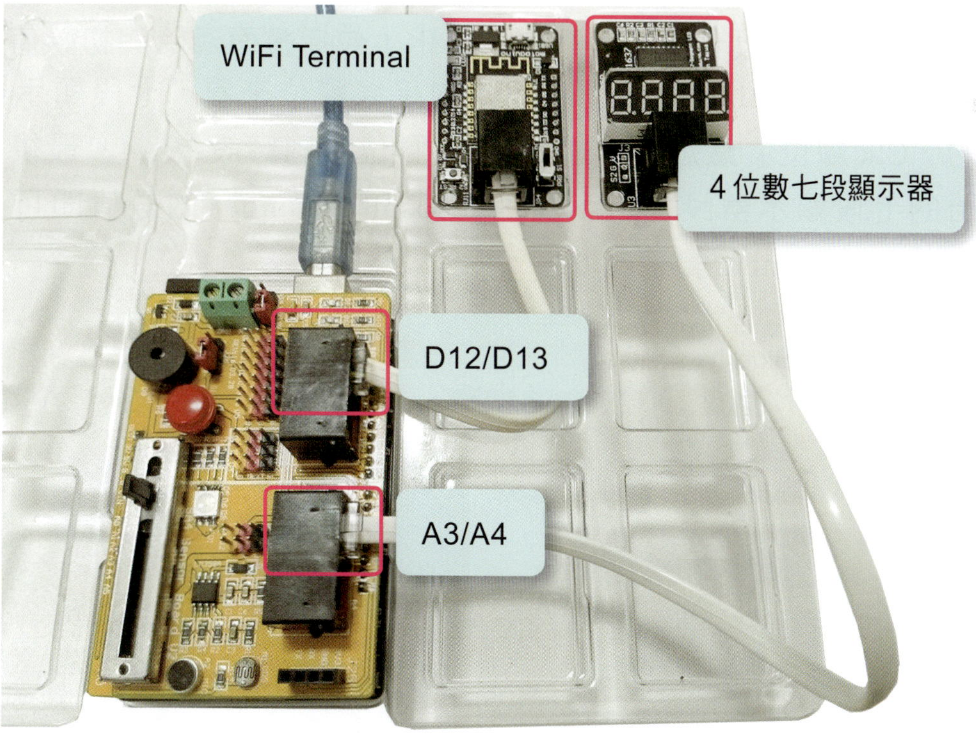

Arduino 圖控程式

Step 01 除了在設定（Setup）積木中設定和前一範例相同的 WiFi Terminal 積木設定（包括 ESP8266 的腳位與欲連線的無線 AP 帳密）外，另外還需要宣告一個新變量（本例變量名稱設為 nHospitalNumber，為 int 整數型態）來記錄目前的看診號次，並將此變量的初始值設為 0。

Step 02 接著進行 4 位數七段顯示器的初始化（包括畫面清除與初始值設定）。而依前面 Arduino 硬體設定範例的接線腳位來看，七段顯示器積木中的『Clk 腳位』應選擇 A3，『Data 腳位』則應設為 A4。最後，將一開始的七段顯示器設為顯示變量 nHospitalNumber 的數值即可（此時的 nHospitalNumber 數值為 0）。

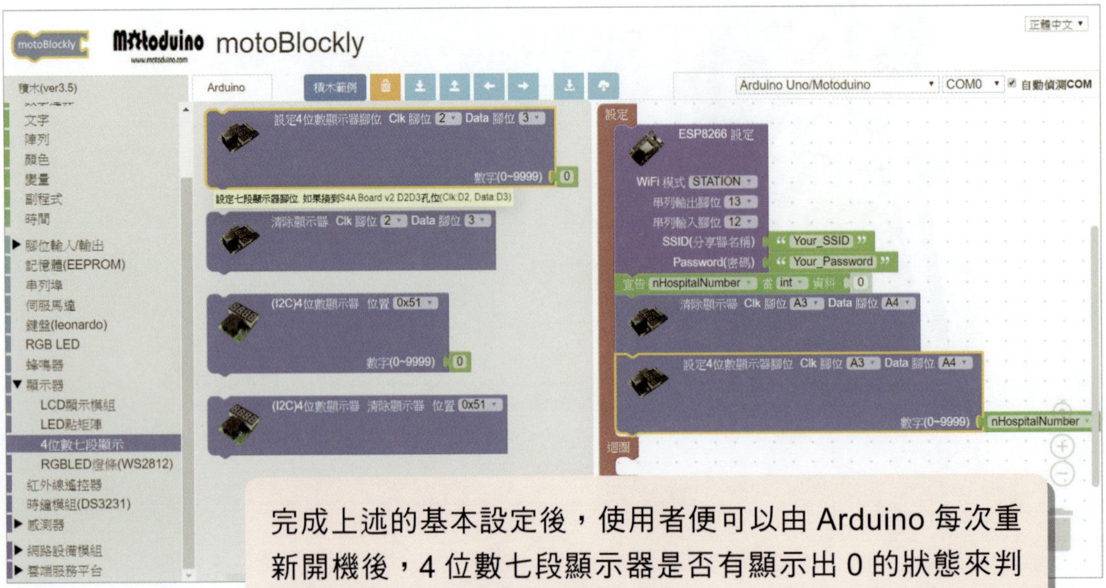

完成上述的基本設定後，使用者便可以由 Arduino 每次重新開機後，4 位數七段顯示器是否有顯示出 0 的狀態來判斷前面的網路連線動作是否成功。

Step 03

當醫生準備為下一個病患看診時，需先按下 S4A Sensor Board 上的紅色按鈕讓系統跳號來通知候診病人，因此系統需在迴圈（Loop）積木中持續檢查按鈕（數位腳位 D2）是否有被按下。一旦按鈕被按下（D2 回傳數值為『高』）時，記錄看診號次的變量便會加 1，並將這個加 1 後的號次立即顯示在 4 位數七段顯示器上，並讓蜂鳴器（數位腳位 D9）發出「叮咚」的提示音（如下圖紅框處所示）來提醒現場候診的病人注意號次的變化。

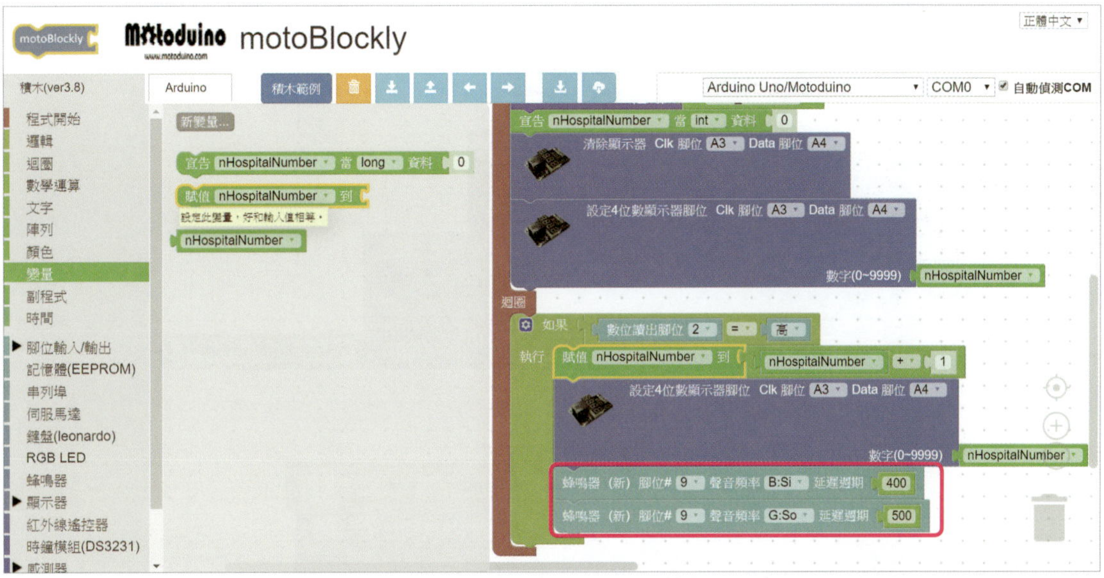

Step 04

接下來在於迴圈積木中補上上傳號次資料到 ThingSpeak 平台的程式積木，其中參數「API_KEY（寫入授權碼）」填入的是此實作練習建立的 Hospital Channel 的 Write API Key，「欄位 1」則是填入記錄看診號次的變量 nHospitalNumber。

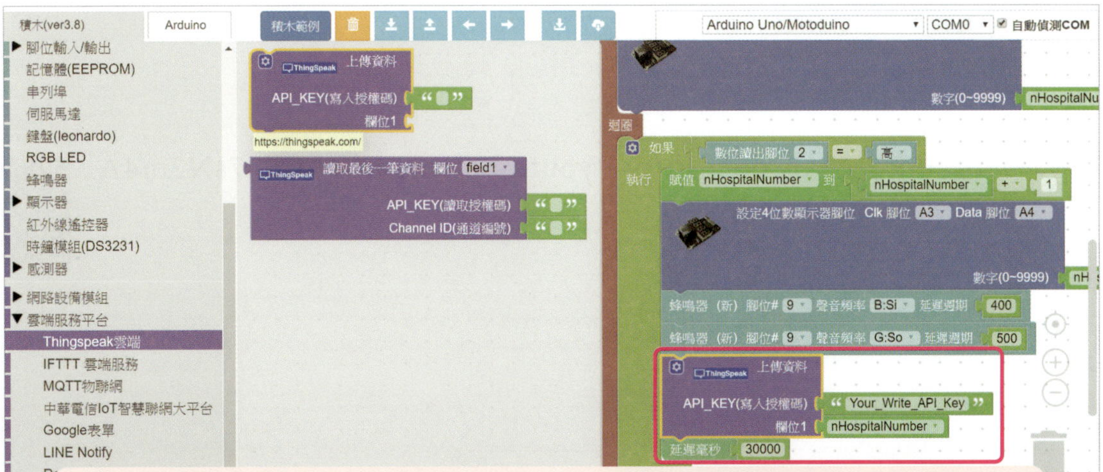

程式的最後端會再放上一個「延遲 30000 毫秒」程式積木，主要是為了避免因快速且連續的上傳動作而導致 ThingSpeak 平台漏接上傳資料。因此在每次按鈕跳號後，至少會先讓系統再等待 30 秒才能再度地按鈕跳號。

Step 05 完整的 Arduino 雲端叫號系統 motoBlockly 程式碼如下。請在紅框處填入自己對應的資訊，程式才能正常的運作。

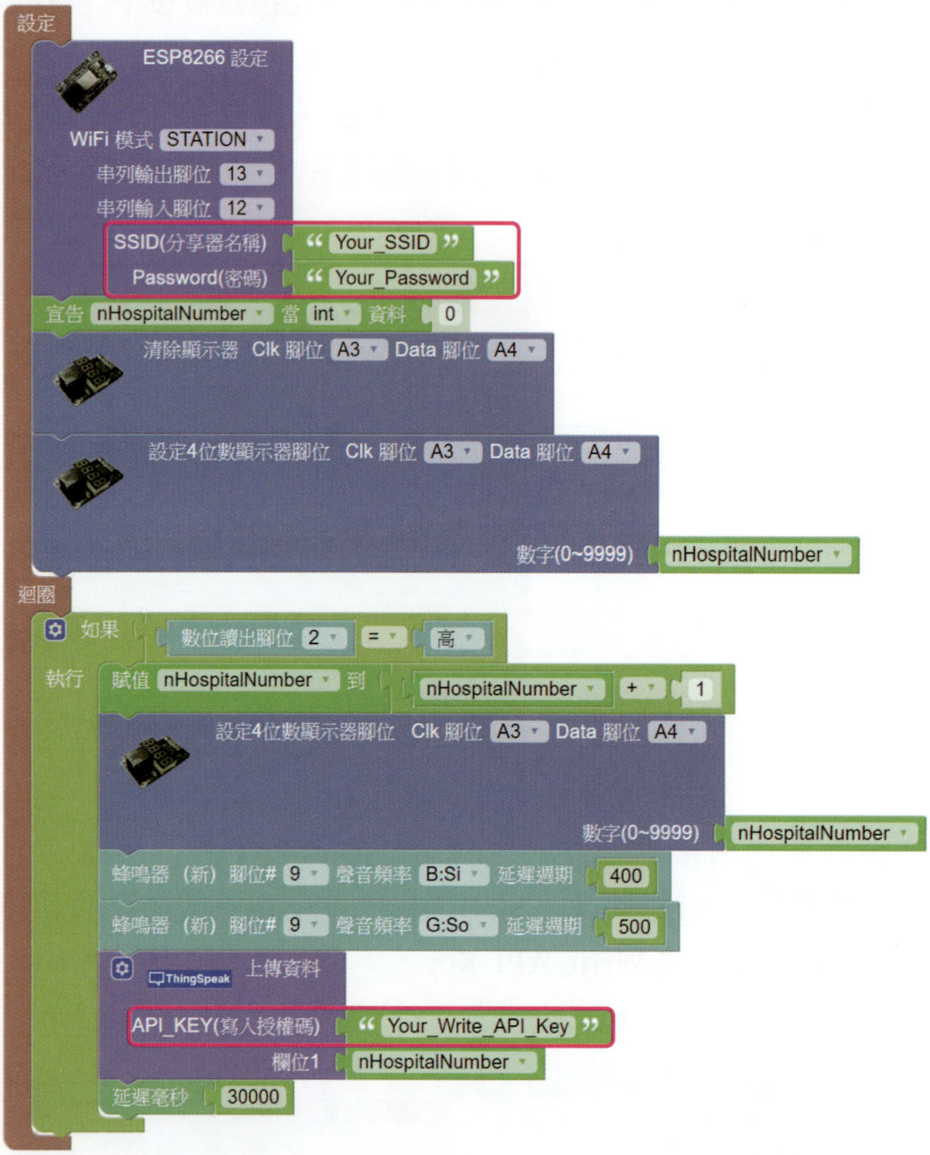
設定
ESP8266 設定
WiFi 模式 STATION
串列輸出腳位 13
串列輸入腳位 12
SSID(分享器名稱) " Your_SSID "
Password(密碼) " Your_Password "
宣告 nHospitalNumber 當 int 資料 0
清除顯示器 Clk 腳位 A3 Data 腳位 A4
設定4位數顯示器腳位 Clk 腳位 A3 Data 腳位 A4
數字(0~9999) nHospitalNumber
迴圈
如果 數位讀出腳位 2 = 高
執行 賦值 nHospitalNumber 到 nHospitalNumber + 1
設定4位數顯示器腳位 Clk 腳位 A3 Data 腳位 A4
數字(0~9999) nHospitalNumber
蜂鳴器 (新) 腳位# 9 聲音頻率 B:Si 延遲週期 400
蜂鳴器 (新) 腳位# 9 聲音頻率 G:So 延遲週期 500
ThingSpeak 上傳資料
API_KEY(寫入授權碼) " Your_Write_API_Key "
欄位1 nHospitalNumber
延遲毫秒 30000

雲端叫號系統展示影片：https//youtu.be/watch?v=3f677sN2m4A

手機 APP 的設定

Step 01 在左圖新增 Channel 的頁面中填入醫院公告的 Channel ID 後，便可在右圖左下角紅框處，看到由「Last」（最後上傳數值）所代表的最新看診號次了。

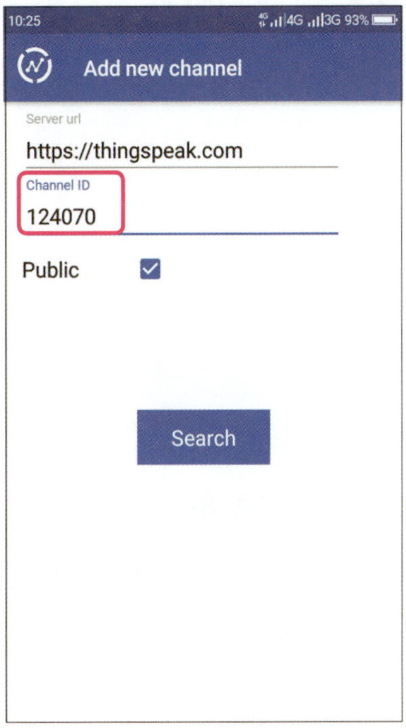

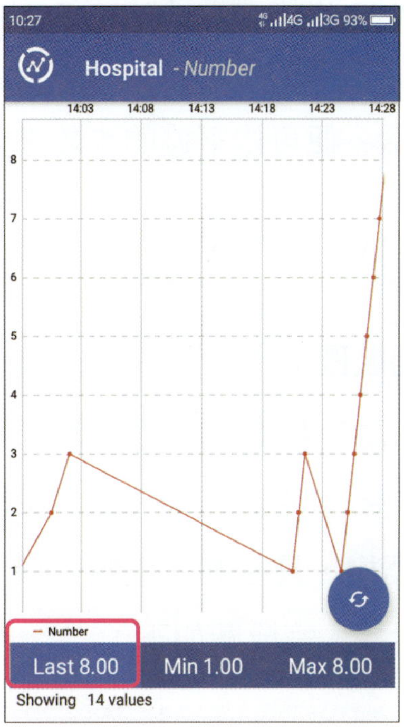

Step 02 但是在 APP 的 Fields 顯示頁面中慢慢尋找「Last」的數字畢竟還是不夠直覺，因此可在 APP 的 Settings 頁面中來勾選「Overlay charts with last value」這個選項，如此 APP 的 Fields 頁面便會把代表最後一筆上傳的「Last」數值以浮水印的方式顯示在 Fields 顯示頁面的正中央（如下圖右紅框處所示），讓使用者可一眼看到最新的看診號次。

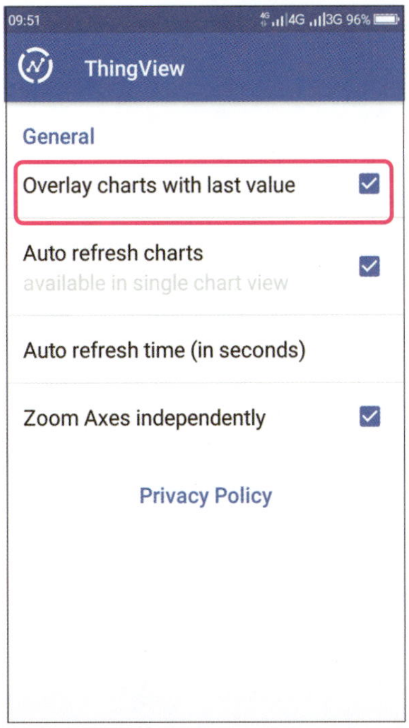

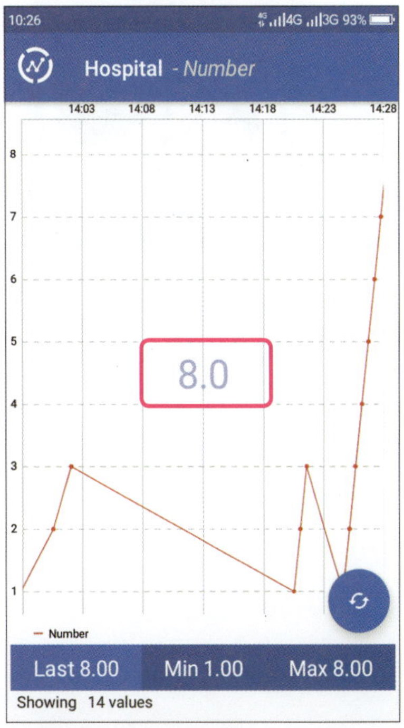

1-6 ThingSpeak 實作應用 III – 雲端叫號讀取系統

ThingSpeak 雲端服務平台除了提供 Arduino 可以將感測的數據上傳外，也提供了讓 Arduino 可以讀取 ThingSpeak 平台所記錄數據的服務。以雲端叫號系統這個實作練習為例，若不想透過 APP 而是想透過另一套 Arduino 系統來讀取最新的看診號次的話，便可依下述的步驟進行。

Arduino 硬體設定

硬體組裝圖：

所需硬體與組裝方式和雲端叫號系統一模一樣。將 Arduino 與 Sensor Board 接合後，再將 WiFi Terminal 連接至 S4A Sensor Board 的 D12/D13 RJ11 插槽，最後將 4 位數七段顯示器則與 S4A Sensor Board 的 A3/A4 RJ11 插槽對接。完成圖如下：

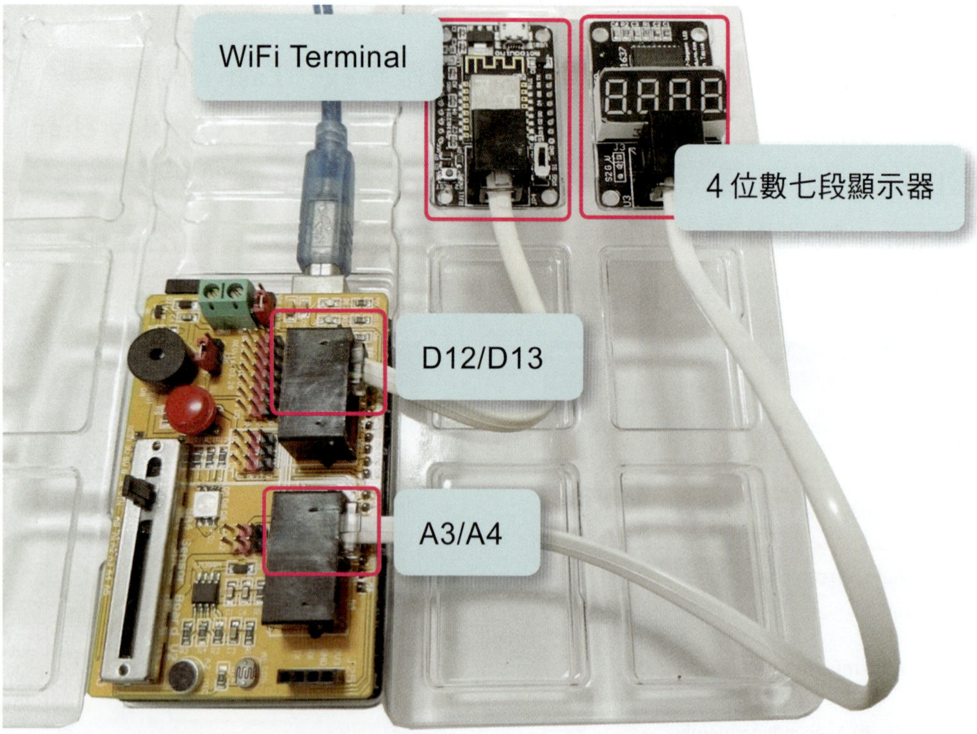

Arduino 圖控程式

Step 01 如下圖所示：

❶ 在設定（Setup）積木中完成 WiFi Terminal 程式積木的設定後，接著宣告兩個 int 整數型態的變量：一是預備儲存舊有的看診號次（本例名稱設為 nOrgNumber），另一個則是儲存從 ThingSpeak 平台讀取到的最新看診號次（本例名稱設為 nNewNumber）。

❷ 最後再進行 4 位數七段顯示器的初始化動作（預設顯示數值為 0）。在 Arduino 重新開機時，便可藉由七段顯示器的最初顯示字樣來判斷一開始的網路連線動作是否成功（顯示 0 即代表連線動作成功）。

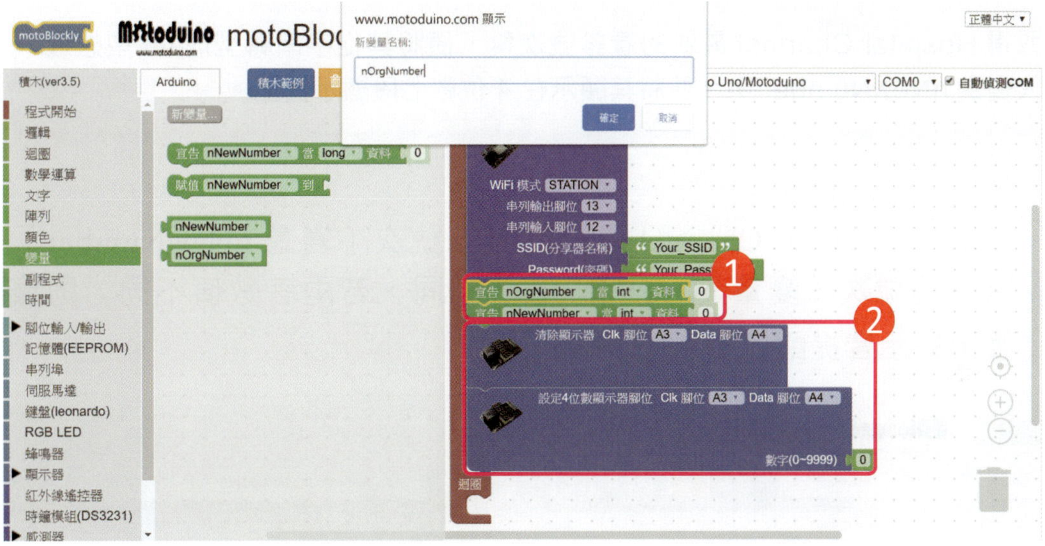

Step 02 在迴圈（Loop）積木中使用從 ThingSpeak 平台讀取資料的程式積木，其中參數「API_KEY（讀取授權碼）」填入的是雲端叫號系統 Hospital Channel 的 Channel Read API Keys，「Channel ID（通道編號）」則是填入 Hospital 的 Channel ID。

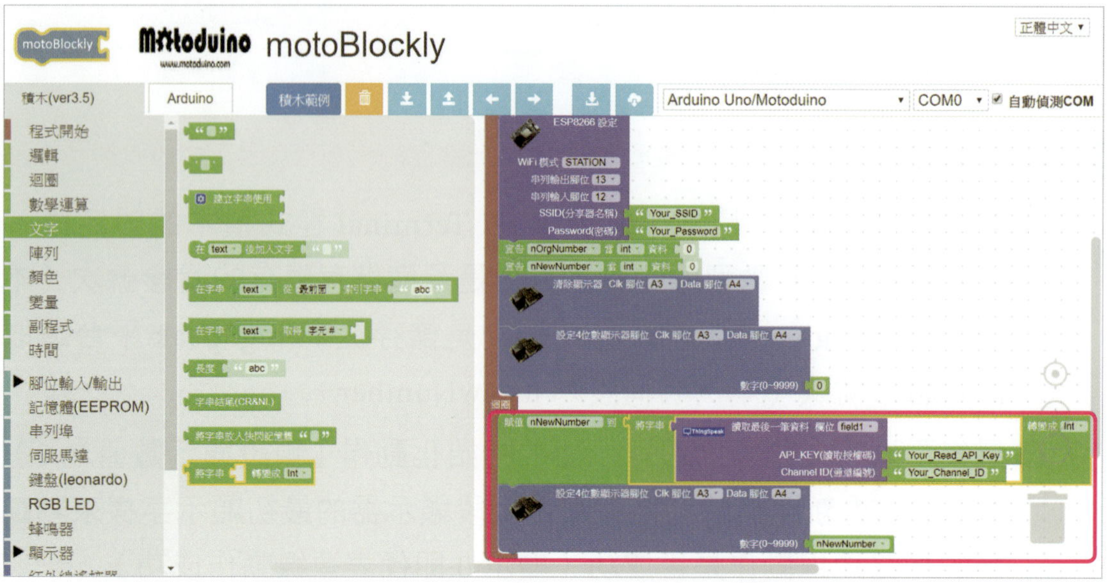

取得 Hospital Channel 最新的看診號次後，便將其從字串轉型成 int 型態放入變量 nNewNumber 中，並將其顯示在 4 位數七段顯示器上。

Step 03 判斷從 Hospital Channel 取得的看診號次（變量 nNewNumber）是否與原本的號次（變量 nOrgNumber）相同，若兩者數值不同，則蜂鳴器需發出警示音提醒。

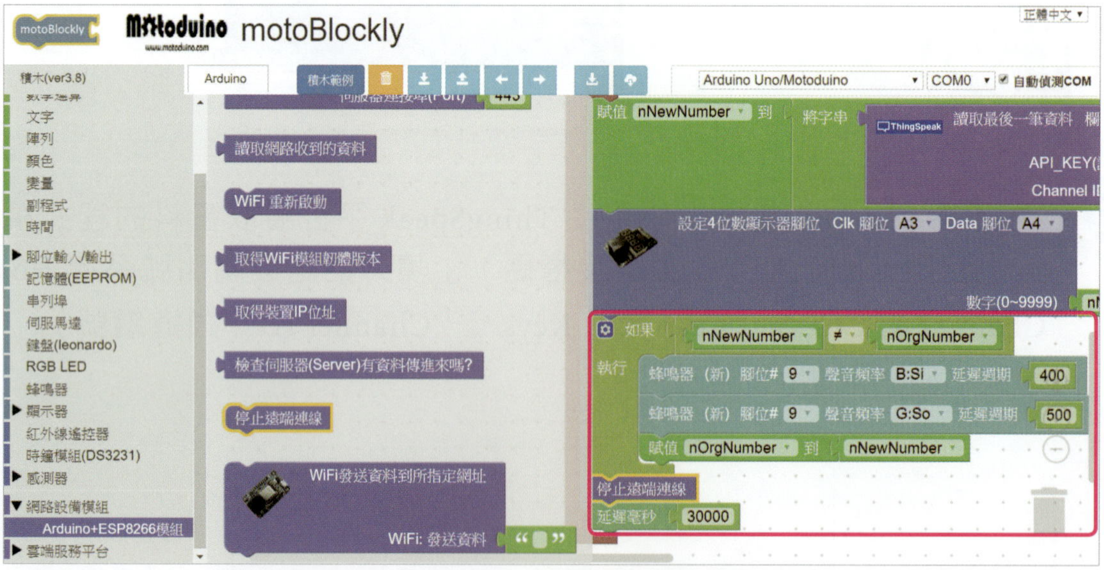

另外每次與 ThingSpeak 平台連線取得資料後，需在下次連線前使用「停止遠端連線」的程式積木來切斷與 ThingSpeak 平台的連線，否則 Arduino 的記憶體空間會因重複的連線動作而一直被消耗，最終便會發生當機的狀況。

Step 04

完整的 Arduino 雲端叫號讀取系統 motoBlockly 程式碼如下所示。請在紅框處填入自己對應的資訊，程式才能正常的運作。

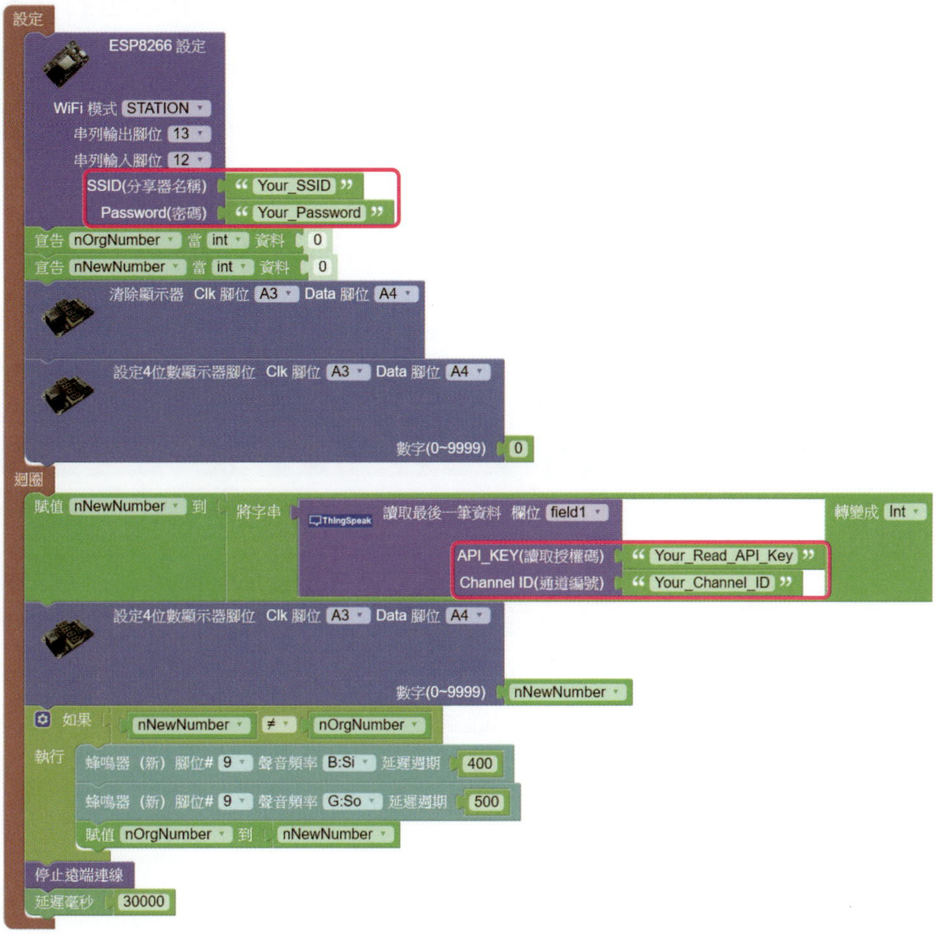
設定
ESP8266 設定
WiFi 模式 STATION
串列輸出腳位 13
串列輸入腳位 12
SSID(分享器名稱) “ Your_SSID ”
Password(密碼) “ Your_Password ”
宣告 nOrgNumber 當 int 資料 0
宣告 nNewNumber 當 int 資料 0
清除顯示器 Clk 腳位 A3 Data 腳位 A4
設定4位數顯示器腳位 Clk 腳位 A3 Data 腳位 A4
數字(0~9999) 0
迴圈
賦值 nNewNumber 到
將字串
ThingSpeak
讀取最後一筆資料 欄位 field1
API_KEY(讀取授權碼) “ Your_Read_API_Key ”
Channel ID(通道編號) “ Your_Channel_ID ”
轉變成 Int
設定4位數顯示器腳位 Clk 腳位 A3 Data 腳位 A4
數字(0~9999) nNewNumber
如果 nNewNumber ≠ nOrgNumber
執行
蜂鳴器 (新) 腳位# 9 聲音頻率 B:Si 延遲週期 400
蜂鳴器 (新) 腳位# 9 聲音頻率 G:So 延遲週期 500
賦值 nOrgNumber 到 nNewNumber
停止遠端連線
延遲毫秒 30000

雲端叫號系統展示影片：https//youtu.be/zZyAymlkKng

1-7 ThingSpeak 免費帳號的限制

ThingSpeak 平台雖然提供免費的雲端數據儲存服務，不過也對免費用戶有若干的使用限制。如下圖紅框處所示，除了前面就有提到的每筆資料上傳間隔時間（Message update interval limit）至少需要超過 15 秒外，另外 ThingSpeak 每年提供每個免費帳號 3,000,000 筆的資料傳輸次數（Number of messages，平均每天約 8200 筆，含上傳寫入與讀取下載），還有每個帳號最多只能建立 4 個資料收集頻道（Number of channel）…等，都是 ThingSpeak 平台對於免費用戶的使用限制，使用時必須留意才行。

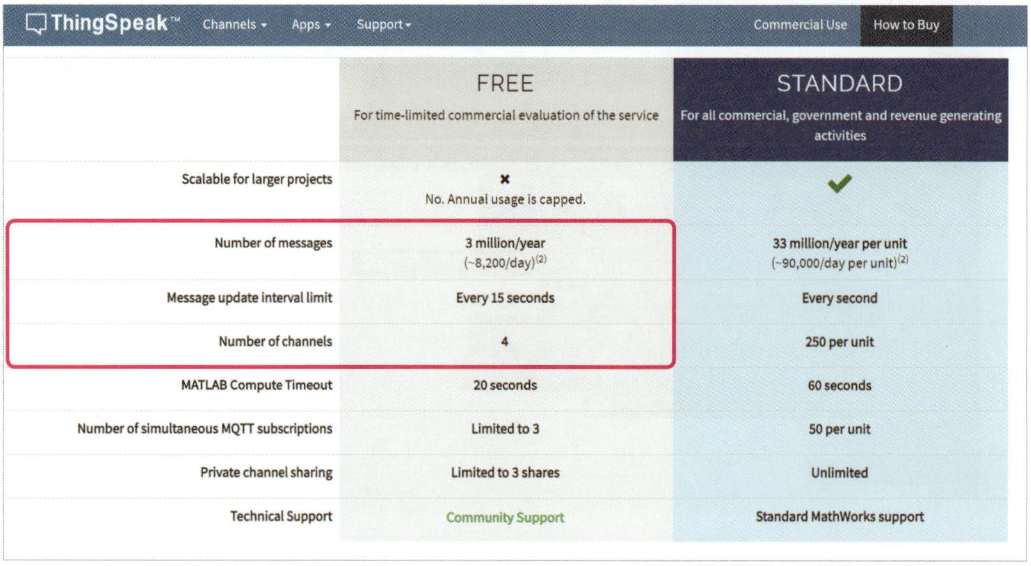

如下圖紅框處所示，每個帳號的剩餘（Remaining）資料傳輸次數（Messages）及資料收集頻道數量（Channels），可在 My Account 的頁面中查詢。

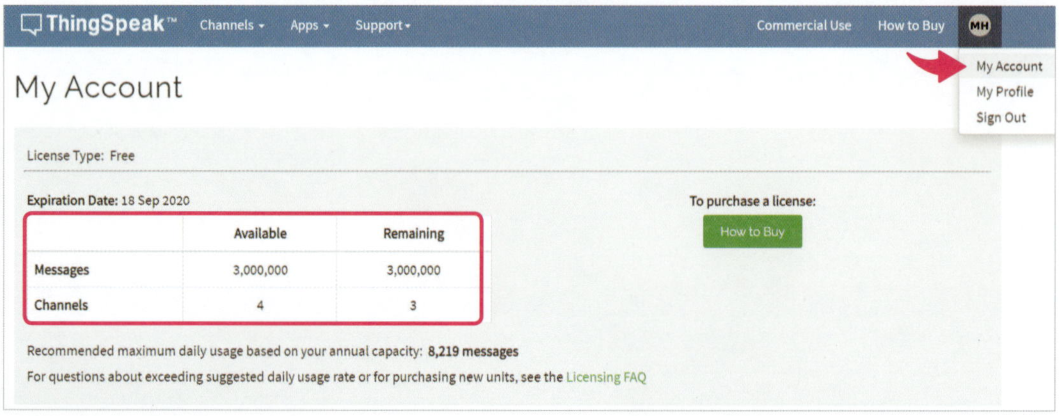

ThingSpeak - 溫濕度紀錄系統

創客題目編號：A008009

題目説明　將 Arduino 開發板外接 DHT11 感測器，並將所量測到的溫度及濕度數據以間隔 60 秒的速率上傳至 ThingSpeak 上記錄。

創客指標

外形	0
機構	0
電控	1
程式	1
通訊	2
人工智慧	0
創客總數	4

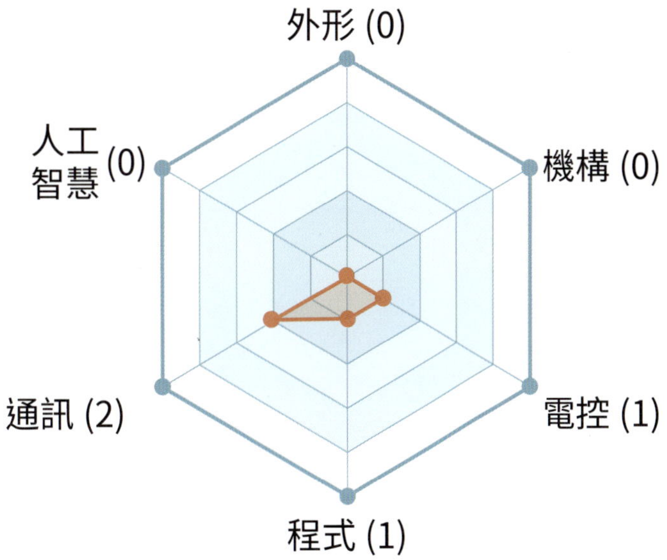

實作時間

60 分

2 IFTTT- 防盜 & 求援系統

在萬物皆可連接上網的物聯網時代，連網裝置除了可以收集累積大數據來協助人們下決策外，也可以做為監控並直接應對各種狀況之用。Arduino 開發板搭配感測元件雖然也能做為監控與應對之用，但卻僅能在本地端控制與其相連的硬體裝置做一些基本的反饋，並無法直接與眾多的網路服務平台一起協同作業。因此，能與超多網路服務對接的 IFTTT 雲端服務平台，便是提供了一個讓 Arduino 可與各家網路平台服務合作的橋梁。一旦有異常狀況發生，Arduino 就可經由 IFTTT 的協助來做出更多更有效的反應動作。

2-1 IFTTT 簡介

經由簡單的程序設定，搭配各式感測元件的 Arduino 開發板便可輕易做到監控某個裝置的狀態，進而在發生異常或設定的狀況時能快速地進行反應動作。舉例來說，當超商的紅外線人體感測器感應到有人接近時，Arduino 便會啟動馬達打開自動門；又或者是，當工廠的溫度感測器感應到溫度過高時，Arduino 便會啟動灑水系統來進行滅火…等。雖說這些例子中，Arduino 在控制各個連接到自己的硬體裝置都非常的輕鬆簡單，不過一旦這些反應措施需要透過網路來做一些加乘的服務（例如：利用網路通知遠端的人員…等），只靠單薄的 Arduino 就會顯得力不從心。因此，如何結合 IFTTT 這個雲端服務平台來一起合作，便是本章節要講述的重點。

IFTTT 是一個免費的網路服務平台，其中的 IFTTT 為 IF This Then That 的縮寫，其運作邏輯就是小時候在國語課中常見的造句題型：「如果…（這樣），就…（那樣）」，即：「如果（IF）」有「這樣（This）的狀況」發生，「然後（Then）」就要有「那樣（That）的反應」。這與上一段提到的 Arduino 依狀況來做出反應的情形有異曲同工之妙，只是 IFTTT 的狀況判斷與回應動作均與網路息息相關。

IFTTT 支援相當多的網路平台服務，使用者可利用 IFTTT 設定不同平台服務（Service）的不同狀況（Trigger）來作為觸發的條件。一旦觸發條件成立，便讓 IFTTT 呼叫另一平台服務（Service）的指定動作（Action）來做出相對的回應。而設定整個 IFTTT 觸發條件與相對反應動作的整個流程，IFTTT 稱之為「應用程序（Applet）」。

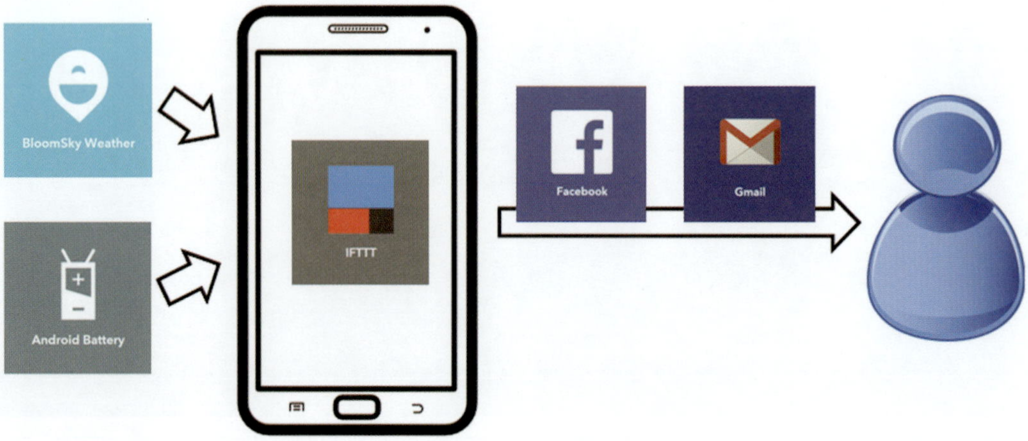

以下列舉兩個實際的範例說明什麼是 IFTTT 的應用程序（Applet）：

1. 如上圖所示，使用者可以設定讓 IFTTT「如果」從天氣網站上取得特定的天氣資料時，「然後」就讓 IFTTT 自動地將這些天氣資訊轉貼到自己的 Facebook 上提醒是否需要攜帶雨具出門。
2. 設定讓 IFTTT 注意自己手機的電量，「如果」手機電量低於某臨界值時，「然後」就請 IFTTT 以 Gmail 通知自己該幫手機充電了。

這邊需要留意的是，IFTTT 雖然支援眾多不同的網路服務平台，但也因為在連結不同服務平台時須賦予 IFTTT 對應的使用權限，因此在使用時需要特別小心，以免 IFTTT 以自己的名義，在 Facebook 上亂貼文章或寄發出一些無謂的垃圾郵件。

2-2 IFTTT 與 Arduino

雖然網路上有許多不同的雲端服務平台，但 Arduino 幾乎都無法「直接」與之「連動」來使用這些網路服務。不過現在有了 IFTTT 雲的協助，Arduino 便可以 IFTTT 平台為中介，輕鬆地搭起與其他網路服務平台溝通的橋梁。

如下圖所示，IFTTT 是為一個雲端服務平台，一旦設定好應用程序（Applet）的觸發服務（Service）與條件（Trigger）後，IFTTT 便會透過我們賦予它的權限或 API 來持續監控所設定的條件是否成立（如天氣是否會下雨？電量是否低於 15%... 等），如此當條件成立的時候，IFTTT 才能快速的呼叫回應的服務（Service）與動作（Action）（如 FB 貼文或發送 Email... 等）。

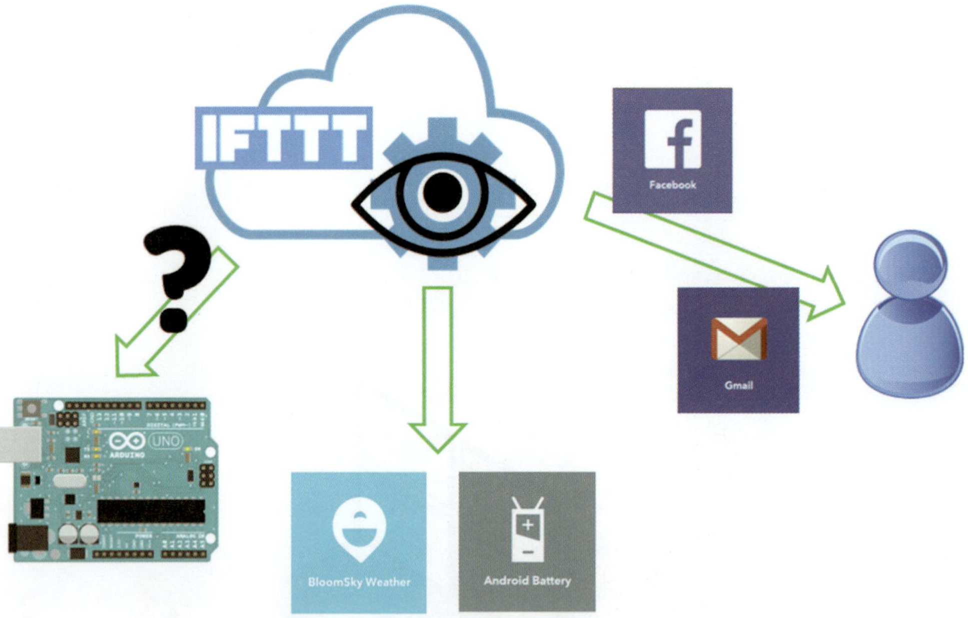

不過由於 Arduino 開發板一般是透過網路模組先連接至 Router 或網路分享器再連上網際網路的，所以 Arduino 連上網路的網路位址多屬於 Private IP，也因此 IFTTT 很難「主動地」在茫茫網海中找到所要監控的 Arduino 身在何方，更遑論要判斷應用程序所設定的 Arduino 狀況是否已發生，自然也無法呼叫其他的網路平台服務來做出回應。

所以 IFTTT 提供了一個名為「Webhooks」的服務方式讓 IFTTT 平台可以化「主動」為「被動」地解決上述的問題。使用者只需在 IFTTT 的應用程序上先將 Webhooks 服務的「接收網頁請求」（Receive a web request）設為觸發的條件，再將該應用程序的對應動作設定好，之後的 IFTTT 變成「被動」角色，只需等待其他裝置「主動」來做狀況的回報即可。

如下圖所示，Arduino 無法透過網路直接傳送訊息給手機，因此需在 IFTTT 平台建立一個以 Webhooks 為觸發條件的應用程序。該應用程序設定完畢後，Arduino 便可被當成監控元件來使用。一旦偵測到所設定的狀況發生，便可讓 Arduino 以「網頁請求」（Web Request）的方式來啟動 IFTTT 平台上的指定應用程序，此時的 IFTTT 便會依照該 Webhooks 應用程序的設定，自動地呼叫指定的網路服務平台（下圖範例為通訊軟體 LINE 或簡訊 SMS）來做出對應的反應措施，如此便可透過 IFTTT 連結其他網路平台，間接做到 Arduino 傳訊給手機的效果。

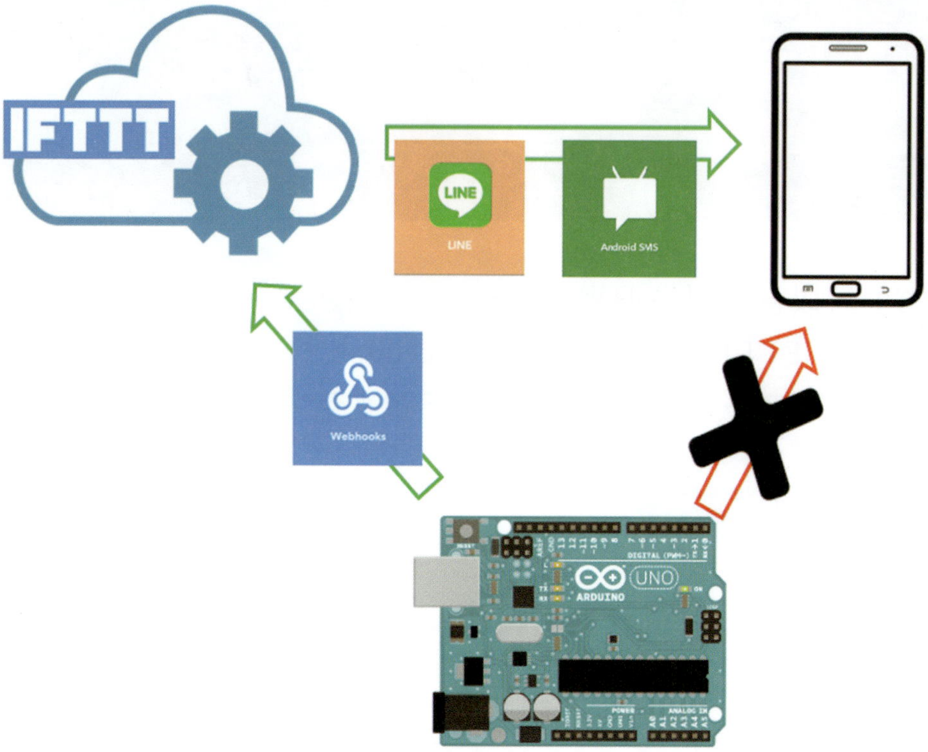

2-3 IFTTT 的帳號註冊（Sign Up）

開始使用 IFTTT 所提供的服務前，須先完成帳號的註冊才能建立屬於自己的應用程序，帳號註冊的動作是從 IFTTT 首頁（https://ifttt.com）開始。其註冊步驟如下。

Step 01 登入 IFTTT（網址：https://www.ifttt.com）的首頁後，點擊網頁右上角的 Sign up 圖示（紅色方框所示處）來開始註冊流程。

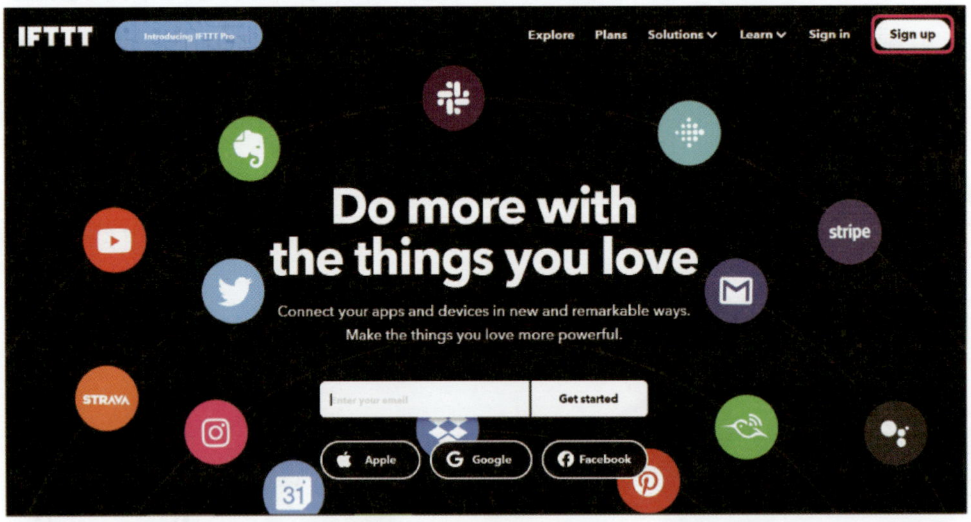

Step 02 IFTTT 可以直接以註冊過的 Apple、Google 或 Facebook 帳號登入，若是不想賦予 IFTTT 自己 Google 及 Facebook 的權限、而想獨立使用 IFTTT 專用的帳號來登入的話，請點選如下圖紅色方框處的 sign up 來另行註冊。

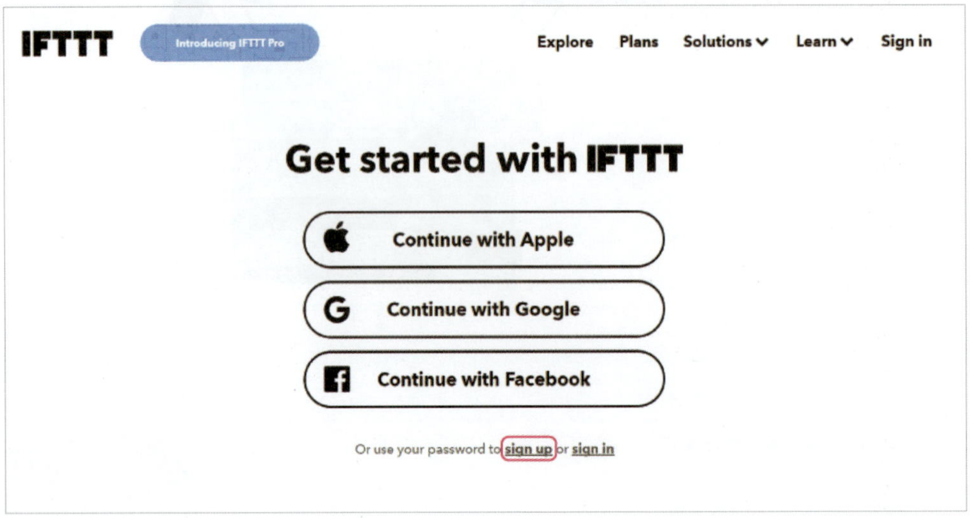

Step 03 若想註冊 IFTTT 專用的帳號來登入的話，請在下圖的頁面中填入日後要登入的 Email Address 及密碼（不需和登入 Email 的密碼相同），完成後按下同一頁面中的 Sign up 鍵即可。為了防範有人使用機器人來不停地註冊，IFTTT 在此階段有時會有一些認證的動作，請依其要求來完成認證即可。

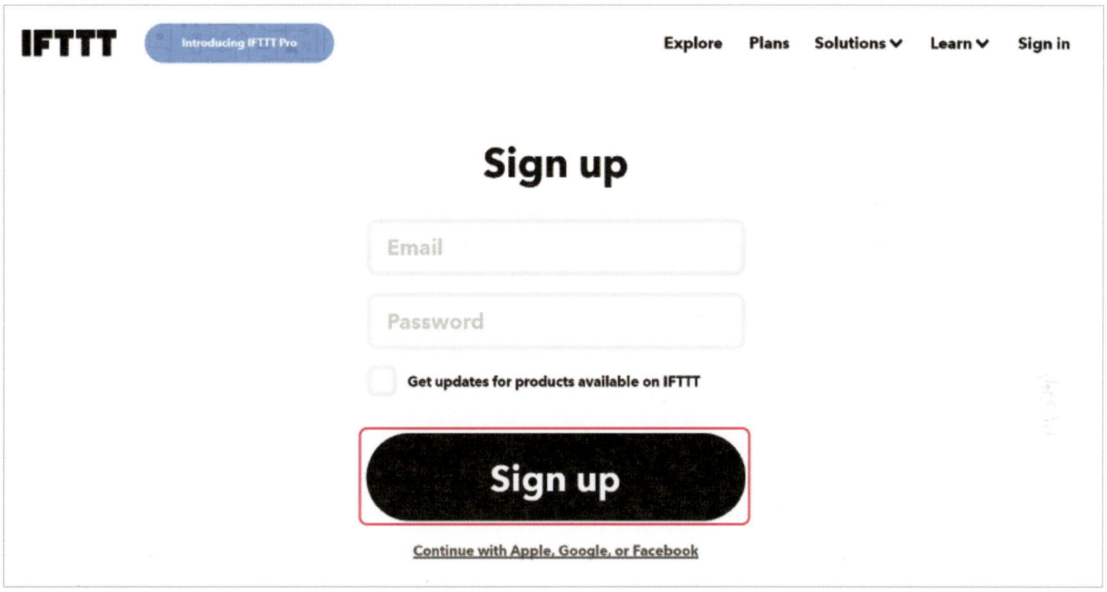

Step 04 註冊完成。此後直接使用這次註冊的帳密便可登入 IFTTT。

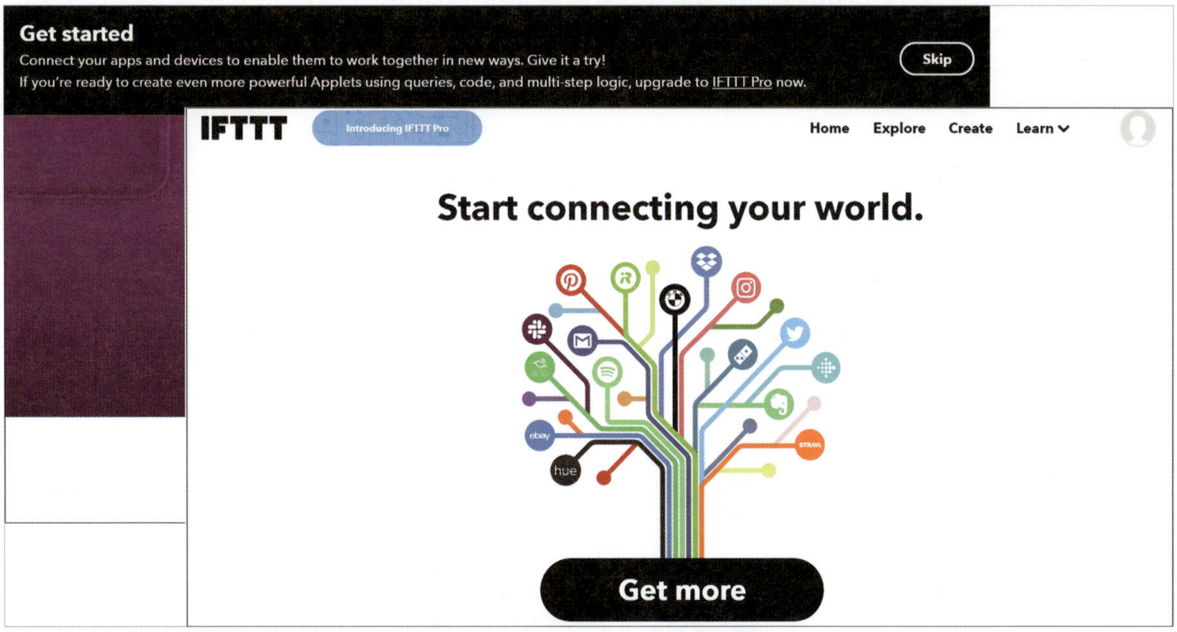

2-4 IFTTT 實作應用 I - 超音波防盜系統

寒暑假期間是許多家庭出遊的歡樂時刻。但全家都出門了，居家安全要由誰來守護？在 IFTTT 的第一個實作練習中，我們將利用 Arduino 搭配超音波距離感測器及 IFTTT 雲端服務平台，做出一個可以偵測入侵並可遠端通知用戶的簡易型防盜系統。

Arduino 超音波防盜系統的動作原理是利用超音波來偵測障礙物的距離以判斷是否有人試圖入侵，一旦感應到有人接近且越過所設定的臨界距離時，Arduino 便會立即啟動警報器（蜂鳴器鳴叫 + 紅色 LED 閃爍），並且經由 ESP8266 WiFi 模組通知 IFTTT 平台，最後再由 IFTTT 透過通訊軟體 LINE 來傳遞警告訊息給指定的帳號。由上述流程可知，整個超音波防盜系統的製作分為兩大部分：一是 IFTTT 平台上如何觸發及應對的應用程序設定，另一部分則是 Arduino 端對接聯絡 IFTTT 平台的程式編寫。以下為 Arduino 超音波防盜系統的實作設定流程：

建立 IFTTT 的應用程序

Step 01 第一次登入 IFTTT 網站（http://www.ifttt.com）時，會先看到下圖所示的頁面。請在該頁面中，找到圖中紅色箭頭所指的『Create』按鈕並點擊之，便可開始建立新的應用程序（Applet）。

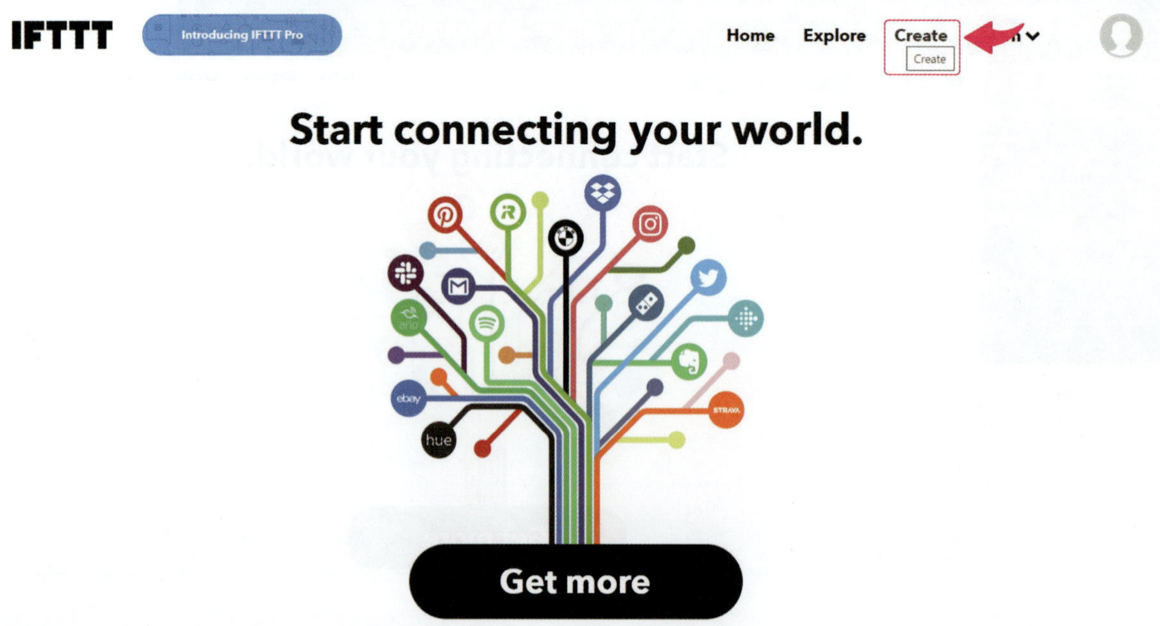

Step 02 點選下圖紅框處「If This」的「Add」字樣來開始設定觸發此應用程序的服務與條件。

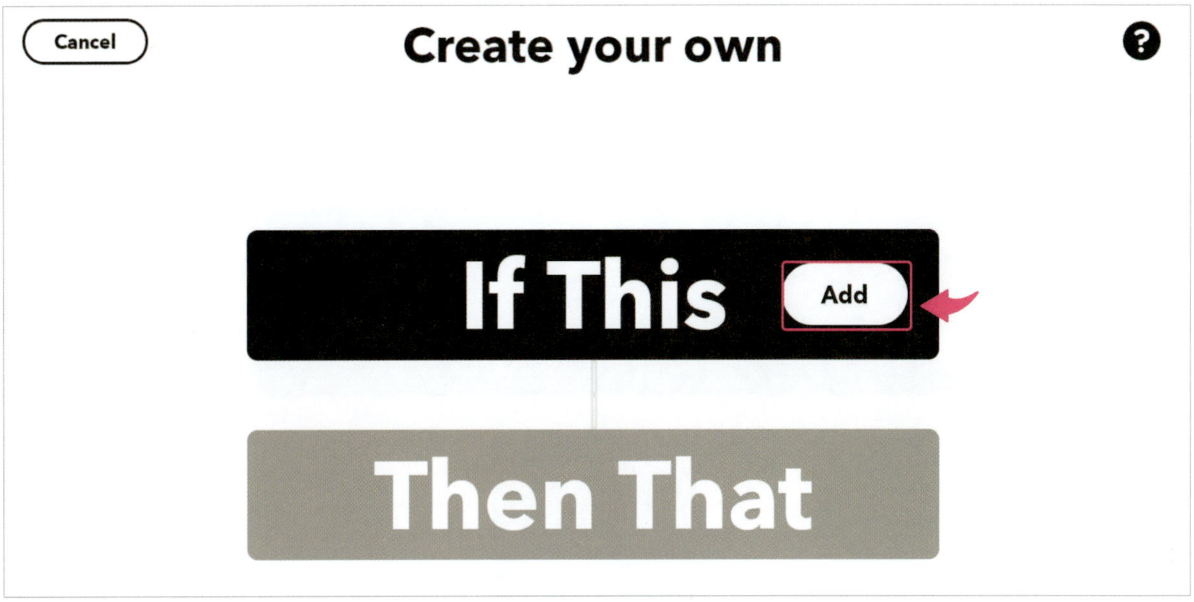

Step 03 進入「This」頁面後會看到 IFTTT 支援許多不同的網路服務平台，但因此實作練習搭配的是 Arduino 開發板，因此請依下列步驟操作：

1. 點選 Search services 文字輸入欄。
2. 輸入「Web」的字樣來收斂服務選擇。
3. 選擇「Webhooks」來做為觸發此 IFTTT 應用程序的「This」服務（Service）。

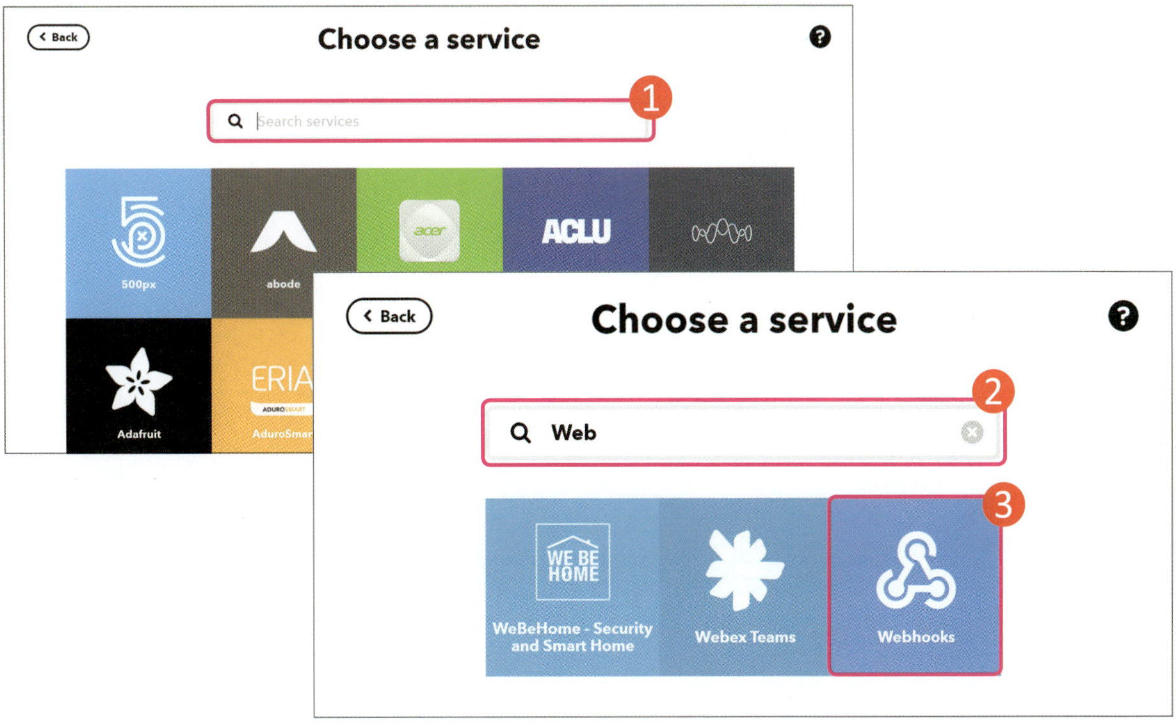

Step 04

進入「Webhooks」服務後還必須選擇觸發（Trigger）此 IFTTT 應用程序的條件為何，不過此服務僅提供一個經由接收 Web Request 命令（Receive a web request，欲接收的 Web Request 會從 Arduino 送出）來當成觸發的條件選項，因此請直接點選該選項來進入下一個設定頁面。

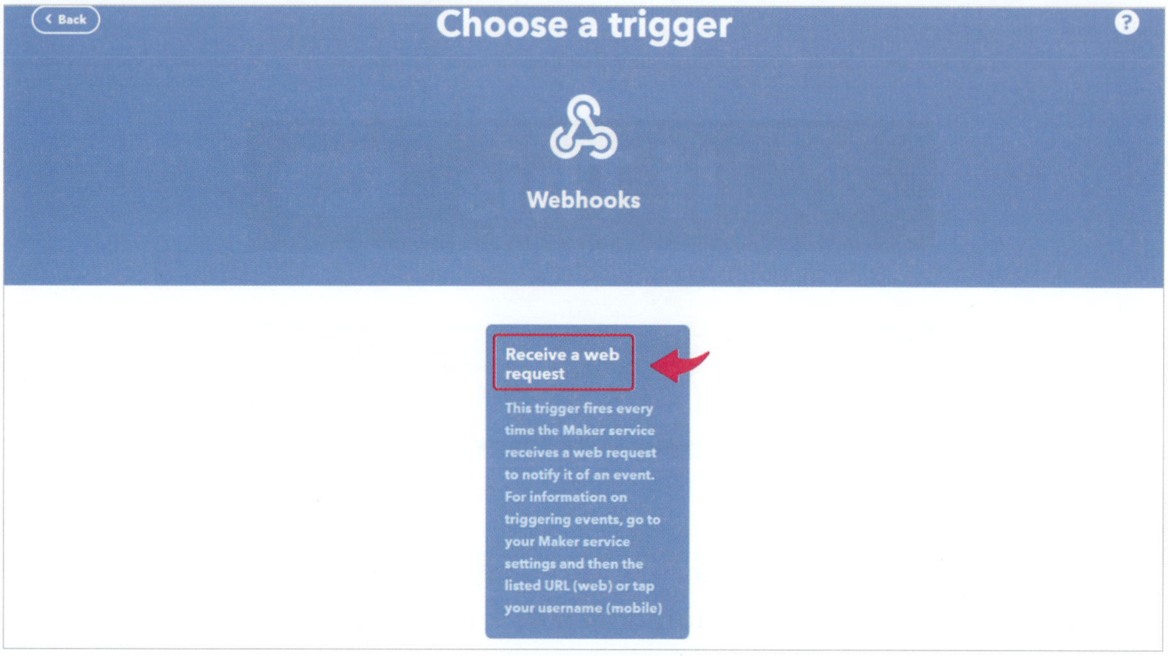
Back
Choose a trigger
Webhooks
Receive a web request
This trigger fires every time the Maker service receives a web request to notify it of an event. For information on triggering events, go to your Maker service settings and then the listed URL (web) or tap your username (mobile)

Step 05

第一次使用「Webhooks」來做為 This 服務時會看到以下的說明畫面，此時請直接點選『Connect』鍵繼續。

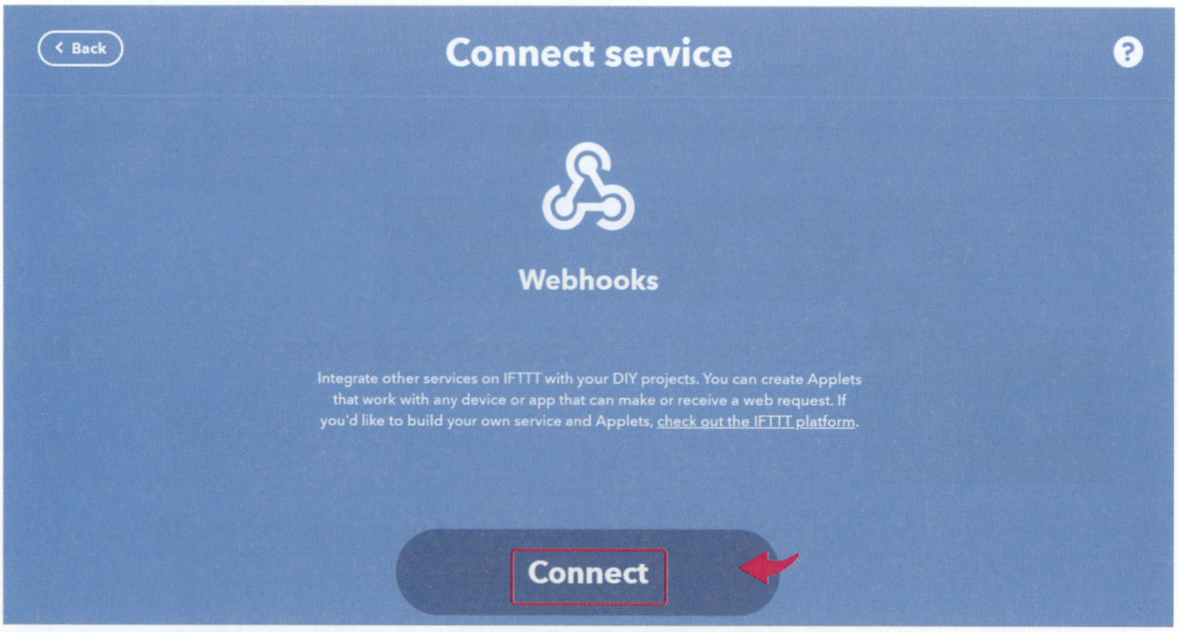
Back
Connect service
Webhooks
Integrate other services on IFTTT with your DIY projects. You can create Applets that work with any device or app that can make or receive a web request. If you'd like to build your own service and Applets, check out the IFTTT platform.
Connect

Step 06 因為每個「Webhooks」服務所設定的應對服務未必相同，為避免混亂，不同「Webhooks」服務需要設定不同的事件名稱（Event Name）來做區別：

1. 此處可依自己的喜好來為「Webhooks」服務命名（但此處僅支援以英文命名）。
2. 命名結束後即可按下紅色箭頭處的『Create trigger』鍵來結束「This」服務的設定。

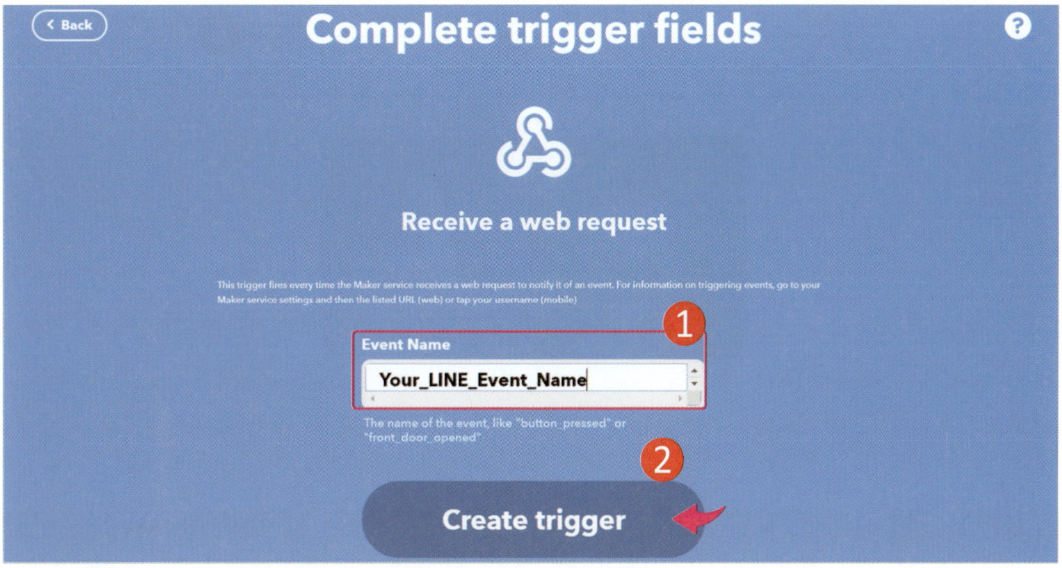

Step 07 完成「This」的服務與觸發條件（Trigger）設定之後，接下來請點選下圖頁面上「Then That」中的「Add」字樣來開始設定「This」狀況發生時的應對服務及回應動作（Action）。

Step 08

「That」的設定頁面一開始會顯示其所支援的各項網路服務平台。因為本例的超音波防盜系統是使用通訊軟體 LINE 來通知使用者：

❶ 請直接輸入「LINE」字樣來搜尋該服務。

❷ 接著再點選進入「LINE」服務中開始設定。

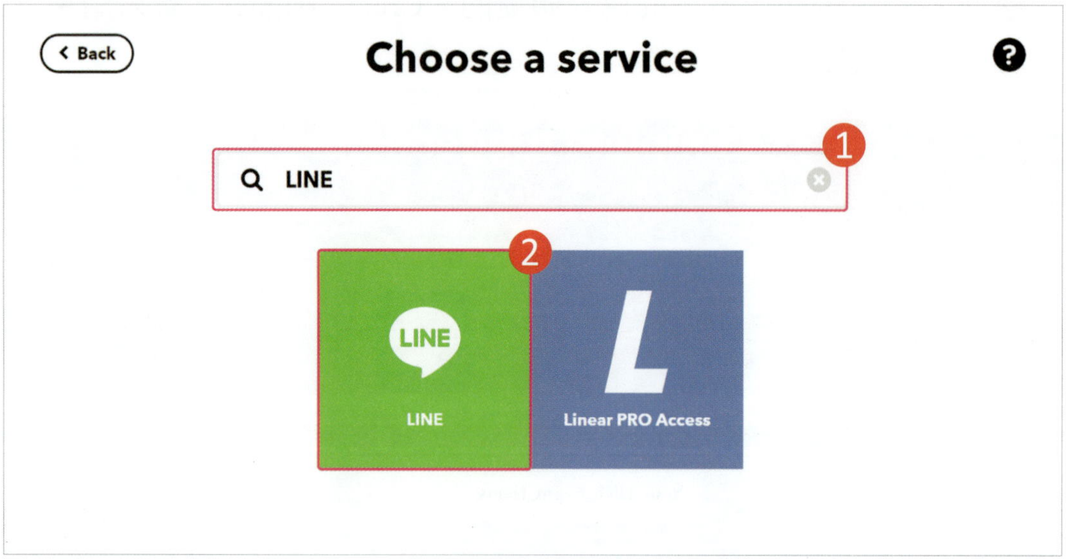

Step 09

因為「That」的 LINE 服務只有一個傳遞訊息（Send message）的應對動作（Action）可供使用，因此請直接點選該選項來進入下一個設定頁面。

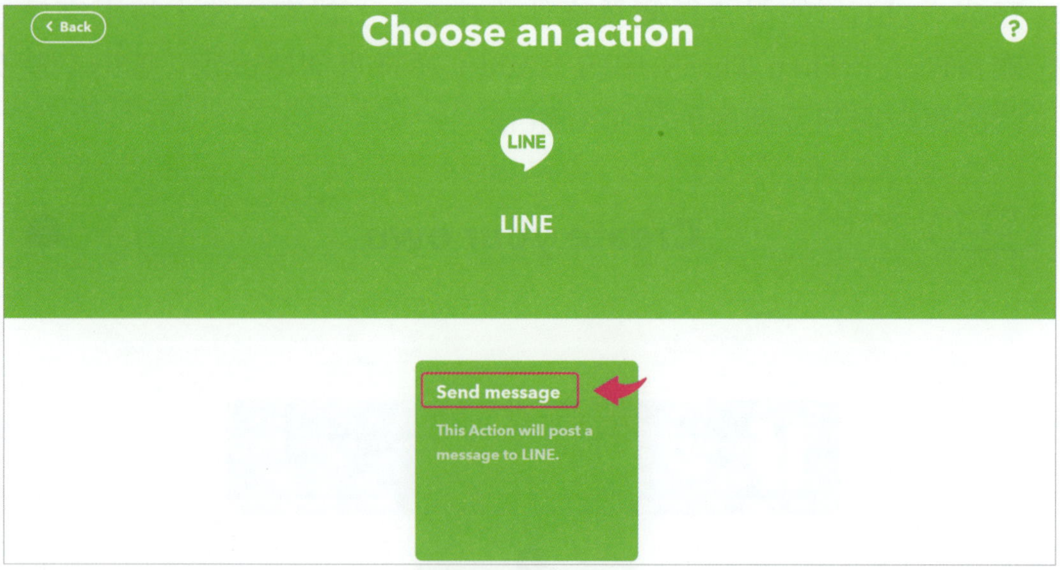

Step 10 第一次使用「LINE」來做為「That」服務時會看到以下的說明畫面，此時請直接點選「Connect」按鈕繼續。

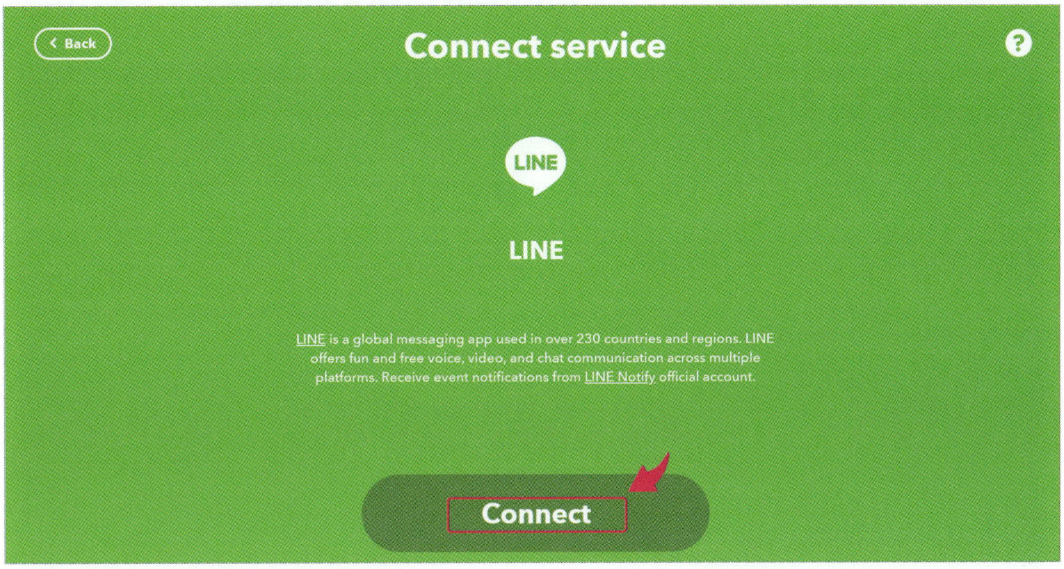
Back
Connect service
LINE
LINE
LINE is a global messaging app used in over 230 countries and regions. LINE offers fun and free voice, video, and chat communication across multiple platforms. Receive event notifications from LINE Notify official account.
Connect

Step 11 如下圖所示，當使用者第一次設定 LINE 的「That」服務時，IFTTT 會請你輸入欲綁定的 LINE 帳密並賦予它傳送 LINE 訊息的權限。

LINE Notify
LINE - Google Chrome
access.line.me/dialog/oauth/weblogin?respo...
LINE
Your LINE's Email Address
登入
關於LINE | © LINE Corporation
IFTTT
IFTTT
IFTTT, Inc.
將提供用戶名稱及聊天室列表給IFTTT服務的提供者。您可於LINE Notify的個人頁面解除連動。
同意後便會自動將「LINE Notify」官方帳號加入好友。
取消
同意並連動

不過由於一個 IFTTT 帳號僅能綁定一個 LINE 帳號，因此這個登入綁定的動作只須設定一次，之後若在其他應用程式也選擇 LINE 作為「That」服務的話，均會以此次綁定的 LINE 帳號做為預設帳號，直到使用者去修改或移除它。

Step 12 下圖為 IFTTT 的 LINE 訊息設定頁面，其中的「Recipient」欄位為訊息傳送的對象，若想讓 IFTTT 送出的訊息只有自己看到，此欄位可以選擇「透過 1 對 1 聊天接收 LINE Notify 的通知」的選項。

1. 若想 IFTTT 將訊息傳到自建群組中，請務必將「LINE Notify」的帳號也加入該群組中。
2. 另外的「Message」欄位則是需填入欲傳送給使用者的警示訊息，該欄位可支援中、英文。
3. 本例將該訊息設定為「注意！超音波防盜系統偵測到有人入侵 !!」。

Message 欄位右下角的『Add ingredient』按鈕則是可在傳送的訊息中加入一些可更動內容的變數：其中代表步驟 6 所設定的事件名稱（EventName），以及可讓 Arduino 在觸發 IFTTT 條件時，一併將某些感測器量測到的數值傳送給 IFTTT 後，再將這些數值與 LINE 訊息一起發送給使用者的三個變數（Value1、Value2、Value3）。上述欄位設定完畢後便可按下最下方的『Create action』鍵繼續。

Step 13 最後檢查設定的資訊沒問題後，請記得一定要按右圖下方的『Finish』按鍵來確認，如此才算完成一整個 IFTTT 應用程序的設定。

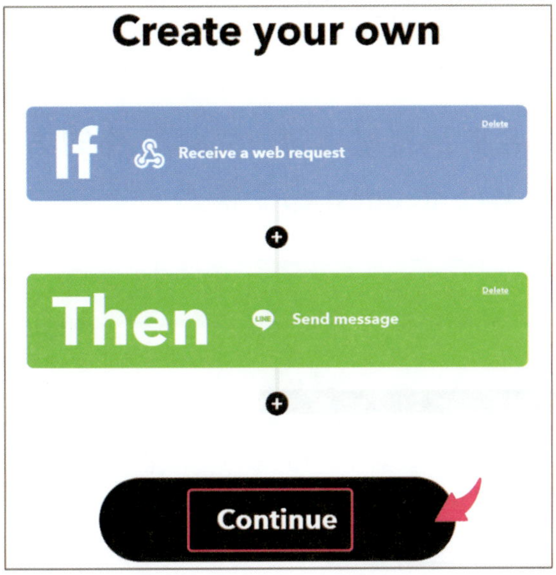

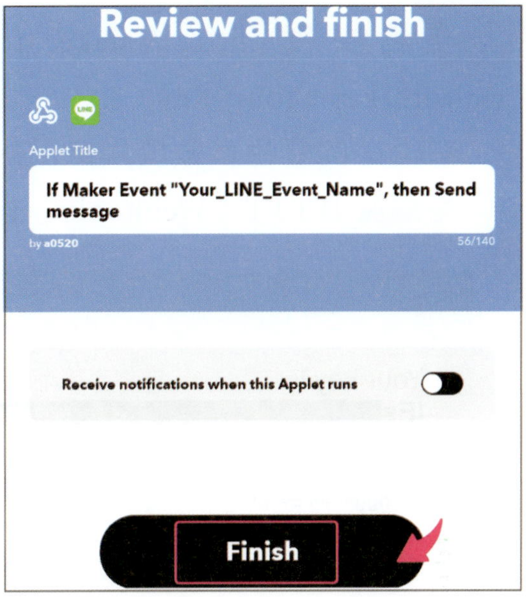

Step 14 該如何驗證剛剛設定的 IFTTT 應用程序在執行上是否有問題？要發出 Web Request 來觸發「Webhooks」服務時，其命令格式又為何？這些問題我們都可以在 https://ifttt.com/maker_webhooks 的『Documentation』中找到解答。

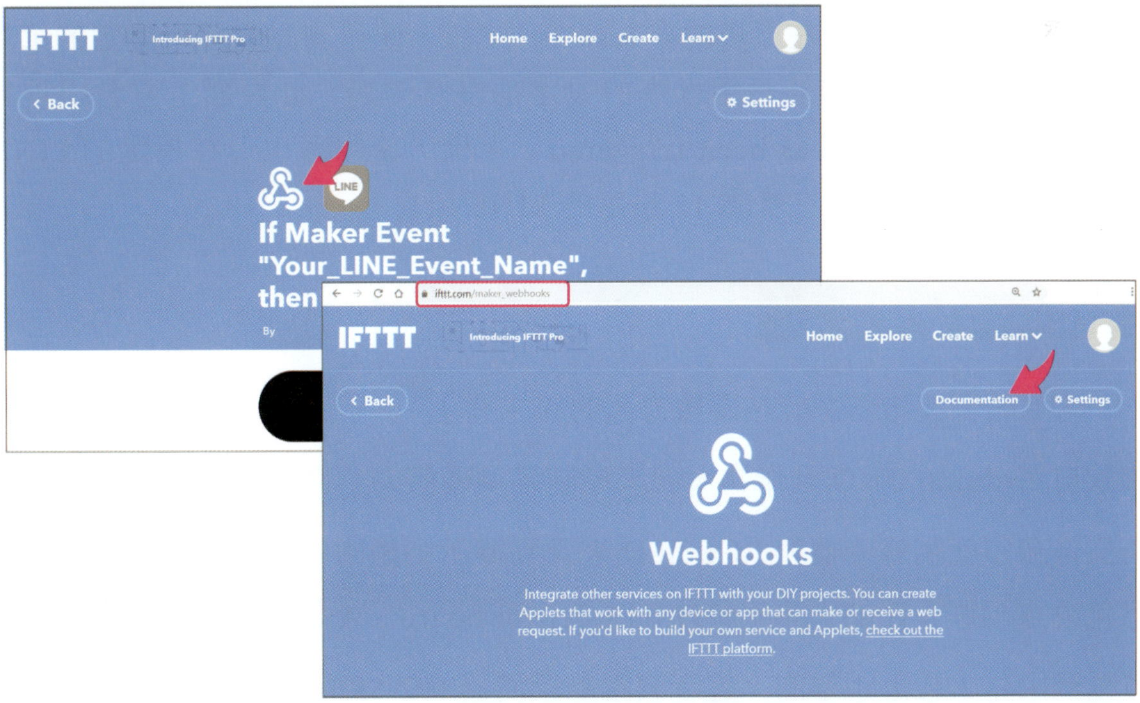

Step 15 如下圖所示，頁面最上方的「Your key is：」欄位標示的是 IFTTT 提供給使用者獨一無二的「Webhooks」授權碼，若將步驟 6 設定的事件名稱（Event Name）填入「Make a POST or GET web request to」的『{event}』空格中後：https://maker.ifttt.com/trigger/{Your_IFTTT_Event_Name}/with/key/{Your_Key}

在上述的紅色參數填入自己的事件名稱及授權碼後，這樣完整的命令便是觸發 IFTTT「Webhooks」服務的 Web Request 命令格式。

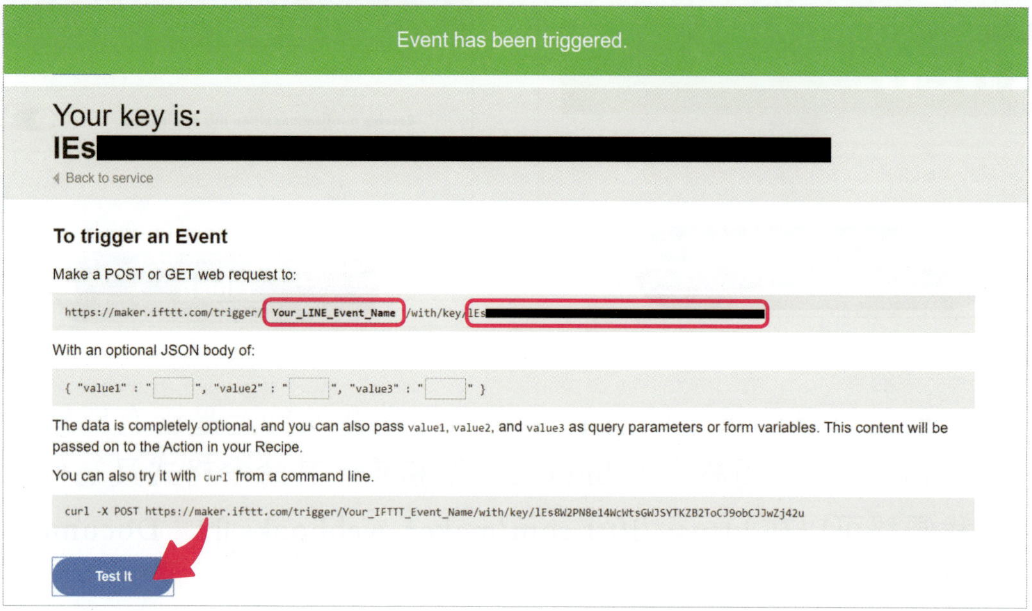
Event has been triggered.
Your key is:
IEs[redacted]
Back to service
To trigger an Event
Make a POST or GET web request to:
https://maker.ifttt.com/trigger/ Your_LINE_Event_Name /with/key/IEs[redacted]
With an optional JSON body of:
{ "value1" : " ", "value2" : " ", "value3" : " " }
The data is completely optional, and you can also pass value1, value2, and value3 as query parameters or form variables. This content will be passed on to the Action in your Recipe.
You can also try it with curl from a command line.
curl -X POST https://maker.ifttt.com/trigger/Your_IFTTT_Event_Name/with/key/lEs8W2PN8e14WcWtsGWJSYTKZB2ToCJ9obCJJwZj42u
Test It

接著點選此頁面左下角的『Test it』按鈕，便可測試之前所設定的應用程序是否有誤。倘若應用程序的設定都沒有問題，此頁面上方會出現綠底白字的「Event has been triggered」字樣，使用者也可在指定的 LINE 帳號中，收到自己在步驟 12 設定的 LINE 訊息。

Arduino 硬體設定

IFTTT 超音波防盜系統在硬體方面的需求有：

1. 改款自 Arduino UNO 且作為大腦來控制各項硬體的「Motoduino U1」。
2. 防盜系統須使用蜂鳴器與 RGB LED 來達到警示小偷的效果，所以我們直接選用已包含這兩個元件的「慧手科技 S4A Sensor board」Arduino 擴充板。
3. 可量測陌生人接近距離的「超音波距離感測器 HC-SR04」。
4. 可協助 Arduino 與 IFTTT 平台聯繫的「ESP8266 WiFi Terminal」。

硬體組裝步驟：

Step 01 先將 Motoduino U1 與 S4A Sensor Board 依下圖所示的方式接合在一起。

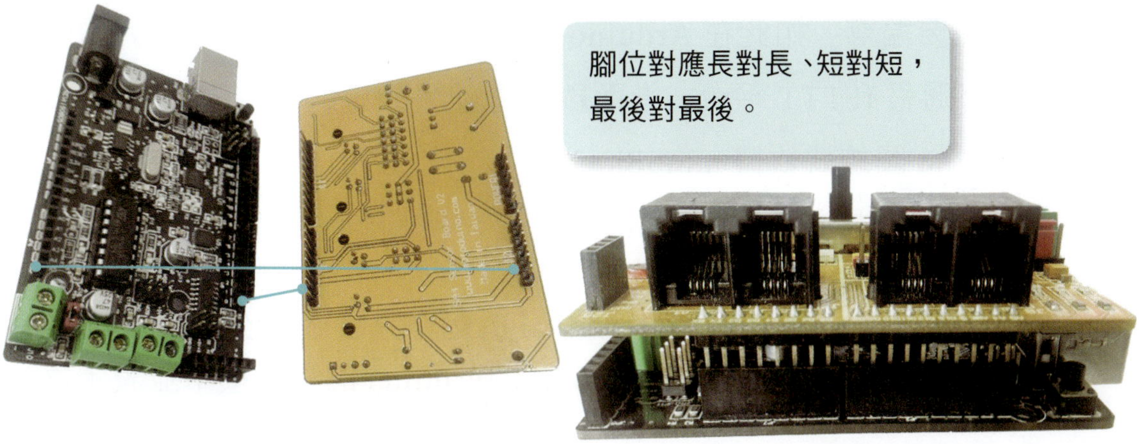

Step 02 拿出 RJ11 轉 4 Pins 杜邦線的連接線，將杜邦線端與超音波模組依下圖所示的方式連接在一起。另一端的 RJ11 線，則連接至 Sensor Board 的 D12/D13 RJ11 插槽中，此時超音波模組的 Echo 腳位便為 D12、Trig 腳位則為 D13。

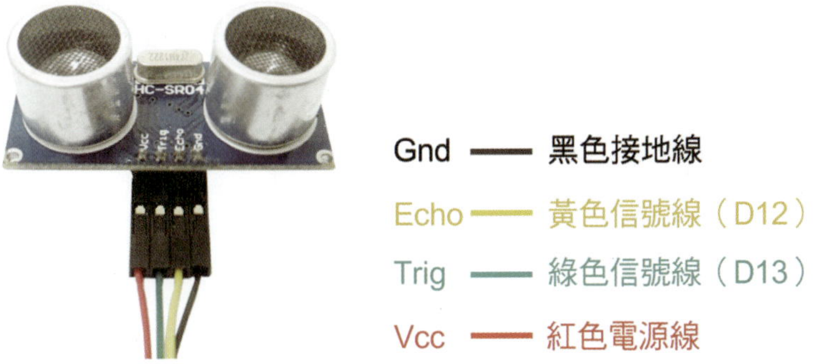

Step 03 最後將 WiFi Terminal 以兩頭均為 RJ11 接頭的連接線連接至 S4A Sensor Board 的 A3/A4 RJ11 插槽中，USB 線則連接 Motoduino U1 與電腦。超音波防盜系統硬體連接的最終完成圖會如下所示。

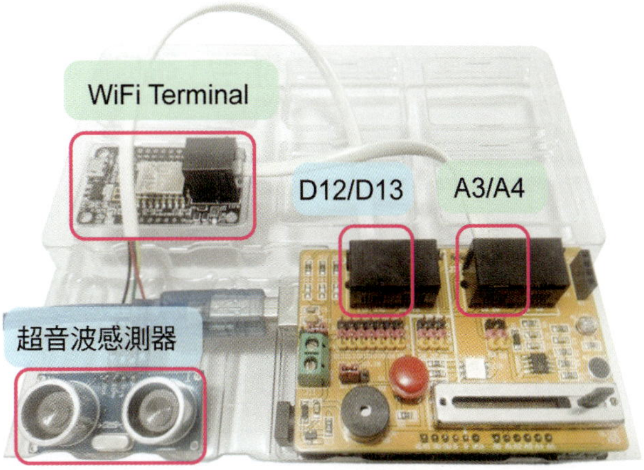

Arduino 圖控程式

完成 IFTTT 的 Applet 設定與 Arduino 硬體組裝後，還有超音波防盜系統的 Arduino 程式需要編寫，如此在 Arduino 偵測到有人接近入侵時才會發出正確的 Web Request 來通報 IFTTT 平台，進而啟動先前所設定的應用程序動作。由於慧手科技的 Arduino 圖控式軟體 motoBlockly 內有支援 IFTTT 平台的程式積木，因此便可簡單快速完成本防盜系統的 Arduino 程式。其流程如下：

Step 01 因為初始化 ESP8266 WiFi Terminal 的動作只需做一次即可，因此一開始會在設定（Setup）積木中加入 WiFi Terminal 的程式積木並設定之。

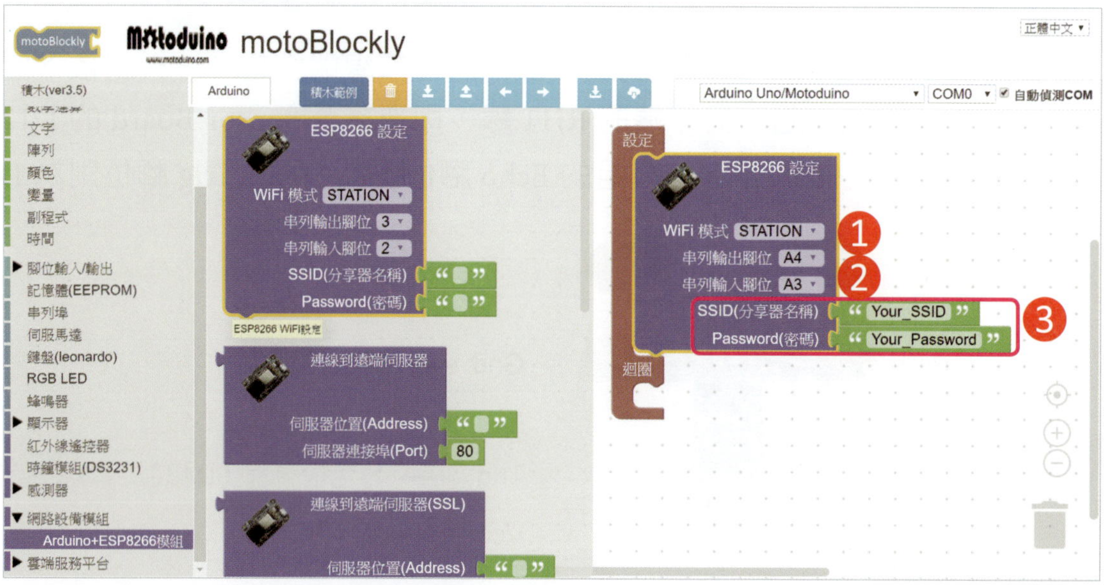

WiFi Terminal 依上一節的硬體組裝位置程式積木設定：

1. 『串列輸出腳位』請選擇 A4（類比腳位 Analog Pin 4）。
2. 『串列輸入腳位』請選擇 A3（類比腳位 Analog Pin 3）。
3. 「SSID（分享器名稱）」與「Password（密碼）」則為 ESP8266 準備連線的路由器或無線網路分享器的名稱與密碼，請依實際狀況填寫即可。

Step 02

加入點亮 Arduino 擴充板 D10 腳位 LED 的積木，使用者便可由 Arduino 每次重新開機後，擴充板左上角的綠色 LED 狀態來判斷網路連線是否成功（當綠色 LED 被點亮即代表網路連線動作成功）。

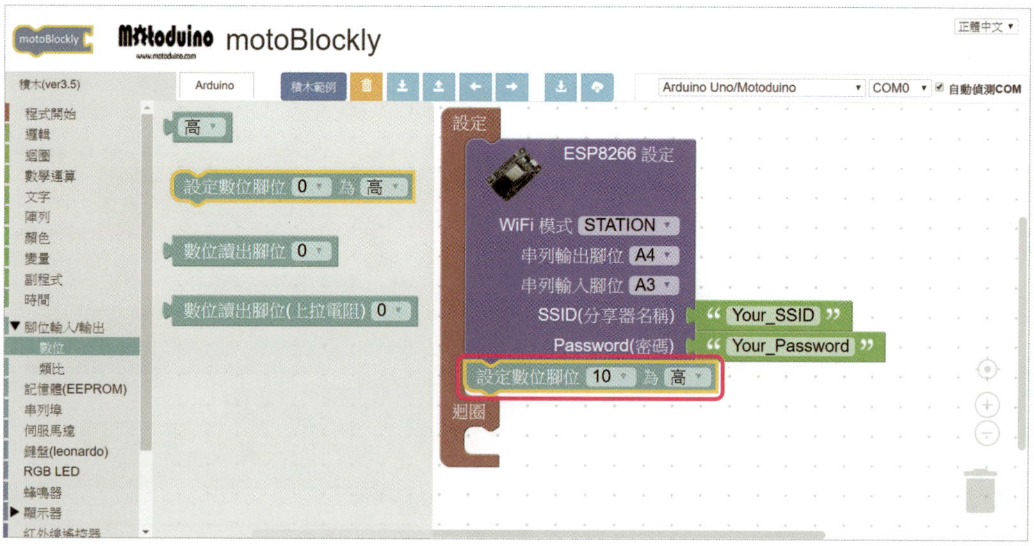

Step 03

由於此防盜系統需倚靠超音波距離感測器不斷地偵測是否有人試圖接近入侵，因此需在迴圈積木（Loop）中加入超音波模組的程式積木並設定之。

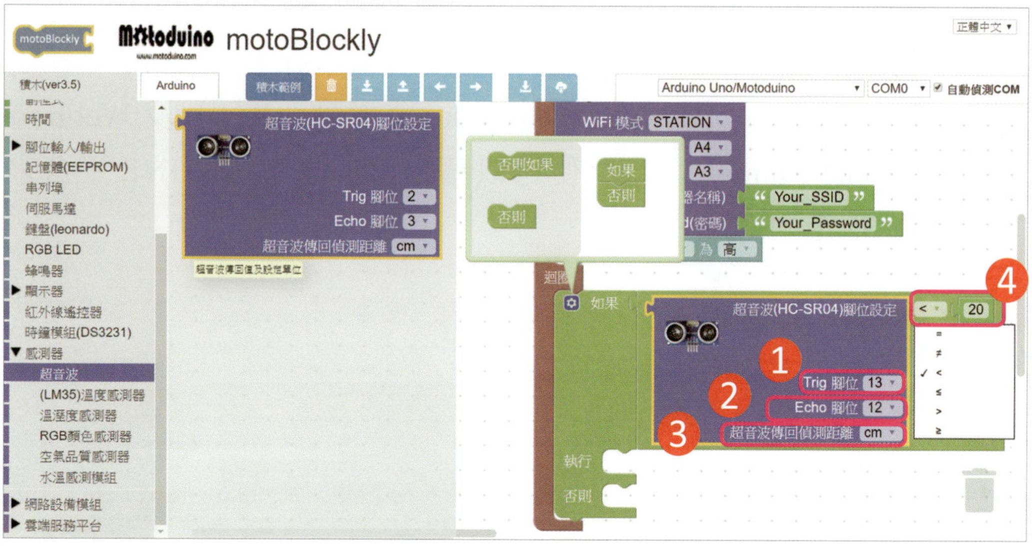

超音波模組（依上一節硬體的組裝位置來進行設定）：

1. 『Trig 腳位』請選擇 13（D13）。
2. 『Echo 腳位』請選擇 12（D12）。
3. 指定超音波模組回傳值的單位（本例設定單位為公分 cm）。
4. 指定會觸發超音波模組動作的警戒距離（本例設為 20 公分）。

Step 04 當超音波距離感測器偵測到有人越過警戒距離（即回傳值小於 20 cm）時，先讓 S4A Sensor Board 上的 RGB LED 閃起紅燈（數位腳位 D6）警示，同時也讓蜂鳴器（數位腳位 D9）發出警報聲來嚇阻入侵者的進入。此聲光俱備的警報信號被觸發時，其動作會重複 3 次才結束。

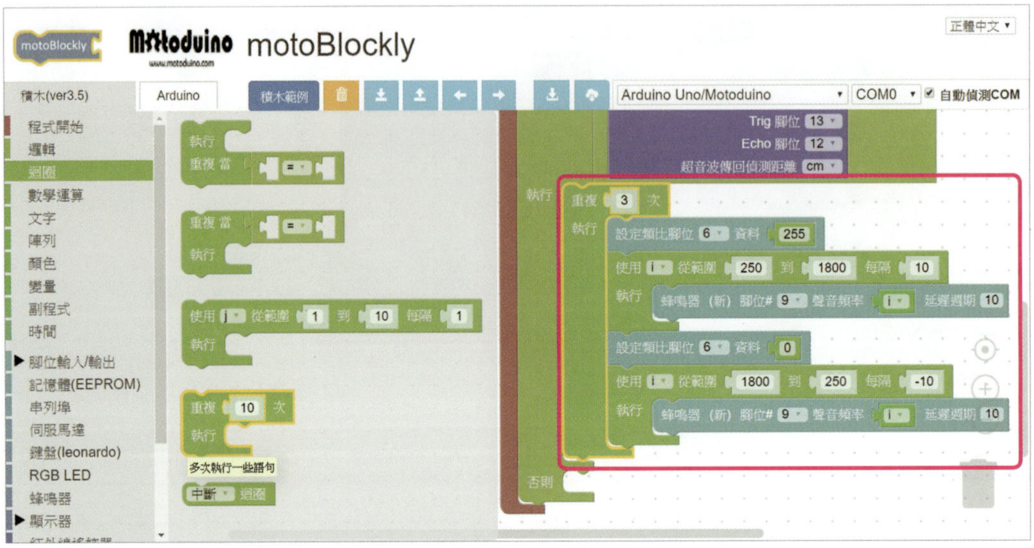

Step 05 如下圖所示，在 Arduino 發出聲光的警報動作後，接著補上可聯繫 IFTTT 平台的程式積木，並在該積木的「Key（授權碼）」與「Event Name（事件名稱）」兩個參數中，分別填入在 IFTTT 應用程序設定流程步驟 15 與步驟 6 取得的 Webhooks 授權碼（Key）及 Webhooks 事件名稱（Event Name），如此便可以藉由 IFTTT 觸發 LINE 平台來發送警告訊息給指定的用戶。

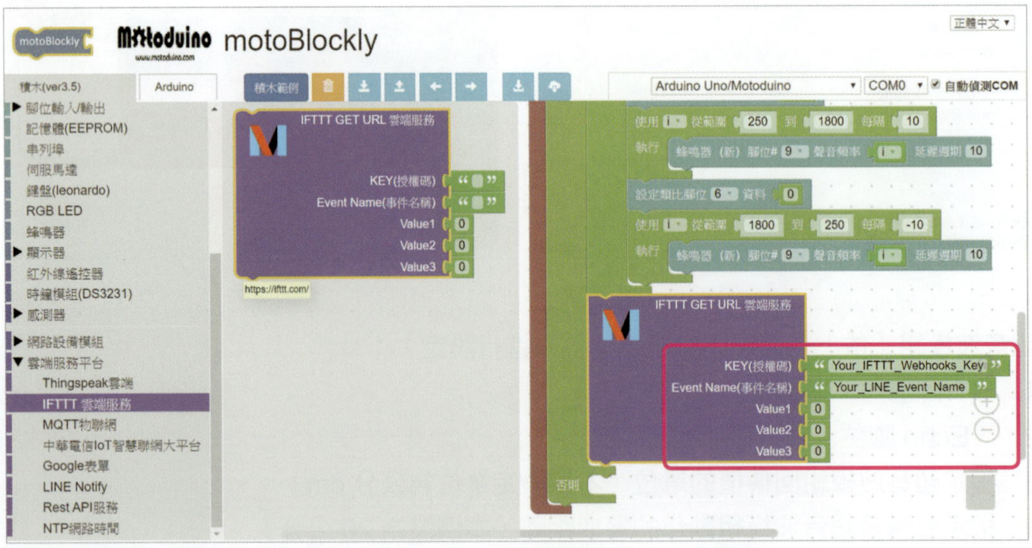

另外若需要經由 IFTTT 傳送 Arduino 指定的數值給 LINE 的指定用戶時，可將這些數值填入上圖 IFTTT 程式積木的 Value1、Value2 及 Value3 參數中，但需在 IFTTT 應用程序設定時同步將 Value1 等參數放在 LINE 訊息中（如左下圖）。如此當指定用戶接收到 LINE 訊息時，也可以同步接收到這些變數數值（如右下圖所示）。

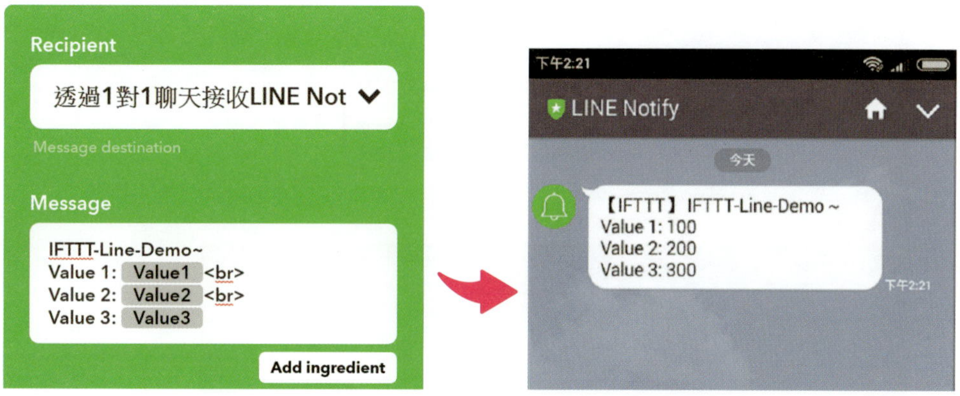

Step 06 由於超音波距離感測器連續偵測時會產生誤差，因此若感測器在指定範圍（20 cm）內沒有偵測到任何物體時，便讓超音波模組休息 0.2 秒後再進行下一次的偵查。因此在最後補上該延遲積木後，整個超音波防盜系統的程式便告完成。

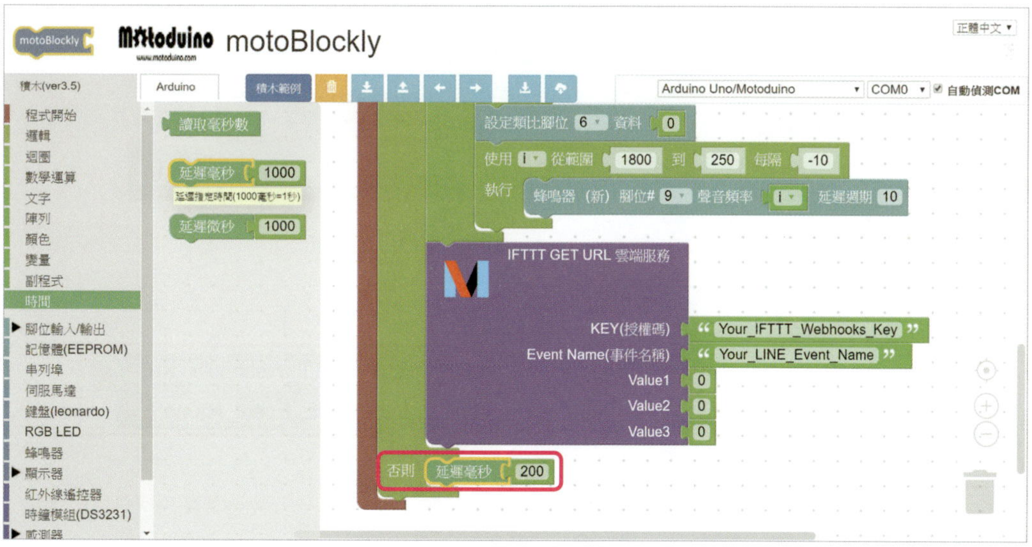

Step 07 完整的 Arduino 超音波防盜系統 motoBlockly 程式碼如下。請在紅框處填入自己對應的資訊，程式才能正常的運作。

設定
ESP8266 設定
WiFi 模式 STATION
串列輸出腳位 A4
串列輸入腳位 A3
SSID(分享器名稱) " Your_SSID "
Password(密碼) " Your_Password "
設定數位腳位 10 為 高
迴圈
如果 超音波(HC-SR04)腳位設定 < 20
Trig 腳位 13
Echo 腳位 12
超音波傳回偵測距離 cm
執行
重複 3 次
執行
設定類比腳位 6 資料 255
使用 i 從範圍 250 到 1800 每隔 10
執行
蜂鳴器（新）腳位# 9 聲音頻率 i 延遲週期 10
設定類比腳位 6 資料 0
使用 i 從範圍 1800 到 250 每隔 -10
執行
蜂鳴器（新）腳位# 9 聲音頻率 i 延遲週期 10
IFTTT GET URL 雲端服務
KEY(授權碼) " Your_IFTTT_Webhooks_Key "
Event Name(事件名稱) " Your_LINE_Event_Name "
Value1 0
Value2 0
Value3 0
否則 延遲毫秒 200

超音波防盜系統展示影片：https//youtu.be/KIWtIsV19h0

2-5 IFTTT 實作應用 II – 緊急求援系統

隨著生育率逐年下滑，台灣已逐步邁向高齡化社會，加上目前社會的家庭結構多屬雙薪家庭，因此在平日的上班、上課時間，家中多只剩下年邁的雙親或年幼的子女，萬一家中有緊急的狀況發生，遠在公司、學校的家人需要有更簡便快捷的連絡方式，才有時間做出更迅速正確的處理。

上述的問題可利用 Arduino 開發板搭配 IFTTT 平台來解決，不過因為 IFTTT 現已不支援以自身平台直接傳送簡訊到指定的門號中，因此還需要一台帶有門號且有安裝 IFTTT APP 的手機 A。

其運作流程如下圖所示：一旦緊急狀況發生，使用者不需做任何撥打手機的動作，只要按下緊急求援系統上紅色的按鈕（數位腳位 D2），Arduino 便會自動聯繫 IFTTT 平台，平台再通知裝有 IFTTT APP 的手機 A 發送簡訊到指定號碼的手機 B 來進行告知。

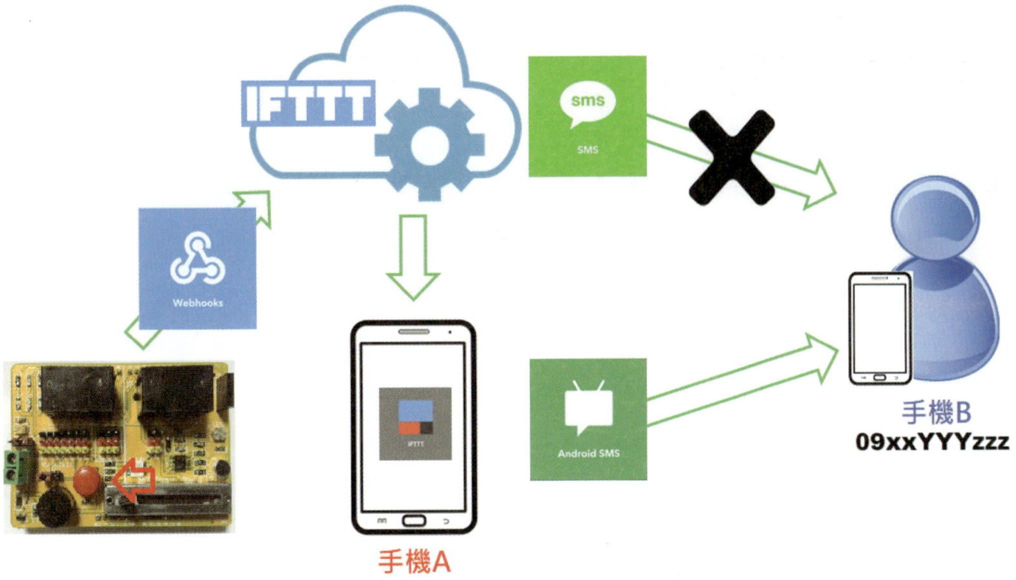

本實作練習會選擇利用簡訊通知的原因，除了有其即時性之外，也可避免因被聯絡人（手機 B）的網路功能未開啟而無法收到 Email 或者 LINE 訊息。

建立 IFTTT 的應用程序

Step 01 登入 IFTTT 的網站（http://www.ifttt.com）後，請在頁面中找到如下圖紅色箭頭所指的『Create』按鈕並點擊之，便可開始建立新的 IFTTT 應用程序（Applet）。

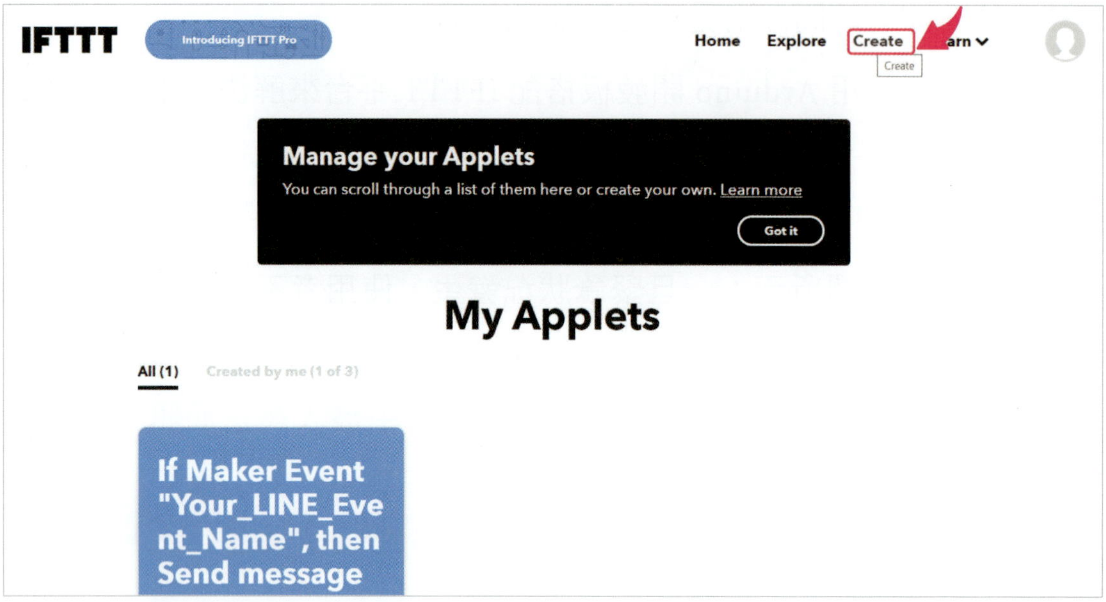

Step 02 和前一範例的超音波防盜系統一樣：

❶ 在 Search services 中輸入「Web」的字樣來收斂服務選擇。

❷ 選擇「Webhooks」服務來當成觸發此應用程序的「This」服務（Service）。

Step 03 雖然之前在超音波防盜系統的練習中已經有設定過「Webhooks」服務了，但和前一範例發送 LINE 訊息的應對動作不同，此應用程序所觸發的應對動作為發送簡訊（SMS），因此需要賦予這個新的「Webhooks」一個不同的事件名稱（Event Name，如下圖所示，可依自己的喜好以半形英文來命名）。如此當 IFTTT 平台在接收到由 Arduino 發送出的 Web Request 時，才可根據不同的事件名稱來執行不同的應對措施。

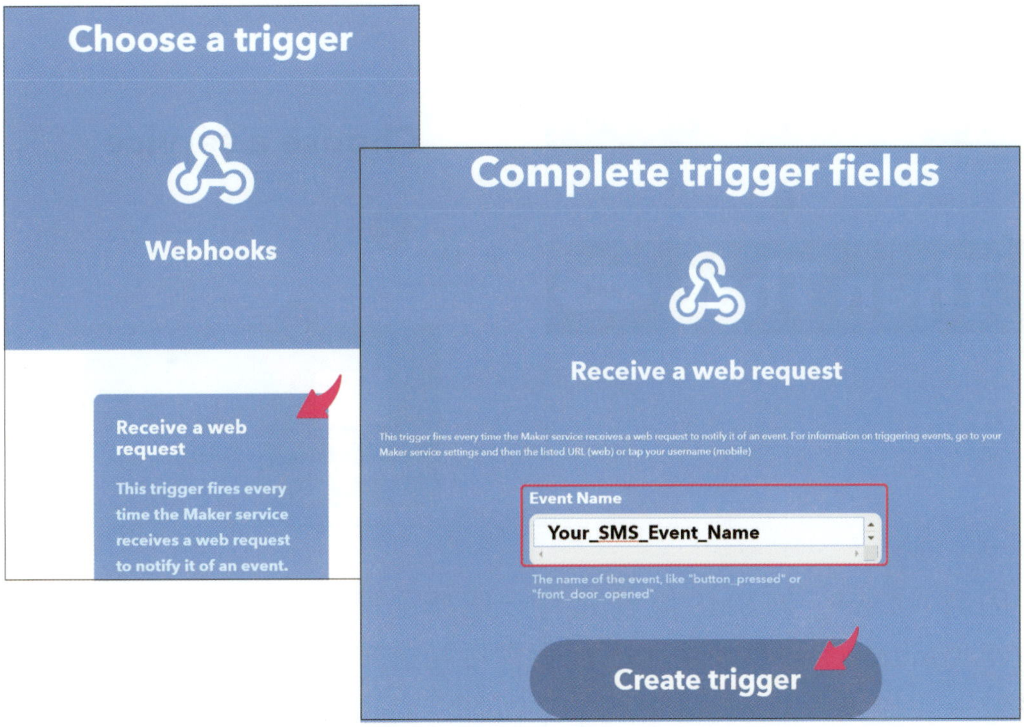
Choose a trigger
Webhooks
Receive a web request
This trigger fires every time the Maker service receives a web request to notify it of an event.
Complete trigger fields
Receive a web request
This trigger fires every time the Maker service receives a web request to notify it of an event. For information on triggering events, go to your Maker service settings and then the listed URL (web) or tap your username (mobile)
Event Name
Your_SMS_Event_Name
The name of the event, like "button_pressed" or "front_door_opened"
Create trigger

Step 04 完成「This」的設定後，因為本練習是以 Android 手機簡訊的方式通知指定號碼的被聯絡人。

❶ 請輸入「SMS」的字樣來搜尋相關服務。

❷ 再點選「Android SMS」簡訊服務來做為對應「This」的「That」服務。

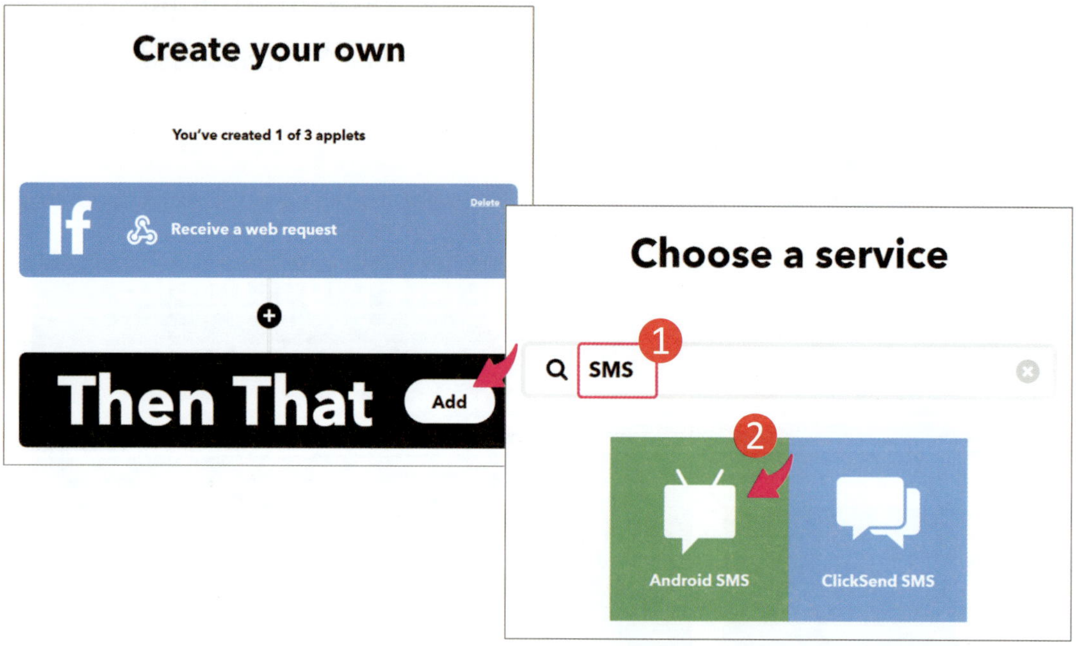

Step 05 因為「That」的 SMS 服務只有一個傳送簡訊（Send an SMS）的應對動作（Action）可供使用，因此請直接點選該選項來進入下一個設定頁面。第一次使用「Android SMS」來做為「That」服務時會看到右下的說明畫面，此時請直接點選「Connect」按鈕繼續。

Step 06 第一次在 IFTTT 中選擇「Android SMS」當成回應服務時，IFTTT 會請你提供一個可接收求援簡訊的手機號碼。

這裡需要注意的是：

1. 由於此服務是透過已安裝 IFTTT APP 的手機 A 傳送簡訊給另一支手機 B，因此若是兩支手機均在台灣境內的話，則在上圖的設定手機號碼（Phone number）處直接輸入手機 B 的電話號碼即可（如紅框處所示：09xxYYYzzz）。
2. 倘若有任一支手機在國外的話，上圖設定手機號碼時就要記得在電話號碼前加上手機 B 所在地的國際碼，如此 IFTTT 才能順利地跨國發送簡訊到你指定的手機中。

最後在上圖的訊息欄處（Message）填上欲發送的求援簡訊內容（簡訊內容可支援中英文，本例將其設為「help! Help!! HELP!!!」），再按下『Create action』鍵即完成「That」服務的設定。

Step 07 最後的最後，一定要記得點選右圖下方的『Finish』按鍵來確認，如此才算完成一整個 IFTTT 應用程序的設定。

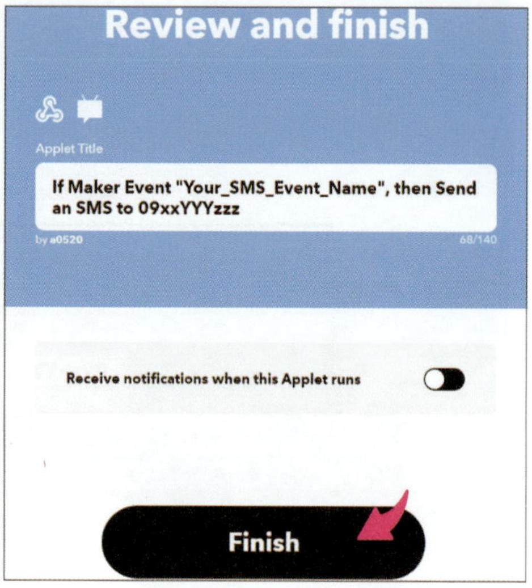

Step 08 如下圖所示，請輸入執行發送簡訊工作的手機 A 電話號碼，並在該手機中安裝 IFTT App。

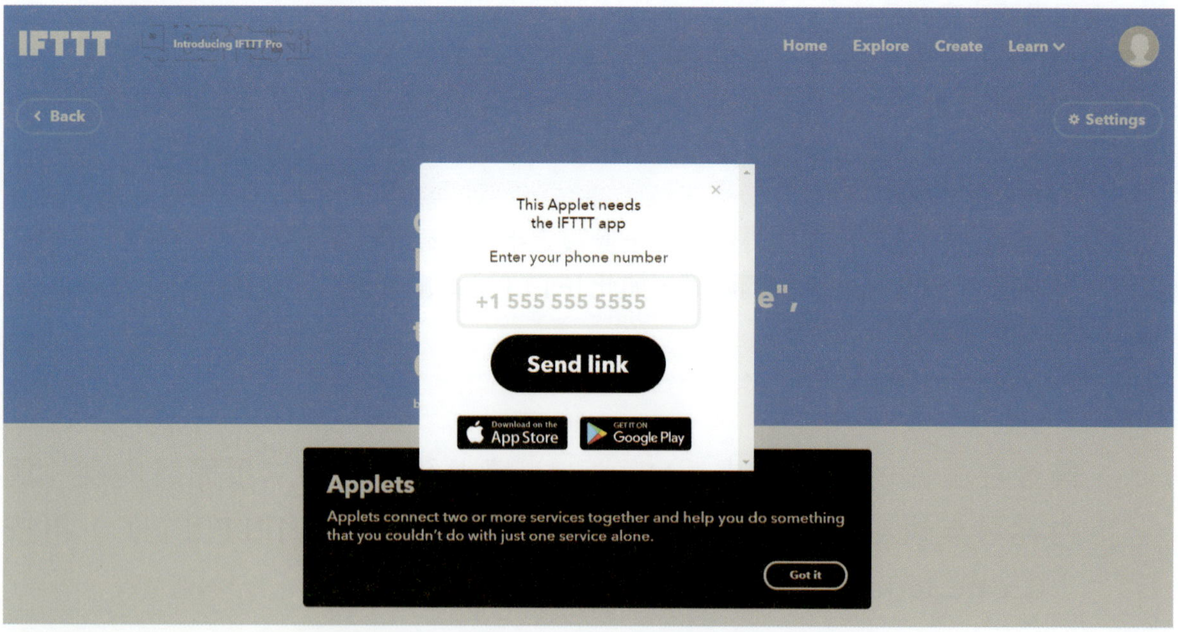

手機 APP 的設定

由於緊急求援系統的簡訊發送是透過 IFTTT 平台的「Android SMS」服務來達成，因此：

1. 需先在某一部手機中安裝 IFTTT APP（本例將裝有此 APP 的手機稱為手機 A）。
2. 在安裝完畢後，必須以建立緊急求援系統應用程序時的同一個帳密登入該 APP（且該 APP 要在背景執行不能關閉），如此當緊急求援系統的應用程序啟動時，手機 A 方可由 IFTTT APP 主導來發出簡訊給指定的手機 B。

此 APP 除支援 Android 的系統外（如上圖的 QR code 所示），也有支援 iOS 的安裝版本，讀者可自行至 iStore 下載安裝，其 Android 系統的安裝流程如下。

Step 01 安裝完畢進入後，APP 會出現如下圖左的登入畫面，

❶ 請直接點選畫面箭頭處的「Continue with Email」選項準備登入。

❷ ❸ 接著再如下圖中、右所示，依序輸入 IFTTT 的帳密即可。

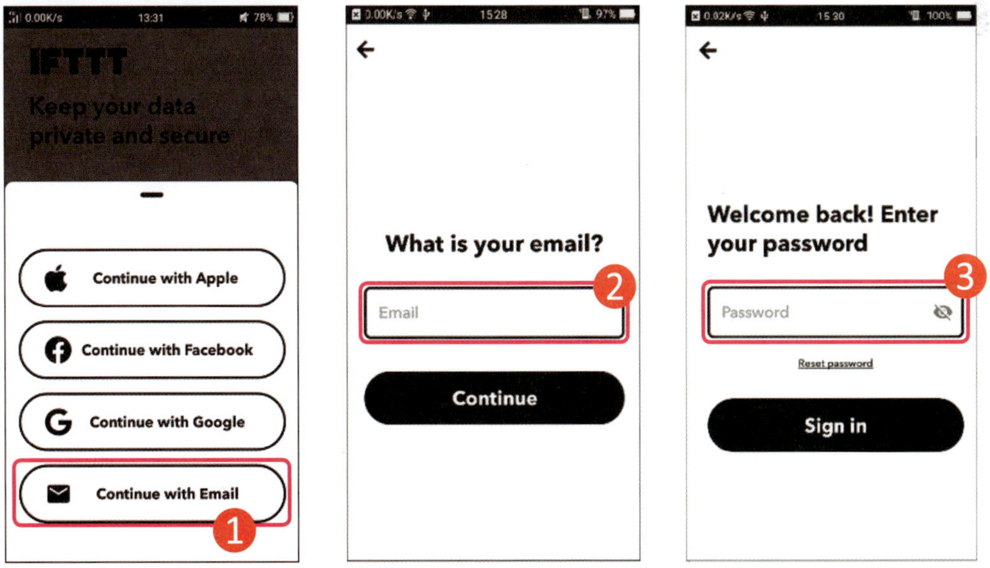

為了讓所建立的緊急求援系統應用程序可以經由此手機來執行送出簡訊的應對動作，此處登入的帳號請務必與設定應用程序時使用的帳號相同。

Step 02 第一次登入時：

❶❷ 某些手機的 APP 會顯示如下圖左、中所示的問題，請務必如箭頭所示均選擇「允許」來賦予 IFTTT APP 使用電話及發送簡訊的權力。

❸ 當看到 APP 出現如下圖右的畫面時，便已完成 APP 的設定。

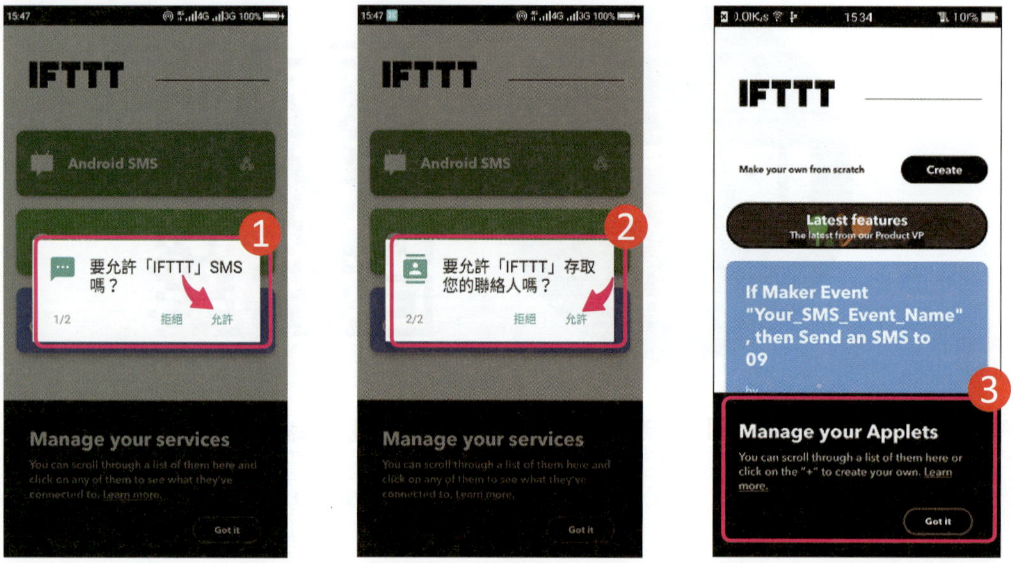

此時要讓 APP 持續在背景執行而不能將其關閉，如此 IFTTT 才有辦法協助執行緊急求援系統的應用程序。

Arduino 硬體設定

IFTTT 緊急求援系統在硬體方面的需求有：

1. 慧手科技 Motoduino U1。
2. 慧手科技 S4A Sensor board 擴充板（會用到板子上的按鈕（D2）和 LED（綠 D10 與紅 D11））。
3. 協助與 IFTTT 平台溝通的「ESP8266 WiFi Terminal」。

硬體組裝圖：

因為本實作練習是為「緊急」求援系統，因此在組裝及操作時也務求簡單快速，所以本系統除了 WiFi Terminal 外並不需要再額外使用其他的外接元件。而該 WiFi Terminal 也僅需以 RJ11 線直接連接至 S4A Sensor Board 的 D12/D13 RJ11 插槽中即可。組裝完成圖如下所示。

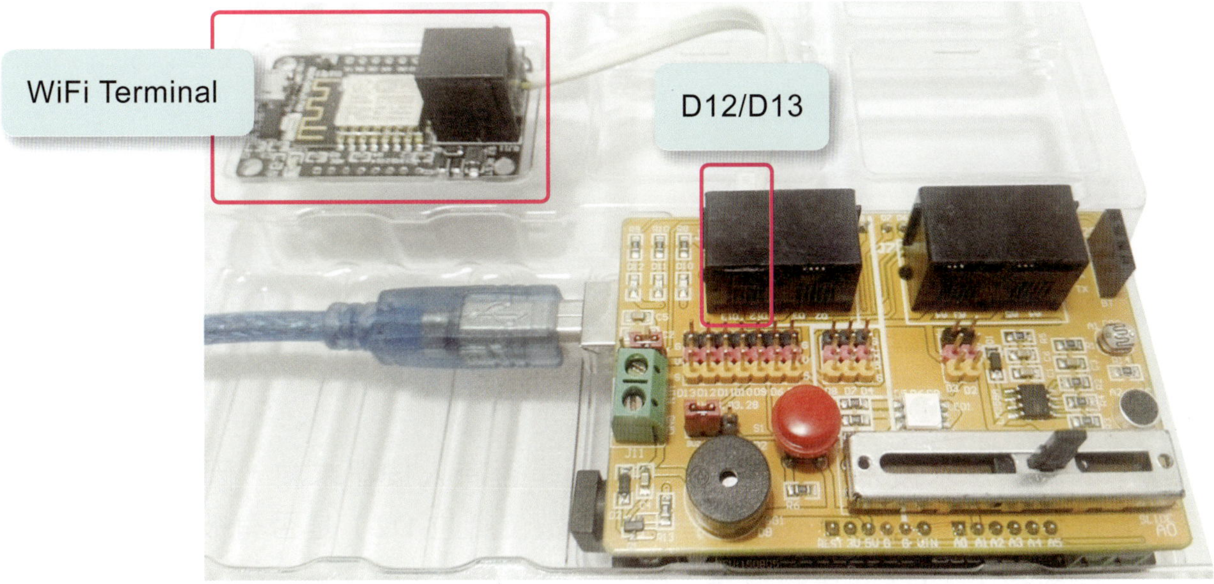

Arduino 圖控程式

當緊急狀況發生時，使用者僅需按下 S4A Sensor Board 上的紅色按鈕（D2）便可讓 Arduino 來通知 IFTTT，此時 IFTTT 會依據 Web Request 裡的事件名稱來執行緊急求援系統的應用程序，讓安裝有 IFTTT APP 的手機 A 送出求救的簡訊到指定號碼的手機 B 中。

> 需要注意的是，IFTTT 平台使用的「Android SMS」服務其實是利用手機 A 的門號簡訊服務，因此每一筆發送的簡訊都需要付費給手機 A 的電信公司（IFTTT 平台不收費），所以要盡量避免不必要的測試浪費。

而緊急求援系統的 motoBlockly 圖控式程式完整編輯流程如下。

Step 01

如下圖所示，在設定（Setup）積木中完成 WiFi Terminal 程式積木的基本設定後，點亮 Arduino 擴充板上 D10 腳位的綠色 LED，藉此判斷網路連線的動作是否已完成（當綠色 LED 點亮時即代表網路連線動作成功）。

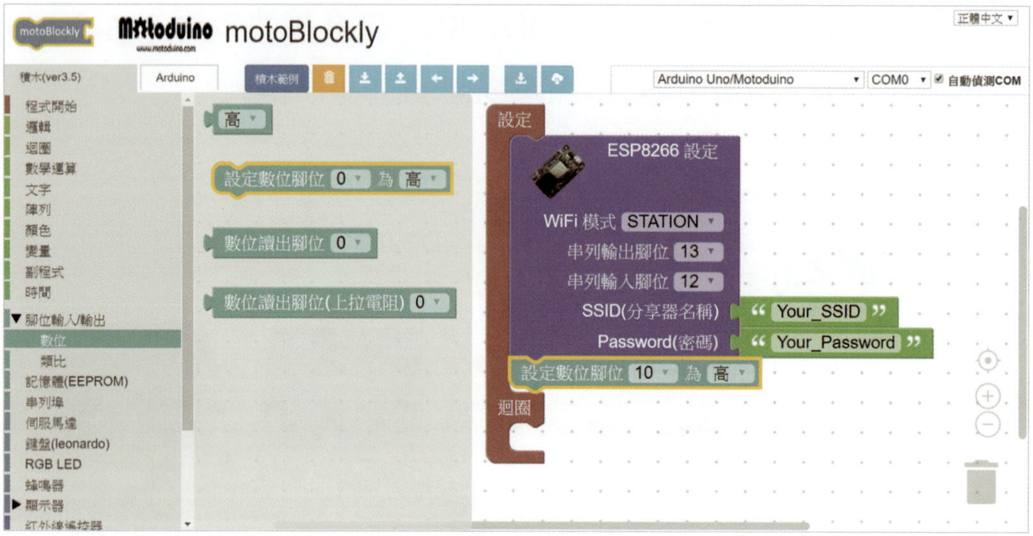

Step 02

因為緊急求援系統必須不斷地偵測是否有人按鈕求救，因此程式需在迴圈（Loop）積木中持續檢查按鈕（數位腳位 D2）是否有被按下。一旦按鈕被按下（D2 回傳數值為『高』）時，綠色 LED（數位腳位 D10）熄滅，紅色 LED（數位腳位 D11）點亮，使用者便可知道按鈕已被確實按下。

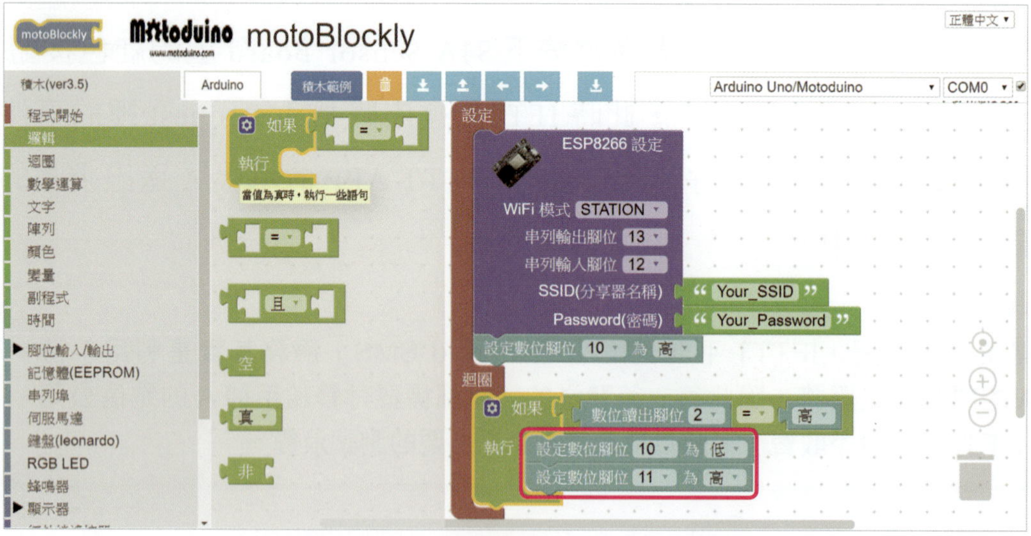

Step 03

按下 D2 按鈕除了讓綠、紅 LED 燈的狀態切換外，接著也會讓蜂鳴器發出 3 回合的救護車警示聲，藉此讓其他人也能藉由警報聲知道有人按下了緊急求救鈕。

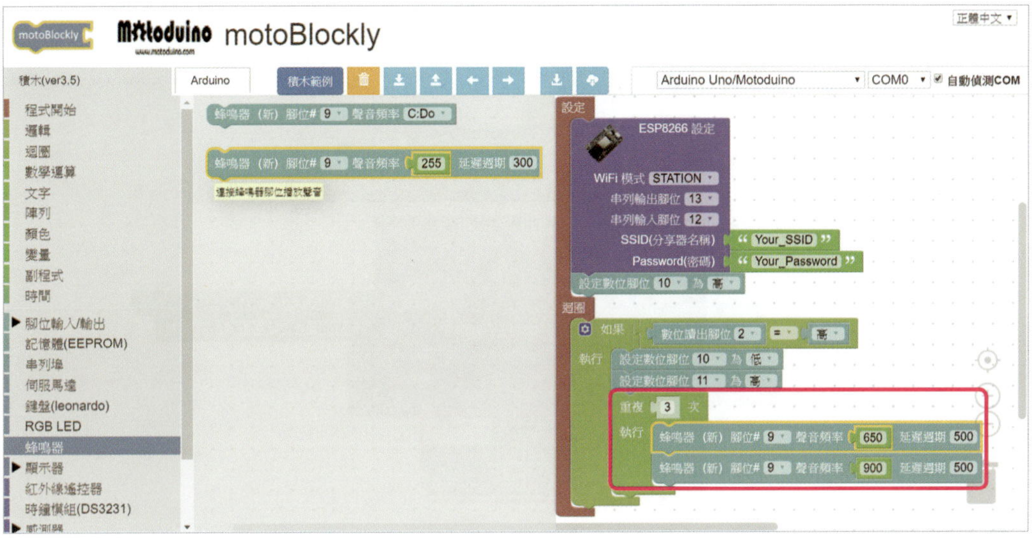

Step 04

如下圖所示，在 Arduino 發出聲光的警示動作後，接著補上可聯繫 IFTTT 平台的程式積木，並在該積木的「Key（授權碼）」與「Event Name（事件名稱）」兩個參數中，分別填入在 IFTTT 設定時取得的 Webhooks 授權碼（Key，與超音波防盜系統相同）以及緊急求援系統的 Webhooks 事件名稱（Event Name），使 Arduino 主動通知 IFTTT 平台，進而讓手機 A 裡的 IFTTT APP 來發送指定簡訊給指定號碼的手機 B。

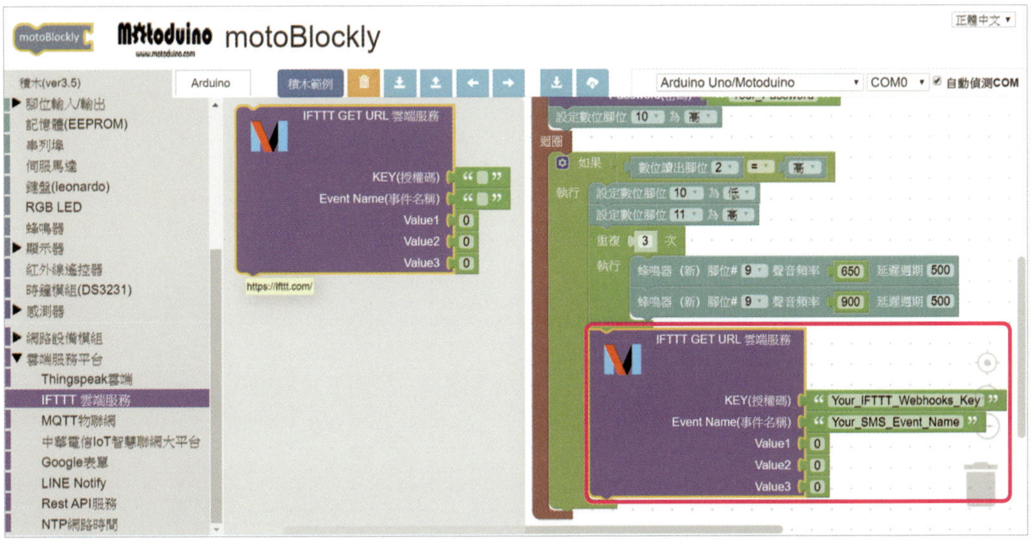

Step 05 由於發送每一筆簡訊都需要計費，因此在聯繫 IFTTT 的程式積木後，還需要加入「延遲毫秒」的程式積木（本例延遲 10000 毫秒 =10 秒），藉此避免使用者因為按下按鈕的時間太久而連續發出多封簡訊的狀況發生。

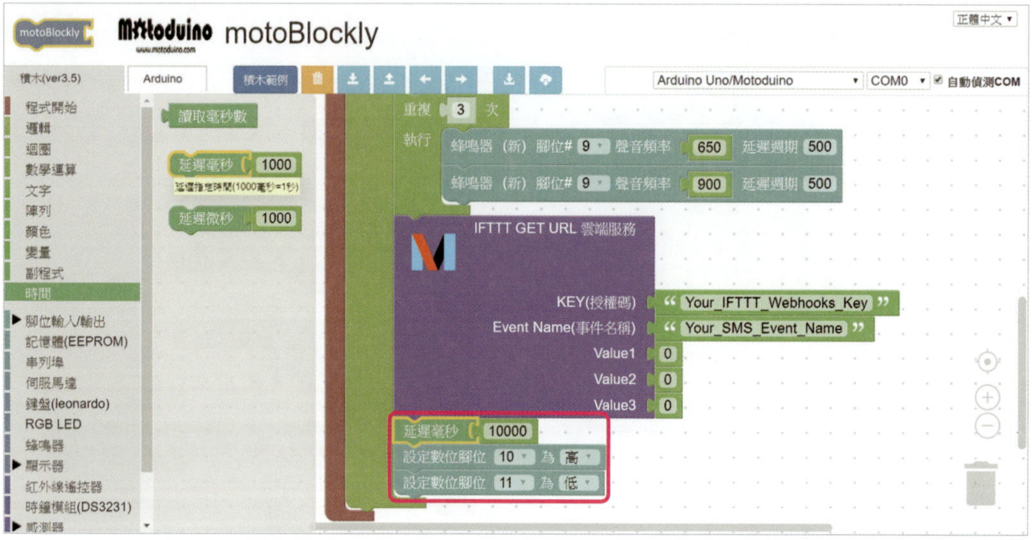

延遲間結束後，綠色 LED 會再度點亮，紅色 LED 則會熄滅，此時的使用者才能再按下一次的求救鈴。

Step 06 完整的 Arduino 緊急求援系統 motoBlockly 程式碼如下。與超音波防盜系統一樣，需在紅框處填入自己對應的資訊，緊急求援系統的程式才能正常的運作。

設定
ESP8266 設定
WiFi 模式 STATION
串列輸出腳位 13
串列輸入腳位 12
SSID(分享器名稱) " Your_SSID "
Password(密碼) " Your_Password "
設定數位腳位 10 為 高
迴圈
如果 數位讀出腳位 2 = 高
執行 設定數位腳位 10 為 低
設定數位腳位 11 為 高
重複 3 次
執行 蜂鳴器（新）腳位# 9 聲音頻率 650 延遲週期 500
蜂鳴器（新）腳位# 9 聲音頻率 900 延遲週期 500
IFTTT GET URL 雲端服務
KEY(授權碼) " Your_IFTTT_Webhooks_Key "
Event Name(事件名稱) " Your_SMS_Event_Name "
Value1 0
Value2 0
Value3 0
延遲毫秒 10000
設定數位腳位 10 為 高
設定數位腳位 11 為 低

緊急求援系統展示影片：https://youtu.be/dWo0gfVNJV0

IFTTT 應用程序的修改與開關

由於緊急求援系統利用手機 A 發送求救簡訊時手機需要計費，因此若想關閉此程序的運作，可直接關閉 IFTTT 平台上相關的應用程序即可。而一旦關閉了 IFTTT 平台的 Android SMS 應用程序，即使 Arduino 送出相關的 Web Request 命令，手機 A 也不會發送出任何簡訊，除非再次將該應用程序開啟。IFTTT 應用程序的開關流程如下。

Step 01 建立 IFTTT 的應用程序（Applet）後，IFTTT 平台的「My Services」頁面會列出目前應用程序有使用到的各項網路服務。下圖中就包括了超音波防盜系統使用的 Webhooks 與 LINE，緊急求援系統的 Webhooks 與 Android SMS 等服務。此時請點選下圖箭頭處的「Webhooks」選項進入下一個頁面。

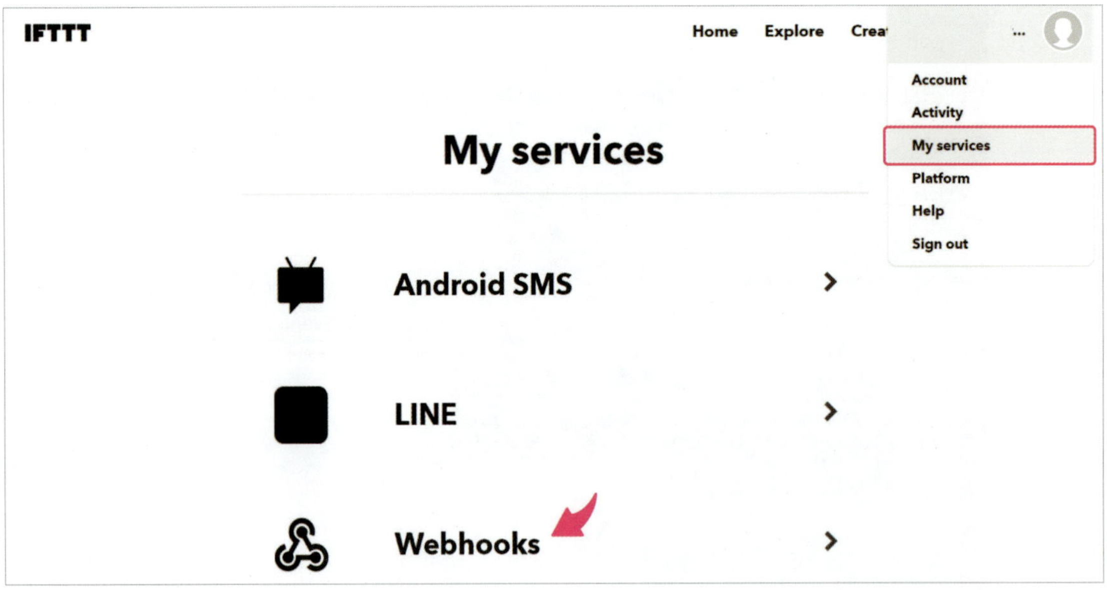

Step 02 由於此練習是要關閉緊急求援系統發送簡訊的應用程序，因此請點選進入帶有「Android SMS」服務的 Webhooks 應用程序。

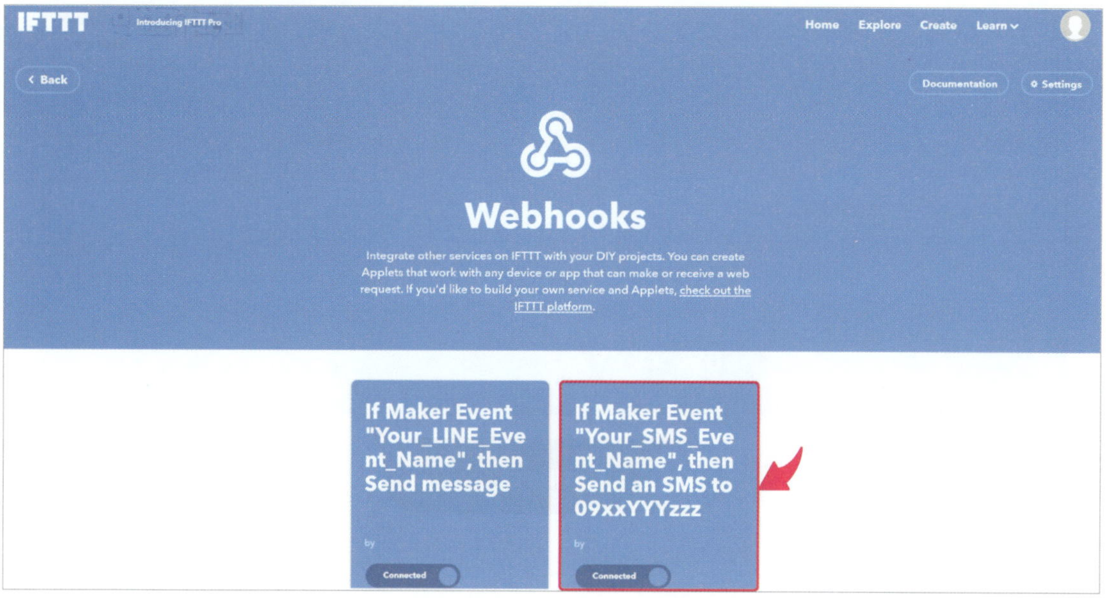
IFTTT
Home
Explore
Create
Learn
Back
Documentation
Settings
Webhooks
Integrate other services on IFTTT with your DIY projects. You can create Applets that work with any device or app that can make or receive a web request. If you'd like to build your own service and Applets, check out the IFTTT platform.
If Maker Event "Your_LINE_Event_Name", then Send message
Connected
If Maker Event "Your_SMS_Event_Name", then Send an SMS to 09xxYYYzzz
Connected

Step 03 進入下圖頁面時，請點選如紅色左箭頭處的切換（Switch）開關，當切換開關上面的顯示字樣從下圖左的「Connected」變成下圖右的「Connect」時，即代表該應用程序已被關閉。箭頭處的切換開關僅能將應用程序狀態從開啟改為關閉，若欲將應用程序再重新開啟，請參考後續步驟。

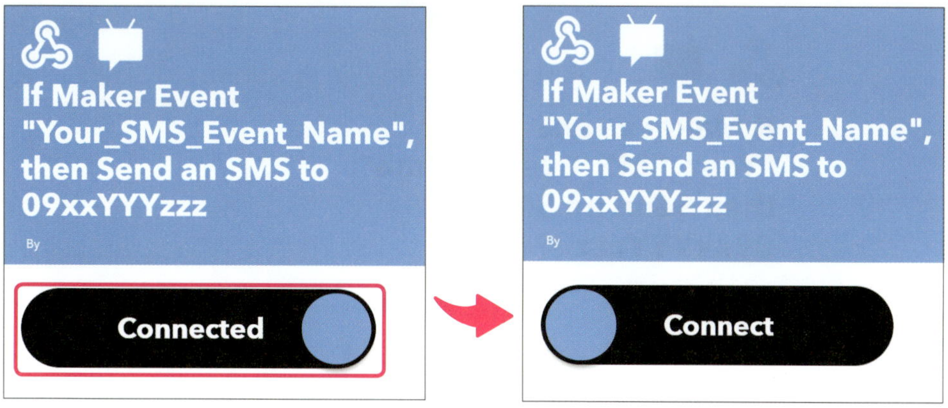
If Maker Event "Your_SMS_Event_Name", then Send an SMS to 09xxYYYzzz
By
Connected
If Maker Event "Your_SMS_Event_Name", then Send an SMS to 09xxYYYzzz
By
Connect

Step 04 關閉 IFTTT 的應用程序後若想再次開啟，請點選下圖紅色左箭頭處的切換開關或右上角的「Settings」鈕進入應用程序的設定畫面方能修改。

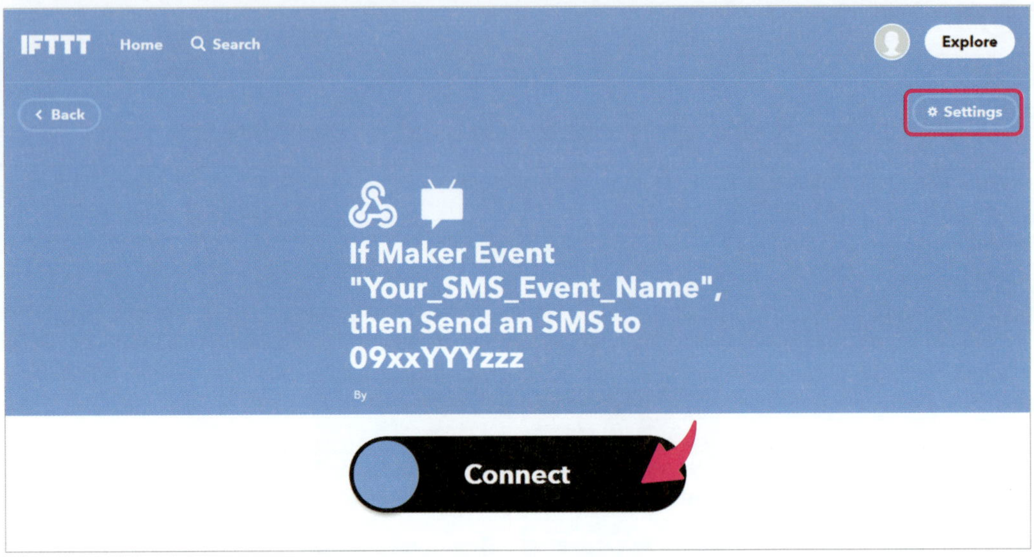
IFTTT
Home
Search
Explore
Back
Settings
If Maker Event "Your_SMS_Event_Name", then Send an SMS to 09xxYYYzzz
By
Connect

Step 05 進入此頁面後，可將如下圖箭頭處的「Get notifications when this connection is active」切換開關切到另一個方向即可（若本來在左手邊，便將其移至右手邊；反之，若本來在右手邊，便將其移至左手邊）。

Connection successfully updated
當頁面上方出現「Connection successfully updated」字樣時，即代表應用程序的狀態已經改變為開啟。
If Maker Event "Your_SMS_Event_Name", then Send an SMS to 09xxYYYzzz
Edit title
By markhsu2010phone
Get notifications when this connection is active
Receive a web request
This trigger fires every time the Maker service receives a web

Step 06 承上一步驟，與上一步驟相同的頁面裡除了可修改應用程序的狀態外，還可以修改應用程序的其他設定，以本例來說有簡訊發送對象的號碼及簡訊內容等。修改完應用程序的開關或設定後，請務必按下頁面下方的「Save」鍵才算完成整個應用程序修改設定。

Changes saved
This Action will send an SMS from your And
phone number you specify.
Phone number
09xxYYYzzz
Include country code e.g. 12024561111
Add ingredient
Message
help! Help!! HELP!!!
Add ingredient
Save
Archive
此時頁面上方會出現「Changes saved」字樣後自動跳離此頁面。

目前 IFTTT 官網限制一個免費帳號只能建立三個應用程序（Applet），若想移除之前所建立的應用程序，可點選上圖中的「Archive」字樣來刪除該筆應用程序。

【結語】

由於 IFTTT 平台所支援的網路服務平台實在太多，因此其所能做到的物聯網服務也超乎你我想像，希望藉由本章節兩個範例練習的拋磚引玉，能夠激發讀者發想出更多的實作創意。

實作題

IFTTT - 下雨通報系統

創客題目編號：A008005

題目說明　搭配雨滴感測器，一旦偵測到下雨，立即請 IFTTT 發送 Gmail 通知使用者。

創客指標

外形	0
機構	0
電控	1
程式	2
通訊	2
人工智慧	0
創客總數	5

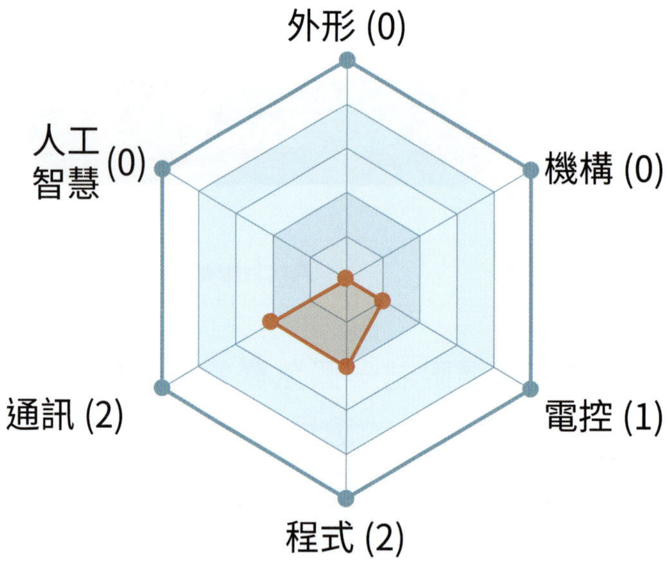

實作時間
60 分

3 MQTT- 遠端遙控 & 傳訊系統

在現今網路發達的年代，全球的商業經濟活動不再被國家或地理位置等因素所侷限，如同蘋果、臉書、Nike…等此類的跨國企業比比皆是；即便是台灣的中小型企業，也能藉由網路的發達與普及，讓自己能夠掌握並指揮位於國外的據點，藉此擴展自身企業的經營版圖。既然商業活動都可以藉助網路之便來進行遠距的無國界行動，那麼 Arduino 是否也能透過網路來做到遠距離的跨界遙控呢？答案自然是肯定的，而其所憑藉的，便是本章所要介紹的 MQTT(Message Queuing Telemetry Transport) 通訊協定。

3-1 MQTT 簡介

Arduino 常見的遙控方式有藍牙（Bluetooth）、紅外線、以及 2.4G 無線遙控…等，不過上述這些都僅能算是短距離的遙控方式，為發送和接收遙控訊息的裝置均得在可見範圍內才能正常運作的遙控方式。若是想要達到跨區、甚至是跨國的方式來遙控 Arduino 裝置的話，便可利用 MQTT 這個通訊協定來做到。

MQTT（Message Queuing Telemetry Transport）通訊協定是在西元 1993 年時由 IBM 公司所建立，當時主要是用來讓輸油管路中的感測數據能藉由此協定的包裝，再透過衛星網路的傳遞方式來傳送這些監控的資訊。因為使用衛星傳遞資料的成本高昂，也因此造就了 MQTT 通訊協定資料量小、傳遞速度快的特性。

MQTT 通訊協定是基於發佈 / 訂閱（Publish/Subscribe）的模式來進行資料的傳遞，因此在使用前需要一個安裝 MQTT Server 的伺服器（Broker），並由該伺服器來統管所有的用戶端（Client）裝置。其運作原理如下圖所示：

1. 準備接收命令的用戶端，需將欲接收的命令主題（Topic）向 MQTT 伺服器進行訂閱的動作。
2. 在訂閱成功後，MQTT 伺服器便會開始幫該訂閱者（Subscriber）留意是否有其他發佈者（Publisher）用戶端發出同樣的主題命令，一旦有訂閱者的主題命令被發佈出來，伺服器便會將該命令傳送給所有訂閱該主題命令的訂閱者用戶端。

因此 MQTT 協定支援多個用戶端訂閱相同的主題，也允許同一個訂閱者訂閱多個主題。

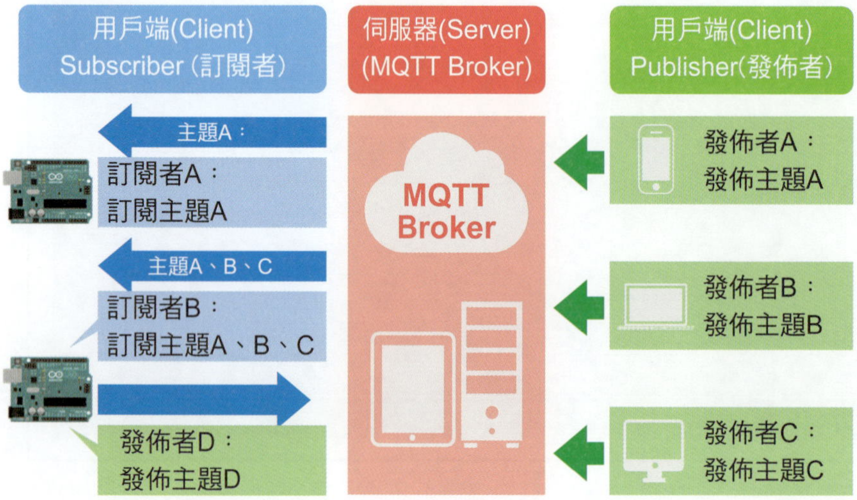

如圖中左下角的 Arduino 訂閱者 B 角色：MQTT 協定也允許用戶端可以同時具備訂閱者與發佈者兩種身分，只要在訂閱與發佈的主題並不相同的前提下，在 MQTT 通訊協定中同一個用戶端同時具有兩種身分並不衝突。

3-2 MQTT 與 Arduino

人類的惰性一直是推動科技進步的動力之一，所以像電視、冷氣遙控器的問世，就讓我們可以少走幾步路來開關設定這些電器用品。然而由於紅外線或藍牙傳輸距離的限制，上述的這些遙控方式並無法使用在遠距離的裝置控制上，若是已經到公司了才想起家裡的電器用品沒有關閉，那麼就算有帶對應的遙控器出門也是無濟於事。因此像這種需要遠距遙控的場合，便可用 Arduino 開發板搭配 MQTT 傳輸協定來達成。

如果 Arduino 上的輸出元件（如：LED、蜂鳴器、馬達…等）想要做到能被跨區、甚至跨國的遠距離遙控，那麼可如下圖所示：將準備接收命令來控制的 Arduino 開發板（訂閱者）透過 ESP8266 模組連上網路，並向 MQTT 伺服器（Broker）進行「訂閱」主題命令的動作；完成後，準備發送命令的各項可上網裝置（發佈者，例如手機、電腦、甚至是另一片 Arduino 開發板），就可以在連上與訂閱者同一個 MQTT 伺服器後，「發佈」下達訂閱者所訂閱的主題命令，藉此達到遠距離遙控的目的。

3-3 MQTT 伺服器（MQTT Broker）

由前兩節的說明可知，使用 MQTT 通訊協定時的最大障礙無非是要先擁有一個 MQTT 伺服器來供給用戶端裝置使用。不過其實大可不必為了喝一杯牛奶而養一頭牛，網路上就有一些免費的 MQTT 伺服器提供免註冊就可以使用的服務。不過由於這些免費伺服器所提供的服務是面向全球，若是使用的人較多，MQTT 訊息的傳輸速度就有可能會跟著下降；另外自己的主題名稱若沒有設定的比較獨特，也會容易收到由不知名發佈者所送出的主題命令。因此若是有私密性與安全性較高的遠距遙控要求的話，建議還是自己架設一個 MQTT 伺服器會比較保險。

以下列出幾個網路上可免費使用的 MQTT 伺服器網址供大家參考，若是後續的範例程式中使用的 MQTT 伺服器出現問題，請再自行改換成其他的 MQTT 伺服器即可：

- test.mosquitto.org:1883
- broker.hivemq.com:1883
- gpssensor.ddns.net:1883

3-4 MQTT 實作應用 I – 遠端呼叫鈴系統

在台灣各大醫院的每張病床前，都有一個可以直接通知護理人員的緊急呼叫鈴，此裝置提供了病人及家屬在緊急或需要的時候尋求醫院人員協助的方式。而在家裡，若有臥病或行動不便的家人，其實也可以利用 Arduino 開發板搭配 MQTT 的方式，做出一套簡單且免佈線的遠端呼叫鈴系統。本實例練習將以手機作為主題命令發佈者（發出命令者），而 Arduino 開發板則作為主題命令訂閱者的角色（接收命令者），藉由手機的 MQTT APP 來讓 Arduino 上的蜂鳴器發出聲音，藉此達到遠端呼叫的效果。

Arduino 硬體設定

MQTT 遠端呼叫鈴系統在硬體方面的需求有：

1. 改款自 Arduino UNO 且作為大腦來控制各項硬體的「Motoduino U1」。
2. 配置有蜂鳴器（D9），準備來被遠端控制的「慧手科技 S4A Sensor board」擴充板（訂閱者）。
3. 協助 Arduino 開發板連接 MQTT 伺服器來進行訂閱及接收命令動作的「慧手科技 WiFi Terminal」。
4. 作為命令發送者的 Android 手機（需先安裝「IoT MQTT Dashboard」APP）。

硬體組裝步驟：

Step 01 先將 Motoduino U1 與 S4A Sensor Board 依下圖所示的方式接合在一起。

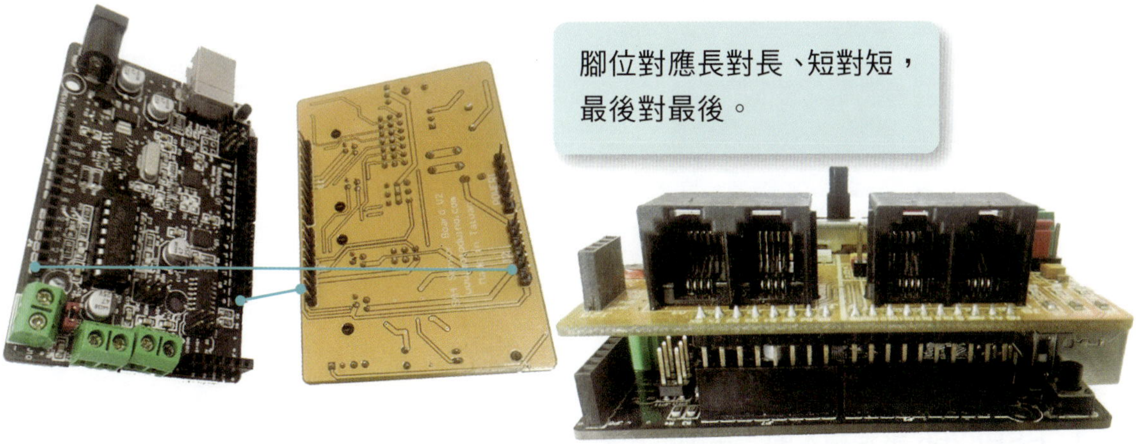
腳位對應長對長、短對短，
最後對最後。

Step 02 WiFi Terminal 以 RJ11 線與 S4A Sensor Board 的 D12/D13 插槽相連接，完成。

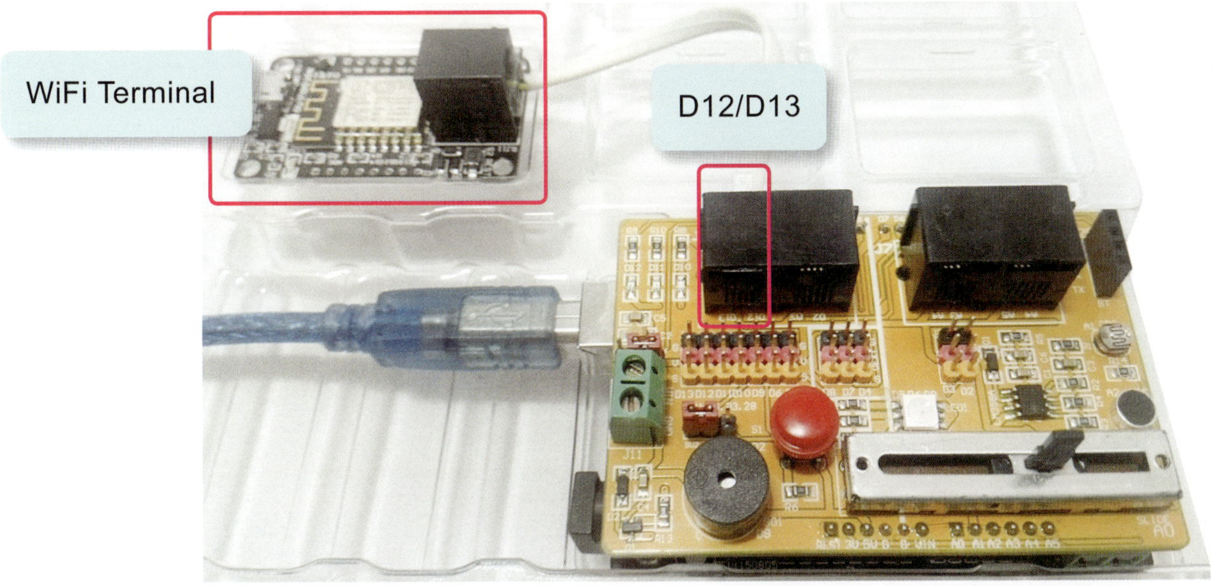
WiFi Terminal
D12/D13

Arduino 圖控程式

由於本範例所使用的 MQTT 伺服器不需要註冊，因此在完成 Arduino 端的硬體組裝後，便可開始透過 motoBlockly 來編寫 Arduino 端的相關程式，藉此來對 MQTT 伺服器進行訂閱以及設定收到訂閱主題後的對應動作。

Step 01 在設定（Setup）積木中初始化 ESP8266 WiFi Terminal 的相關設定。

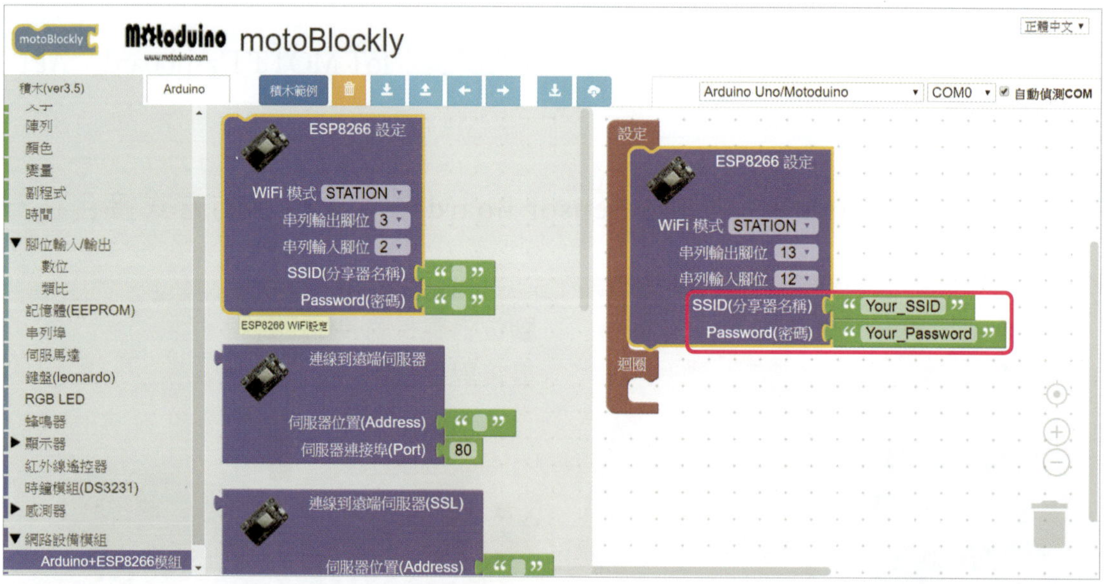

依前面硬體的示範接線所示：

1. ESP8266 設定積木的『串列輸出腳位』請選擇 13(數位腳位 D13)；
2. 『串列輸入腳位』請選擇 12(數位腳位 D12)；
3. 「SSID(分享器名稱)」與「Password(密碼)」則為 ESP8266 準備連線的路由器或無線網路分享器的名稱與密碼，請依實際狀況輸入。

Step 02 用戶端的 Arduino 開發板在開始向 MQTT 伺服器做主題命令的訂閱前，得先連上一個 MQTT 伺服器，因此需使用如下圖紅框處的 MQTT 伺服器連線積木：其中「MQTT Server（伺服器）」參數需填入欲連線的 MQTT 伺服器網址。

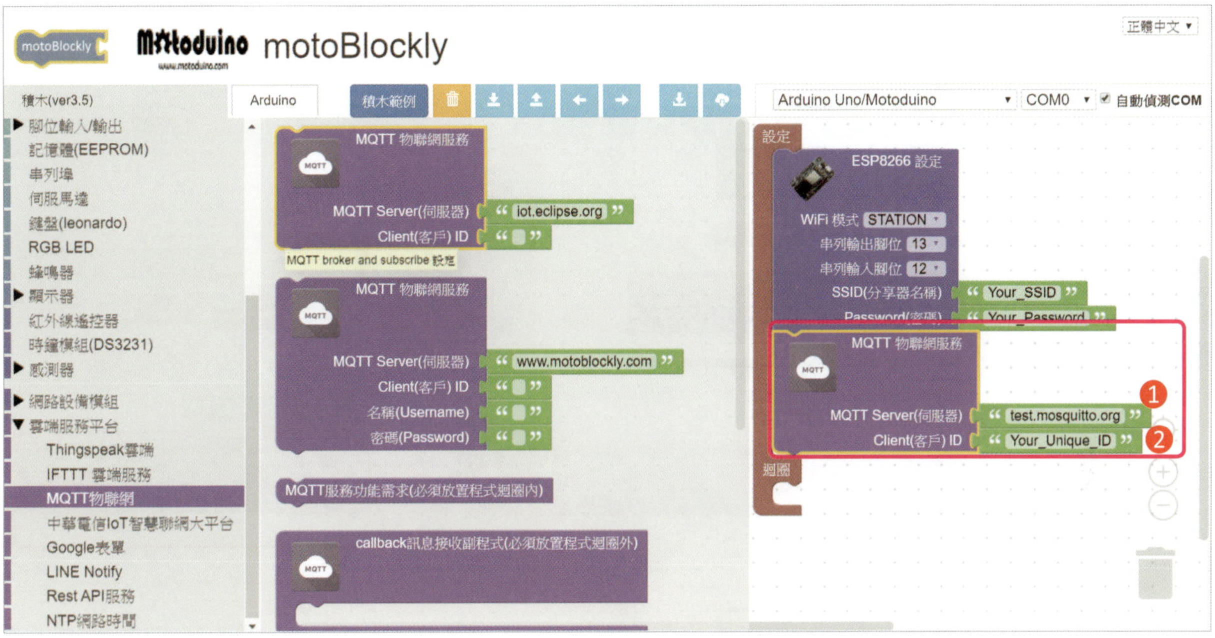

1. motoBlockly 程式積木預設 MQTT Server（伺服器）網址為 test.mosquitto.org；
2. Client(客戶) ID：參數則為了避免與其他人的裝置混淆，請務必設定一個獨一無二的 ID。倘若不知要設定什麼 ID，建議輸入自己的手機號碼即可。

Step 03 接著設定向 MQTT 伺服器訂閱主題命令（Topic）的程式積木。

最後再點亮 Arduino 擴充板 D10 腳位的綠色 LED，使用者便可藉由 Arduino 擴充板左上角的綠色 LED 是否有被點亮，來判斷網路以及 MQTT 伺服器是否已經完成連線（綠色 LED 被點亮即代表連線 OK）。

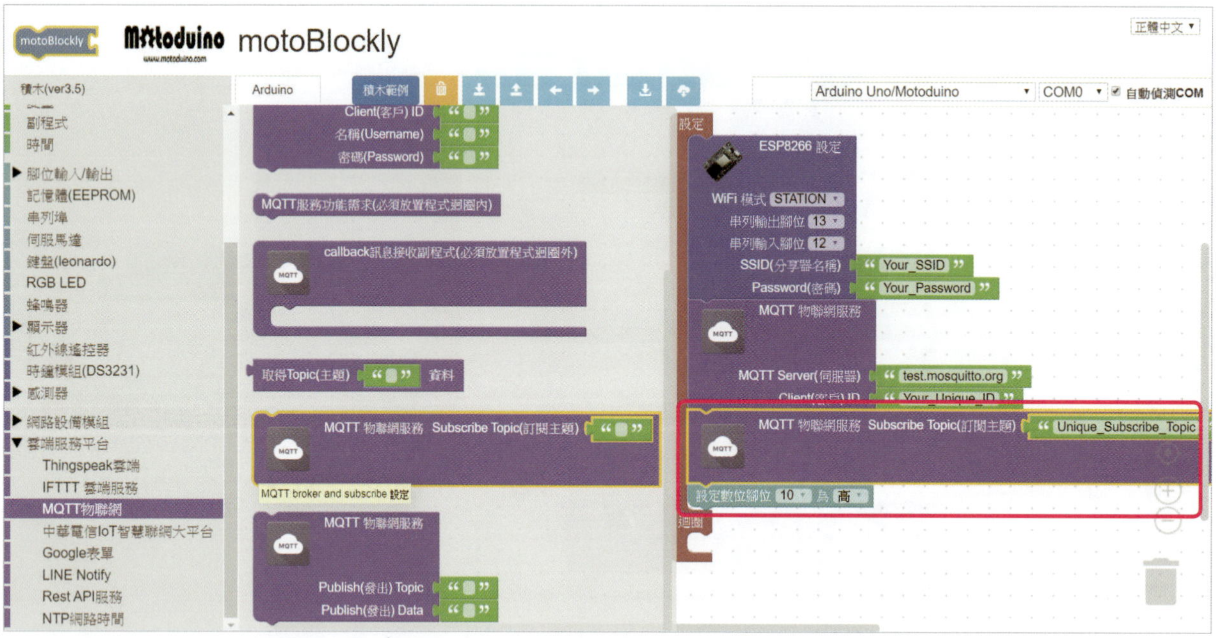

「Subscribe Topic(訂閱主題)」參數：請務必輸入一個獨一無二的半形英數字串，以免容易受到不相干的相同主題命令干擾。

Step 04 由於遠端呼叫鈴需不停地偵測所連結的 MQTT 伺服器是否有傳送發佈者所發佈的訂閱主題命令過來，因此需在迴圈積木（Loop）中加入一塊「MQTT 的服務功能需求（必須放置程式迴圈內，如圖示紅框處）」積木來不斷偵測之。

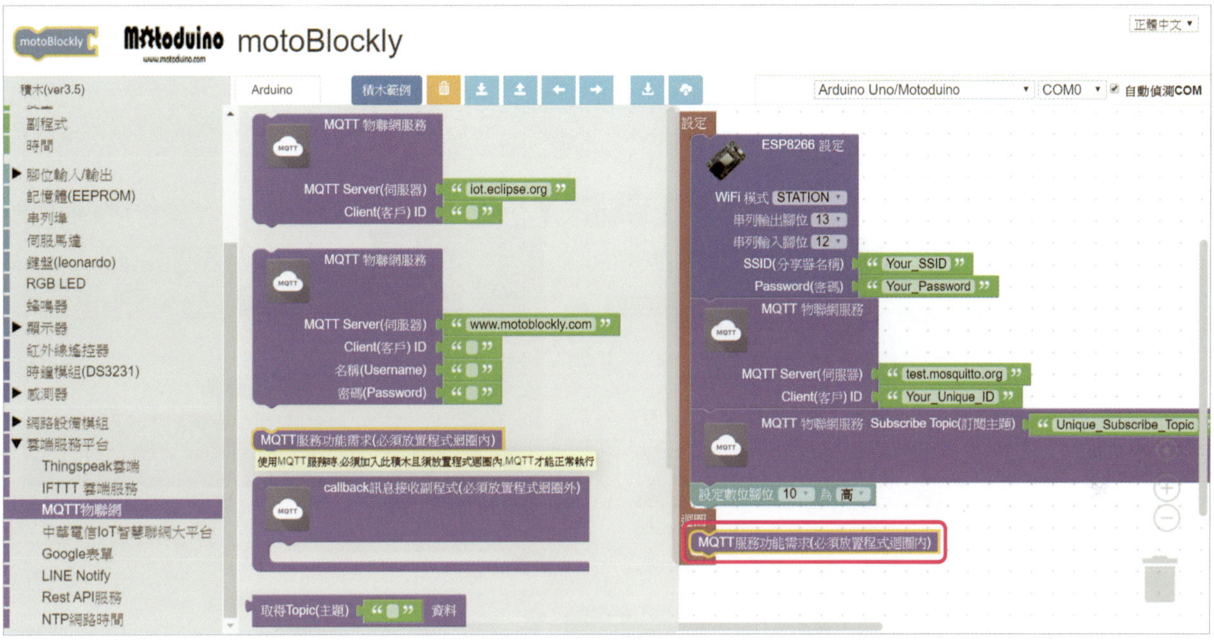

Step 05 由於 Arduino 訂閱者是以 Callback 的方式來執行收到訂閱主題命令後的對應動作，而該 Callback 函式並不屬於設定或迴圈積木的一員，所以需新增一個 MQTT 的「callback 訊息接收副程式」的程式積木來備用（須獨立放置於主程式外）。

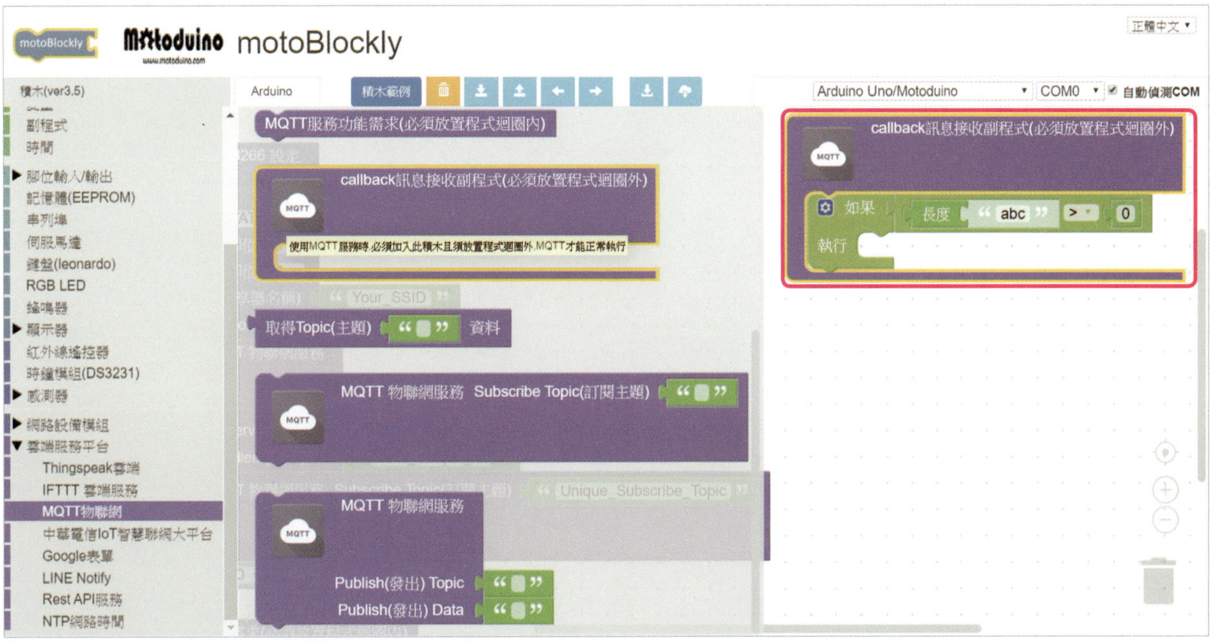

Step 06 和作文一樣，發佈者的 MQTT 主題命令封包內容除了有封包的「主題（Topic）」外，還需要有該封包的「內容（Value）」。因此當 Arduino 訂閱端的 Callback 函式因收到來自發佈者發佈的主題命令而開始執行前，需先判斷所收到的主題命令是否為訂閱者所訂閱。

其判斷方式為：確認所收到的訂閱主題命令中，是否包含有任何內容（即內容長度是否大於 0）。

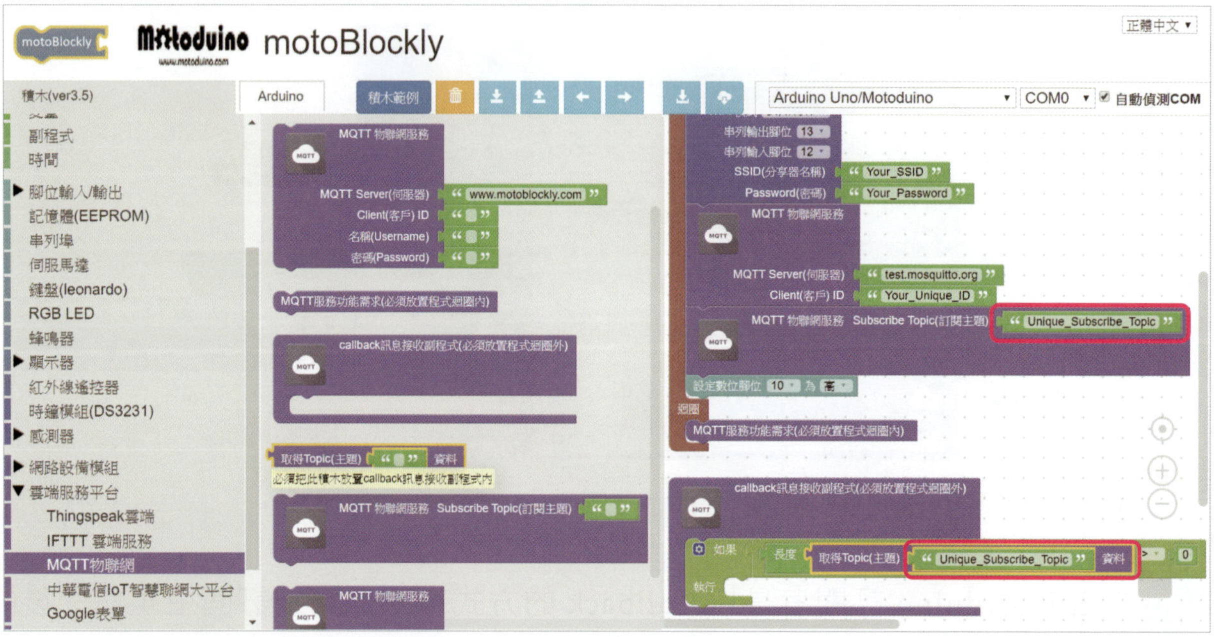

由於要判斷收到的主題命令是否為訂閱的主題，因此兩個紅框裡面的主題請務必設定為完全一模一樣。

Step 07 當訂閱者收到發佈者所發佈的訂閱主題命令後，遠端呼叫鈴需讓蜂鳴器（位於數位腳位 D9）以 1 秒（1000 毫秒）的間隔時間連續發出三次門鈴的聲音。

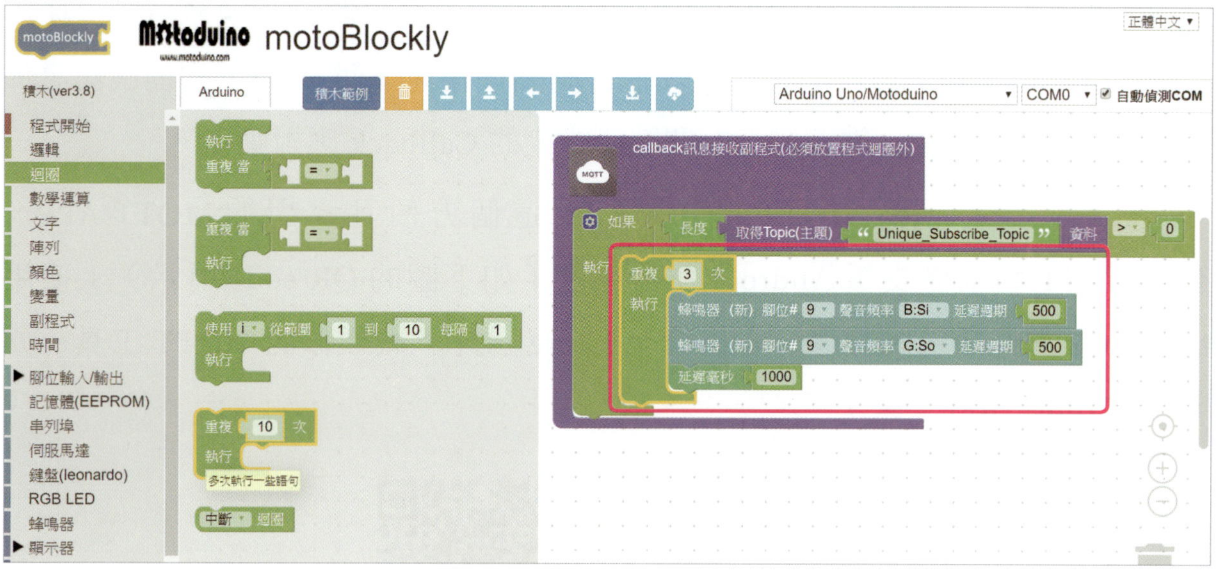
motoBlockly
正體中文
積木(ver3.8)
Arduino
積木範例
Arduino Uno/Motoduino
COM0
自動偵測COM
程式開始
邏輯
迴圈
數學運算
文字
陣列
顏色
變量
副程式
時間
腳位輸入/輸出
記憶體(EEPROM)
串列埠
伺服馬達
鍵盤(leonardo)
RGB LED
蜂鳴器
顯示器
callback訊息接收副程式(必須放置程式迴圈外)
如果 長度 取得Topic(主題) Unique_Subscribe_Topic 資料 > 0
執行 重複 3 次
執行 蜂鳴器 (新) 腳位# 9 聲音頻率 B:Si 延遲週期 500
蜂鳴器 (新) 腳位# 9 聲音頻率 G:So 延遲週期 500
延遲毫秒 1000

在確認所收到的主題命令確實為訂閱者所訂閱的主題之後，加入讓蜂鳴器發出 B:Si、G:So 聲音的程式積木，最後再用重複 3 次的迴圈程式積木包覆之。

Step 08 完整的 Arduino 遠端呼叫鈴系統 motoBlockly 程式碼如下。

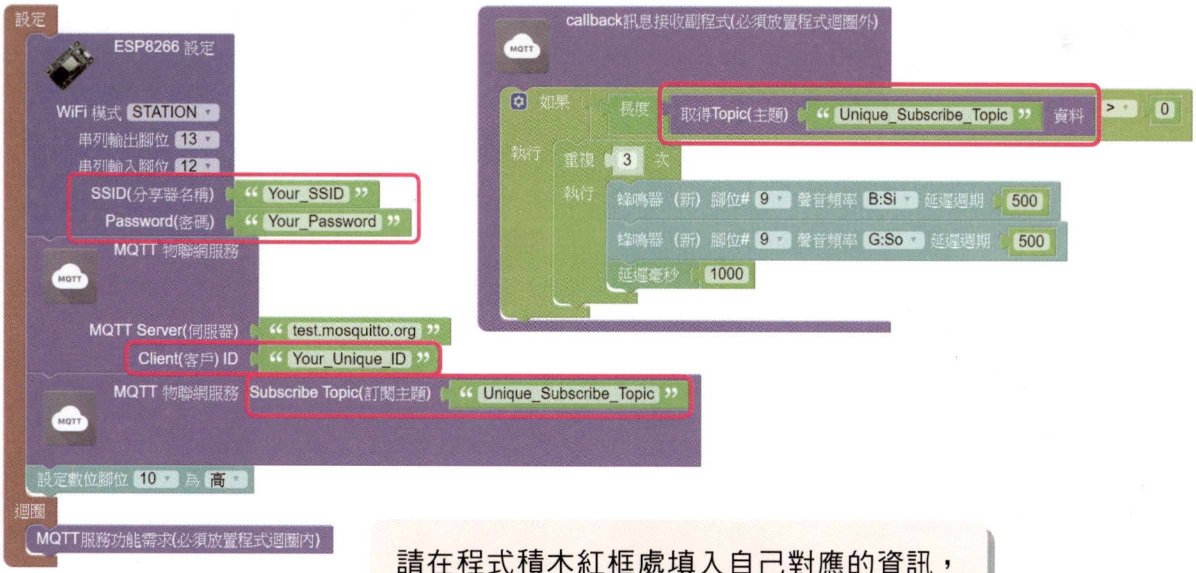
設定
ESP8266 設定
WiFi 模式 STATION
串列輸出腳位 13
串列輸入腳位 12
SSID(分享器名稱) Your_SSID
Password(密碼) Your_Password
MQTT 物聯網服務
MQTT Server(伺服器) test.mosquitto.org
Client(客戶) ID Your_Unique_ID
MQTT 物聯網服務 Subscribe Topic(訂閱主題) Unique_Subscribe_Topic
設定數位腳位 10 為 高
迴圈
MQTT服務功能需求(必須放置程式迴圈內)
callback訊息接收副程式(必須放置程式迴圈外)
如果 長度 取得Topic(主題) Unique_Subscribe_Topic 資料 > 0
執行 重複 3 次
執行 蜂鳴器 (新) 腳位# 9 聲音頻率 B:Si 延遲週期 500
蜂鳴器 (新) 腳位# 9 聲音頻率 G:So 延遲週期 500
延遲毫秒 1000

請在程式積木紅框處填入自己對應的資訊，遠端呼叫鈴系統的程式才能正常的運作。

手機 APP 的設定

當 Arduino 遠端呼叫鈴向 MQTT 伺服器訂閱準備接收的主題命令後，使用者便可以在遠端利用自己的手機或其他行動裝置向同一個 MQTT 的伺服器發佈訂閱端所訂閱的主題，進而觸發訂閱端所設定的 Callback 應對動作。

接下來介紹「IoT MQTT Dashboard」這個方便且實用的 MQTT APP，不過該 APP 目前僅支援 Android 作業系統（如下圖的 QR code 所示）；使用 Apple iOS 作業系統的讀者，可自行至 iStore 另外下載類似的 MQTT 工具（如「MQTTool」APP）來使用。

「IoT MQTT Dashboard」APP 是一款免費又容易使用的 Android 手機應用程式，其相關的設定流程如下：

Step 01 如下圖所示：

1. 下載並安裝好 IoT MQTT Dashboard 後，一開始進入時會看到空無一物的畫面。
2. 這時點選右下角的「+」按鈕來新增欲連線的 MQTT 伺服器。

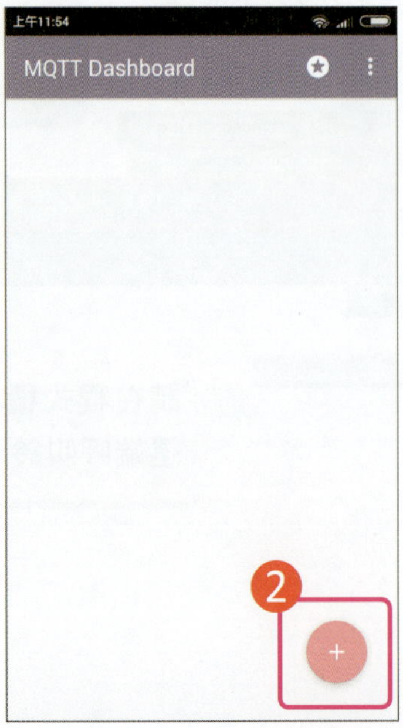

Step 02 如下圖紅框處所示，APP 在設定欲連線的 MQTT 伺服器的流程如下：

❶ **填入手機「Client ID」欄位**：

由於手機發佈端與 Arduino 訂閱端對 MQTT 伺服器而言是兩個不同的裝置，因此 APP 中的 Client ID 絕對不能與 Arduino 端設定的 Client ID 相同，必須設定另一個獨一無二的 ID（例如將自己的手機號碼倒過來輸入）。

❷ **APP 設定中的「Server」欄位**：需填入欲連線的 MQTT 伺服器，此處填入的伺服器網址需與 Arduino 遠端呼叫鈴設定的網址相同，這樣手機發佈的主題命令才能順利送達訂閱端，因此此處網址便設定為 test.mosquitto.org（如圖示）。

❸ **「Port」欄位**：填入不需帳密的 1883 Port 即可。

❹ 完成後便可按下 APP 右上角的「CREATE」字樣來完成手機連線 MQTT 伺服器的設定。

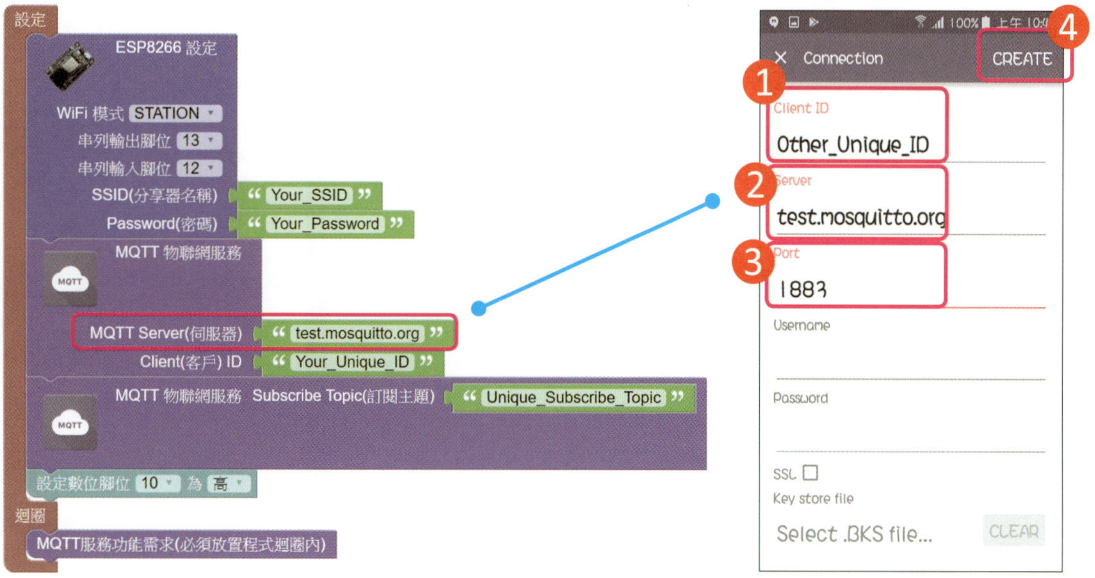

Step 03 如下圖所示，完成 MQTT 伺服器的設定後：

❶ 點選剛剛 MQTT 伺服器建立的伺服器選項來進行連線。

❷ MQTT 伺服器的連線成功，則 APP 會顯示出如下圖中上方的「Connected to test.mosquitto.org」字樣。若連線失敗則會顯示「Error」，此時請先檢查步驟 2 的「Server」欄位有無設定錯誤。若出現「Connecting」則表示與 MQTT 伺服器連線中；「Disconnected」則代表已與伺服器斷線。

手機在遠端呼叫鈴系統扮演發佈者的角色，因此請如圖中箭頭所示點選「PUBLISH」區塊的「+」選項。

❸ 如下圖右箭頭處所示，點選「Button」（按鈕）選項，並將此 Button 作為發佈主題命令的觸發介面。

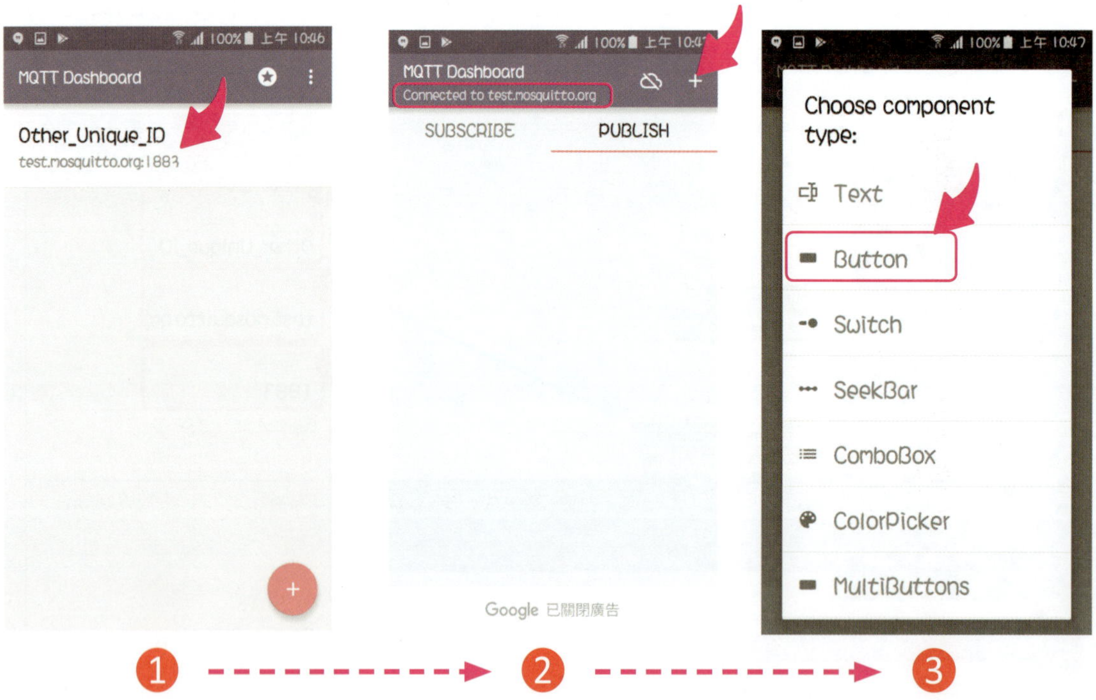

Step 04 設定「Button」介面的各項內容，其中「Topic」與「Value to publish」為必填的欄位：APP 的「Topic」欄位需與 Arduino 訂閱端所訂閱的主題一模一樣（因此下圖中的三個紅框處內容均需相同）。

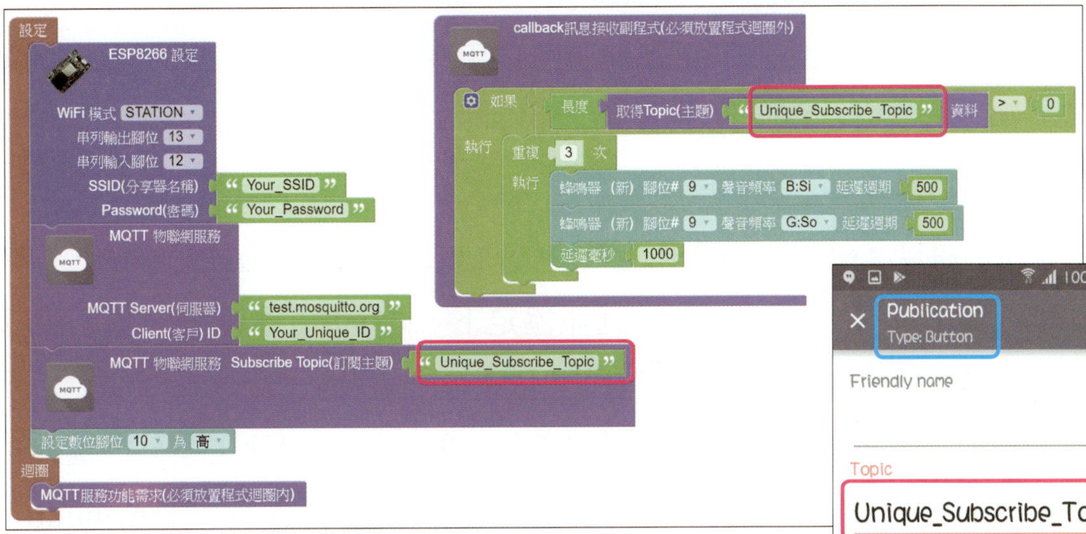

Publication 設定裡的「QoS」與「Retained」欄位可先維持原本「0」及「沒有勾選」的預設狀態，其實際功用在後面的章節會再為大家介紹。

「Button text」欄位雖然可填可不填，但為了日後方便知道該按鈕的功能，因此本處會填入「遠端呼叫鈴」的字樣。

主題命令的內容「Value to publish」雖然是必填欄位，但在此範例中填入什麼內容並不重要，因此可隨意輸入此欄位內容 (本例將其設為 "Buzzer"，讀者可依自己喜好來設定)。

Step 05 至此，整個遠端呼叫鈴發佈端的 APP 已全部設定完畢，當 Arduino 訂閱端與 APP 均成功連線至 MQTT 伺服器後（此時 APP 畫面會如右圖紅框處所示，出現「Connected to test.mosquitto.org」的字樣），點下 APP 上的「遠端呼叫鈴」按鈕。

遠端呼叫鈴系統展示影片：

https://youtu.be/watch?V=qbGzx7dHX1o

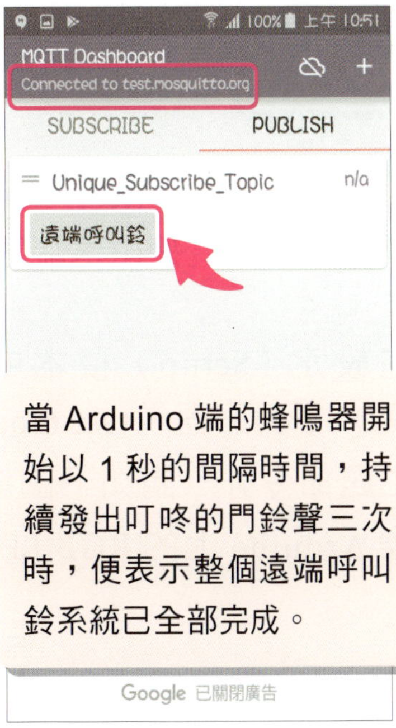

當 Arduino 端的蜂鳴器開始以 1 秒的間隔時間，持續發出叮咚的門鈴聲三次時，便表示整個遠端呼叫鈴系統已全部完成。

3-5 MQTT 實作應用 II – 遠端呼叫鈴及 LED 開關系統

在一般的家庭中，除了電視、冷氣還有一些電風扇有著無線遙控的功能之外，便較少看到其他的可遙控電器，更遑論是可以用手機開關的電燈。但如果是在冷颼颼的冬夜裡，若能有一個可以不必離開暖呼呼的被窩就能控制的電燈，相信可以造福不少怕冷的民眾。

因此本範例將以 Arduino 擴充板上的 RGB LED 作為手機遙控的標的，同時為了驗證本章一開始所言：在 MQTT 的通訊協定下，同一用戶端可以同時訂閱多個不同的主題命令。因此本練習將會把新的程式碼建構在前一個遠端呼叫鈴主題的程式之上；意即 Arduino 訂閱端除了原本所訂閱的遠端呼叫鈴主題外，還會再多訂閱一個可遠端開關 LED 的 MQTT 主題。完成後，訂閱受控端（即 Arduino）便可同時具備遠端遙控呼叫鈴及 LED 開關的功能。

Arduino 硬體設定

由於慧手科技的 S4A Sensor board 同時具備 MQTT 遠端遙控系統所需的蜂鳴器與 RGB LED（D5、D6、D9），因此本範例的硬體零件組裝方式請參考遠端呼叫鈴系統即可，此處便不再贅述。

Arduino 圖控程式

由於遠端 LED 開關系統將同時具備上一節的遠端呼叫鈴功能，因此其 Arduino 程式碼將直接由遠端呼叫鈴的程式碼來繼續擴展，其流程如下：

Step 01 在設定（Setup）積木中初始化 ESP8266 WiFi Terminal 並連上指定的 MQTT 伺服器（test.mosquitto.org）後，除了原本遠端呼叫鈴所訂閱的主題命令外，請如下圖紅框處所示，再多訂閱一組新的主題命令用以遙控 Arduino 上的 RGB LED。

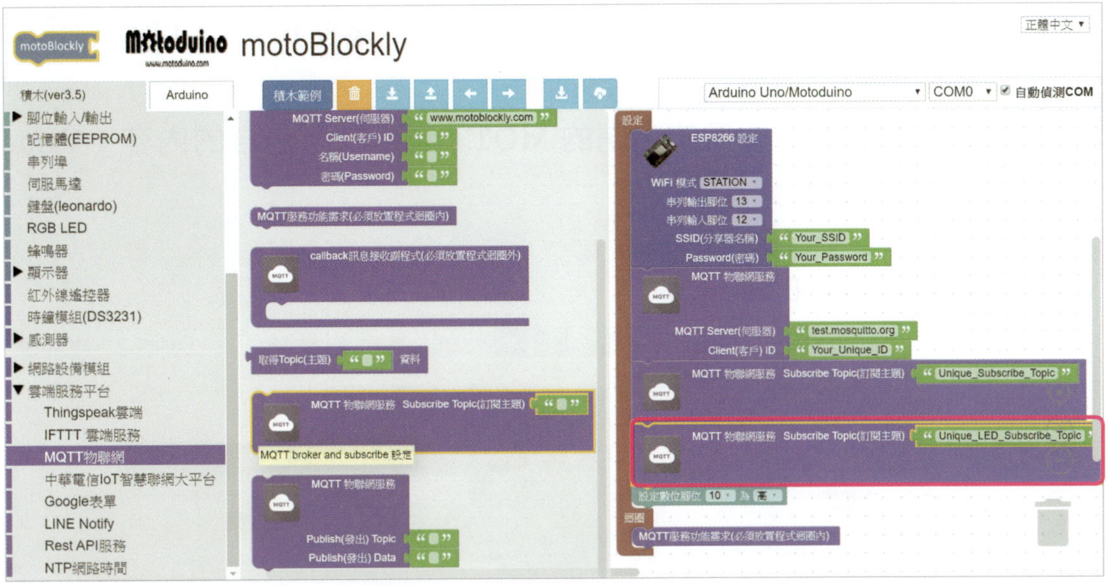

注意

新的 RGB LED 遙控主題命令也是需要一個獨一無二的半形英數字串，絕對要和原本遠端呼叫鈴所訂閱的主題命令有差異，本例將該主題命令設為「Unique_LED_Subscribe_Topic」，至此便完成遠端遙控系統主程式的部分。

Step 02 接著介紹 Callback 函式：

1. 首先需保留遠端呼叫鈴收到訂閱主題命令後要做的應對動作。
2. 接著再由所收到的訂閱主題命令中，經由檢查內容長度是否大於 0，判斷是否有收到新的訂閱主題命令；若有，便加入新的應對動作。

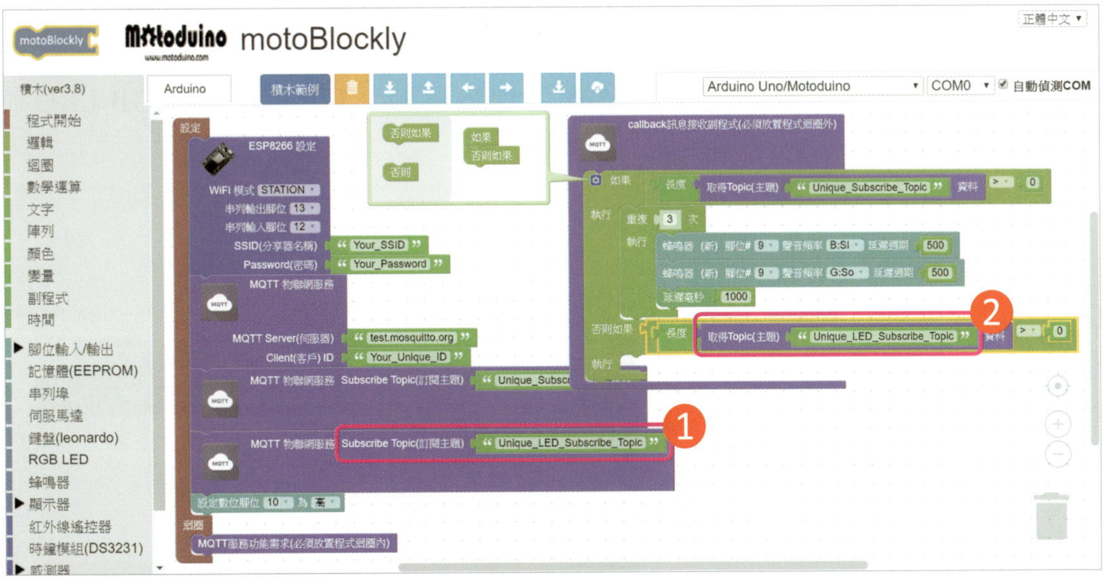

由於要判斷收到的主題命令是否為新訂閱的主題，因此兩個紅框裡面的主題請務必設定成一模一樣。

Step 03

如何在只多一個訂閱主題命令的狀況下同時來控制 RGB LED 的「開」與「關」兩個動作呢？

最簡單的方法便是透過該主題的 MQTT 封包中所包含的內容（Value）來決定 RGB LED 的開或關。

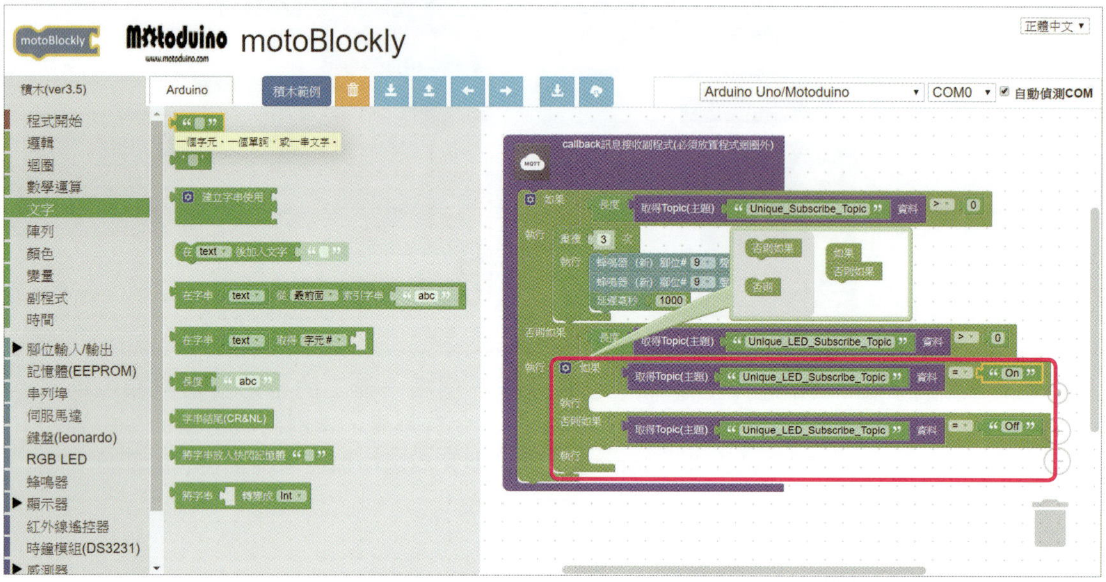

在取得所訂閱的 LED 主題命令後，再新增判斷積木來個別處理不同的封包內容。

Step 04

如下圖紅框處所示：

本範例設定當所收到的主題命令封包內容為「On」時 ⇒ RGB LED 點亮；而封包內容為「Off」時 ⇒ 關閉 LED。

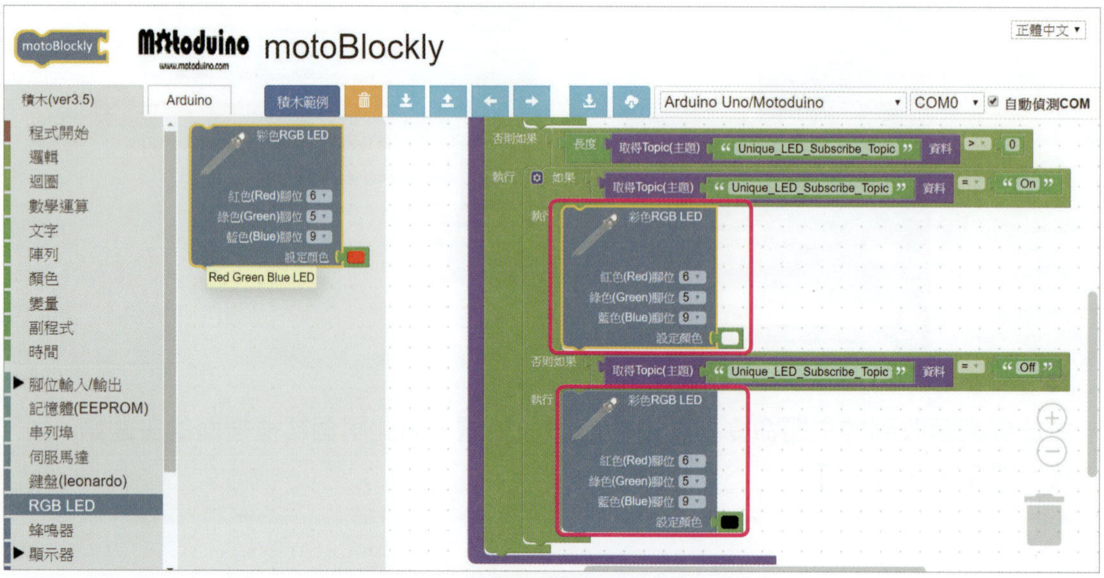

Step 05 完整的 Arduino 遠端呼叫鈴及 LED 開關系統 motoBlockly 程式碼如下圖所示。

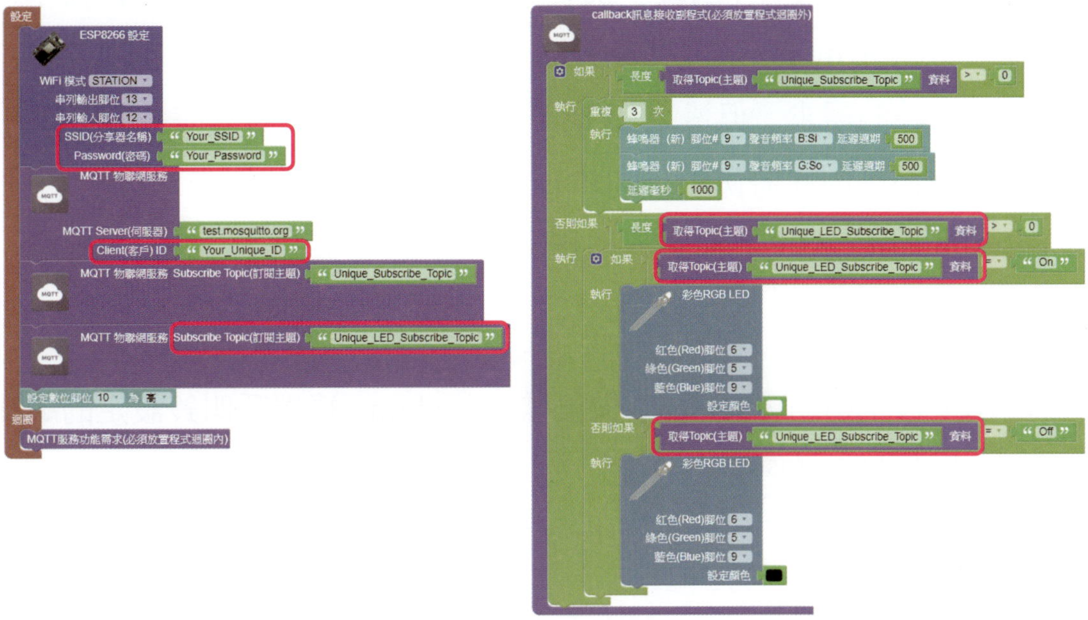
設定
ESP8266 設定
WiFi 模式 STATION
串列輸出腳位 13
串列輸入腳位 12
SSID(分享器名稱) Your_SSID
Password(密碼) Your_Password
MQTT 物聯網服務
MQTT Server(伺服器) test.mosquitto.org
Client(客戶) ID Your_Unique_ID
MQTT 物聯網服務 Subscribe Topic(訂閱主題) Unique_Subscribe_Topic
MQTT 物聯網服務 Subscribe Topic(訂閱主題) Unique_LED_Subscribe_Topic
迴圈
MQTT服務功能需求(必須放置程式迴圈內)
callback訊息接收副程式(必須放置程式迴圈外)
如果 長度 取得Topic(主題) Unique_Subscribe_Topic 資料 > 0
執行 重複 3 次
蜂鳴器 (新) 腳位# 9 聲音頻率 B:Si 延遲週期 500
蜂鳴器 (新) 腳位# 9 聲音頻率 G:So 延遲週期 500
延遲毫秒 1000
否則如果 長度 取得Topic(主題) Unique_LED_Subscribe_Topic 資料 > 0
執行 如果 取得Topic(主題) Unique_LED_Subscribe_Topic 資料 = On
彩色RGB LED
紅色(Red)腳位 6
綠色(Green)腳位 5
藍色(Blue)腳位 9
設定顏色
否則如果 取得Topic(主題) Unique_LED_Subscribe_Topic 資料 = Off
彩色RGB LED
紅色(Red)腳位 6
綠色(Green)腳位 5
藍色(Blue)腳位 9
設定顏色

請在程式積木紅框處填入自己對應的資訊，遠端呼叫鈴及 LED 開關系統的程式才能正常的運作。

手機 APP 的設定

在配合 Arduino 遠端呼叫鈴系統的 MQTT APP 中，由於 APP 僅需單純地發送出一個命令給 Arduino 來觸發蜂鳴器，因此 APP 僅需建立一顆「按鈕」的介面便可達到遙控的需求。但遠端 LED 開關系統需要一個可同時控制 LED「開」與「關」的介面，因此需使用「Switch」（開關）來取代原先的按鈕。其「IoT MQTT Dashboard」APP 的設定流程如下：

Step 01 如下圖所示：

❶ APP 設定中的「Server」欄位需與 Arduino 遠端呼叫鈴設定的網址相同（均為 test.mosquitto.org）。

❷ 完成後按下右上角的「CREATE」儲存即可。

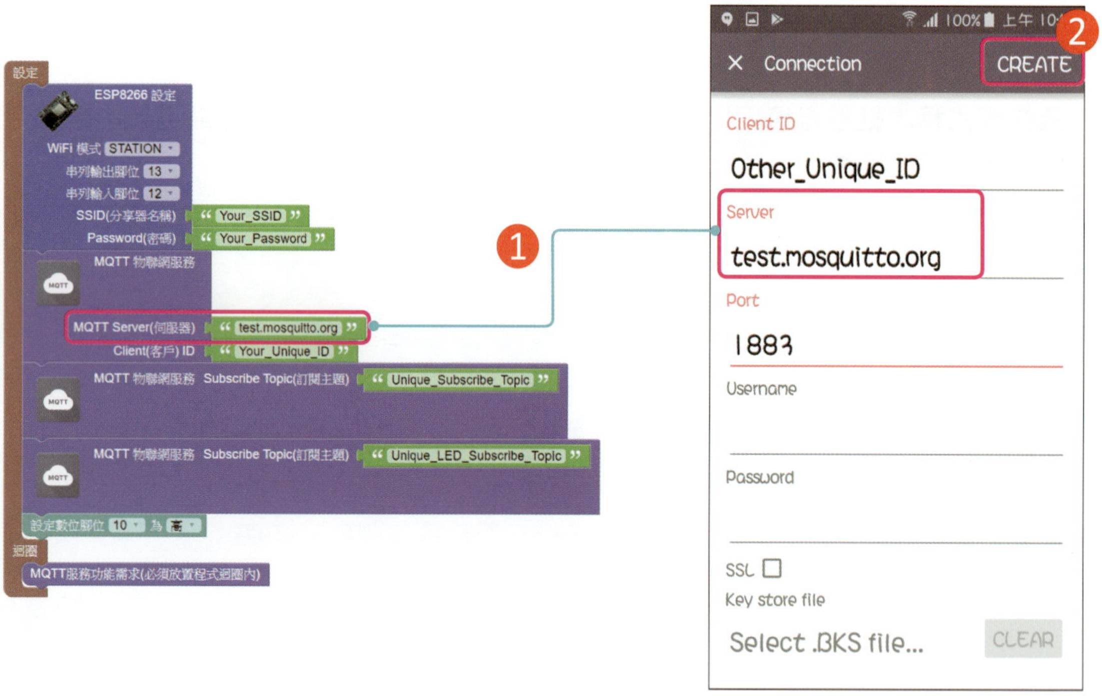

Step 02 如下圖所示：

❶ 完成 MQTT 伺服器的設定後，請點選剛剛才建立的伺服器選項來進行連線。

❷ 由於手機在遠端 LED 開關系統一樣是扮演發佈者的角色，因此請如下圖中箭頭所示點選「PUBLISH」區塊的「+」選項。

❸ 下圖右箭頭處所示，點選「Switch」（開關）選項，將其作為發佈 LED 主題命令的觸發介面。

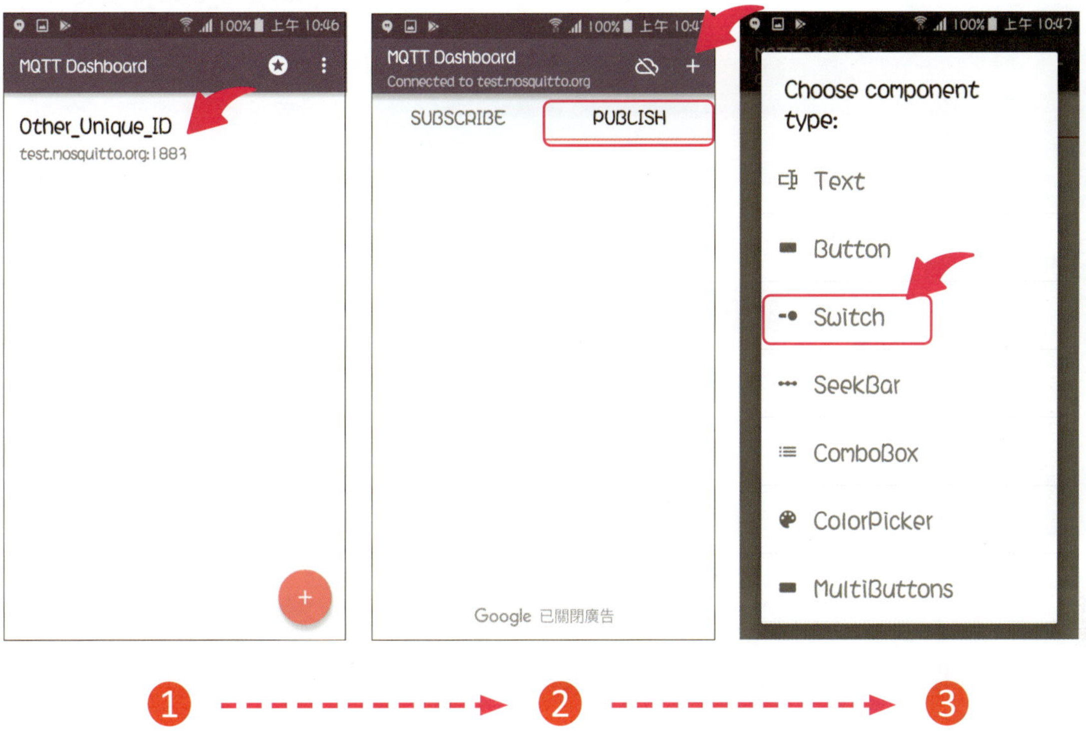

Step 03 接著設定「Switch」介面的各項內容：APP 的「Topic」欄位需與 Arduino 訂閱端所訂閱的主題一模一樣（因此下圖的四個紅框處內容均需相同）。

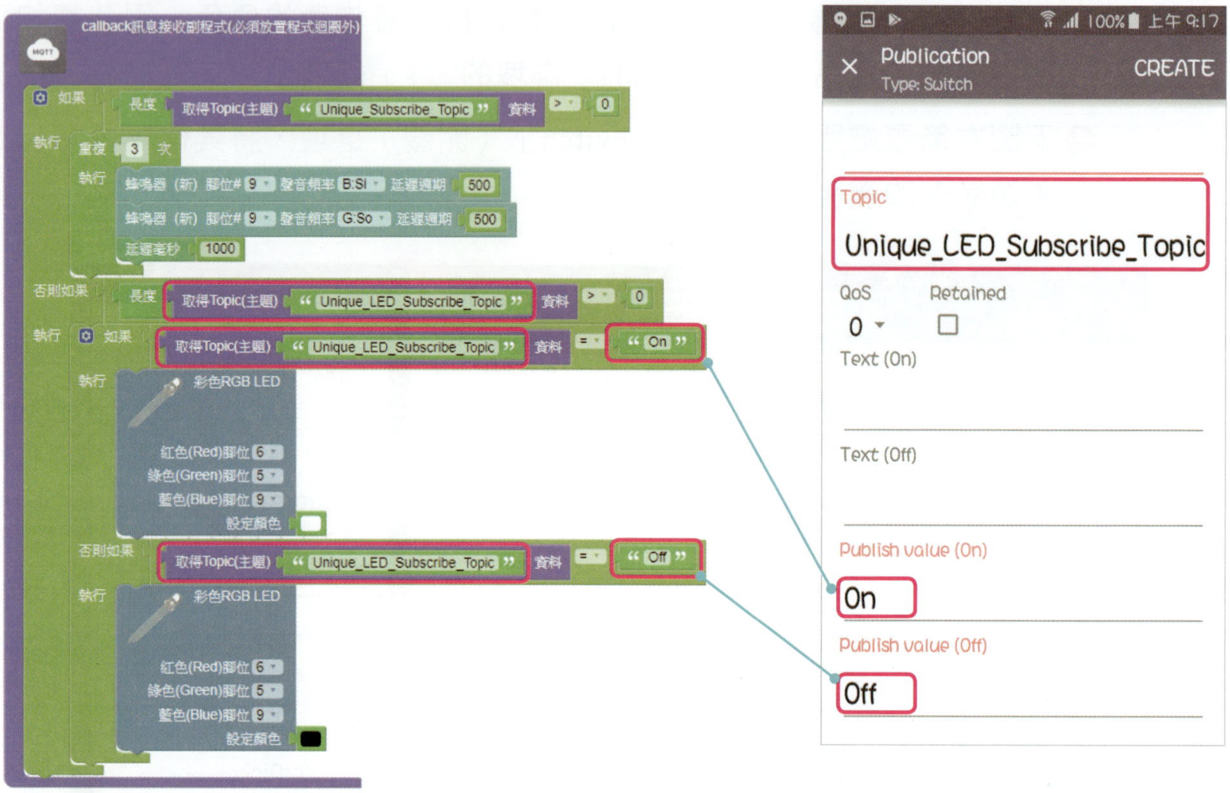

主題命令的內容「Publish value(On)」與「Publish value(Off)」須和 Arduino 程式碼設定的相同 (即「Publish value(On)」設定為 On，「Publish value(Off)」設定為 Off)。

Step 04 至此，整個遠端呼叫鈴及 LED 開關系統發佈端的 APP 便已設定完畢。

❶ 當 Arduino 訂閱端與 APP 均成功連線至 MQTT 伺服器後，點下 APP 上的「遠端呼叫鈴」按鈕時，Arduino 端的蜂鳴器會以 1 秒的間隔時間連續發出門鈴聲三次。

❷ 若是將圖中箭頭處的開關移動至 On 的位置，Arduino 端的 RGB LED 便會被點亮；而當開關移動至 Off 的位置後，RGB LED 便會熄滅。

遠端呼叫鈴及 LED 開關系統展示影片：

https://youtu.be/JFODroZ0ayk

MQTT 的 QoS 與 Retained

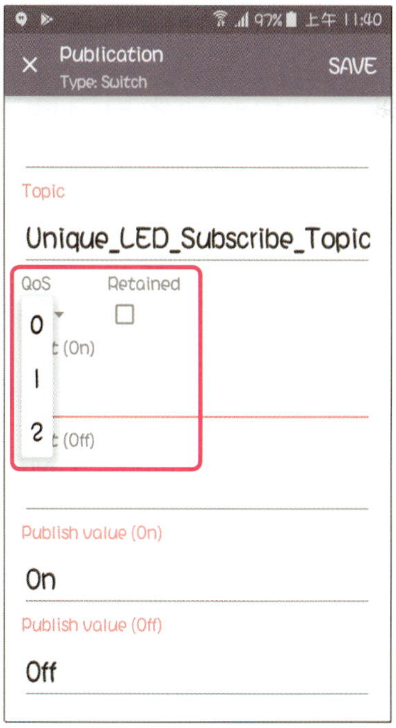

如上圖所示，在前面兩個練習的 MQTT APP 發送端設定畫面中，不管選擇的觸發介面為何，都可看到其中的設定均包含了「QoS」與「Retained」兩個欄位。

■ QoS

其中的「QoS」欄位代表著 MQTT 伺服器與各用戶端之間的 MQTT 訊息傳遞服務品質（Quality of Service），共有 0、1、2 三種不同的服務品質可供選擇，其代表的服務內容如下：

0 - 最多一次（at most once）

如同實體寄信的平信一般，主題命令發佈端僅僅負責將 MQTT 的訊息發送出去，並不關心這封訊息最後是否有傳遞到主題命令訂閱者的手中。一旦網路問題造成訂閱端的訊息漏接，發佈端也不會再重新發送一個訊息封包給訂閱者（即最多只發出這一次訊息）。換句話說，不管訂閱者是否有收到 MQTT 的訊息，發佈端就是只發出這次的訊息就算已完成命令發佈的使命。

1 - 最少一次（at least once）

如同實體寄信的掛號信一般，主題命令發佈端在將 MQTT 的訊息發送出去之後，便會開始等待主題命令訂閱者收到訊息後所回傳的確認封包。若在一定時間內沒有收到來自訂閱者的確認封包，發佈端將會再次發出同樣的主題命令，直到收到來自訂閱者的確認封包為止。換句話說，在收到來自訂閱者的確認封包前，發佈端會在相隔一段時間後，持續地發佈同樣的訊息封包出去（即最少發出一次訊息），因此訂閱者可能會因為網路壅塞或確認封包較晚送達給發佈者的緣故，而同時收到好幾個相同命令主題與內容的 MQTT 封包。

2 - 確保一次（exactly once）

用戶發佈端與 MQTT 伺服器間會以封包多次來回確認的方式，確保能將發佈端每次所發送的訊息，準確地送至主題命令訂閱者的手中，即使是在網路壅塞的狀況下，發佈端既不需發送第二次相同的 MQTT 訊息，訂閱端也不會收到兩個以上的相同封包。雖說此種服務品質可以確保所發出的主題命令可以準確地送到訂閱者手中，但發佈端與 MQTT 伺服器間來回頻繁地確認流程，其實也會花費相對更多的流量與時間，所以建議使用者還是要斟酌自身使用的狀況來選用適當的 QoS 為佳。

■ Retained

另外的「Retained（保留）」欄位則是代表是否需要 MQTT 伺服器保留發送端所發送的最後一個命令主題（MQTT 伺服器只會代為保留最後、最新的那一筆，並非保留所有的命令主題）。一旦選擇保留訊息，之後加入的新訂閱者與重新連線的舊訂閱者，均會收到來自 MQTT 伺服器保留的最後一筆命令主題訊息。

以遠端 LED 開關系統為例：

1. 當不勾選「Retained」欄位，且利用 APP 上的 Switch 開關點亮 LED 後，再重新插拔 USB 傳輸線讓 Arduino 的系統重啟，此時即便 APP 上的 Switch 仍是停留在 On 的狀態下，但剛連上 MQTT 伺服器的 Arduino LED 依然會是熄滅的狀態。
2. 若是先勾選了「Retained」欄位，再將 APP 上的 Switch 開關開啟點亮 LED，此時即便讓 Arduino 重啟，Arduino 在連上 MQTT 伺服器後便會立即接收到之前所保留的 On 的訊息，進而自動點亮 LED。

3-6 MQTT 實作應用 III – Arduino 遠端傳訊系統

做完前面的兩個實作練習後，相信大家對 MQTT 協定的設定與運作方式應該都有了初步的理解。不過前面的練習，都是把 Arduino 開發板當成是接收主題命令的訂閱者、而手機則是發出命令的發佈者來操作。

因此本練習將反其道而行，讓使用者可以藉由按下改為擔任發佈端的 Arduino 擴充板按鈕，來發佈指定的訊息到改為訂閱端的手機 APP 上，藉此做出一套可以跨域傳送文字訊息的遠端傳訊系統。

Arduino 硬體設定

MQTT 遠端傳訊系統在硬體方面的需求有：

1. 作為大腦來控制各項硬體的「Motoduino U1」。
2. 配置有按鈕（D2）、LED（D10），準備來遠端發送訊息的「慧手科技 S4A Sensor board」擴充板（發佈者角色）。
3. 協助 Arduino 開發板連接 MQTT 伺服器來進行網路傳送命令動作的「慧手科技 WiFi Terminal」。
4. 安裝有「IoT MQTT Dashboard」APP 的 Android 手機（訂閱者角色）。

Arduino 硬體組裝步驟

由於慧手科技的 S4A Sensor board 已同時具備 MQTT 遠端傳訊系統所需的命令發佈按鈕（D2）與連線指示 LED（D10），因此本範例的硬體零件組裝方式與前面兩個 MQTT 範例相同，此處不再贅述。

Arduino 圖控程式

由於本範例中 Arduino 開發板所扮演的角色將由之前的主題訂閱者轉換成命令發佈者，因此在 motoBlockly 編寫程式時，其所使用的 MQTT 圖控程式積木便會有所不同。其程式堆疊的流程如下：

Step 01 在設定（Setup）積木中初始化 ESP8266 WiFi Terminal 的相關設定。包括 WiFi Terminal 連接至 Arduino 擴充板的腳位（ESP8266 設定積木的「串列輸出腳位」請選擇 13（數位腳位 D13）、「串列輸入腳位」請選擇 12（數位腳位 D12）。

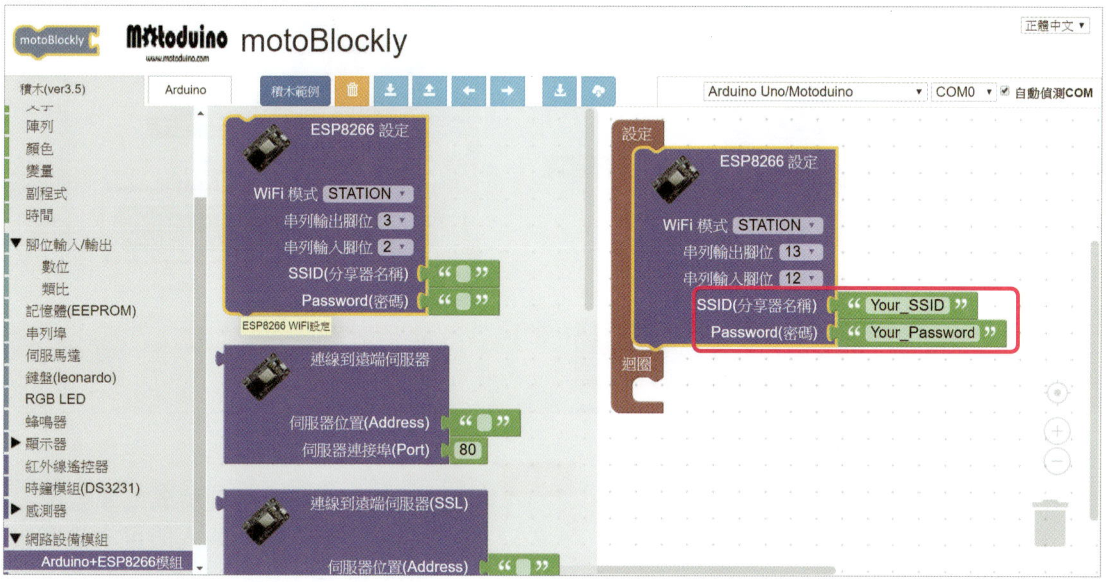

「SSID（分享器名稱）」與「Password（密碼）」則為 ESP8266 準備連線的路由器或無線網路分享器的名稱與密碼，請依個人實際狀況輸入。

Step 02 用戶端的 Arduino 開發板在準備向 MQTT 伺服器做主題命令的發佈前，一樣得先與訂閱端的用戶連接至同一個 MQTT 伺服器。因此需使用如下圖紅框處的 MQTT 伺服器連線積木。

其中「MQTT Server（伺服器）」參數需填入欲連線的 MQTT 伺服器網址（motoBlockly 程式積木預設網址為 test.mosquitto.org）；而「Client（客戶）ID」欄位則為了避免與其他人的裝置混淆，請務必填寫一個獨一無二的半形英數字串（範例此處設為「Your_Unique_ID」。

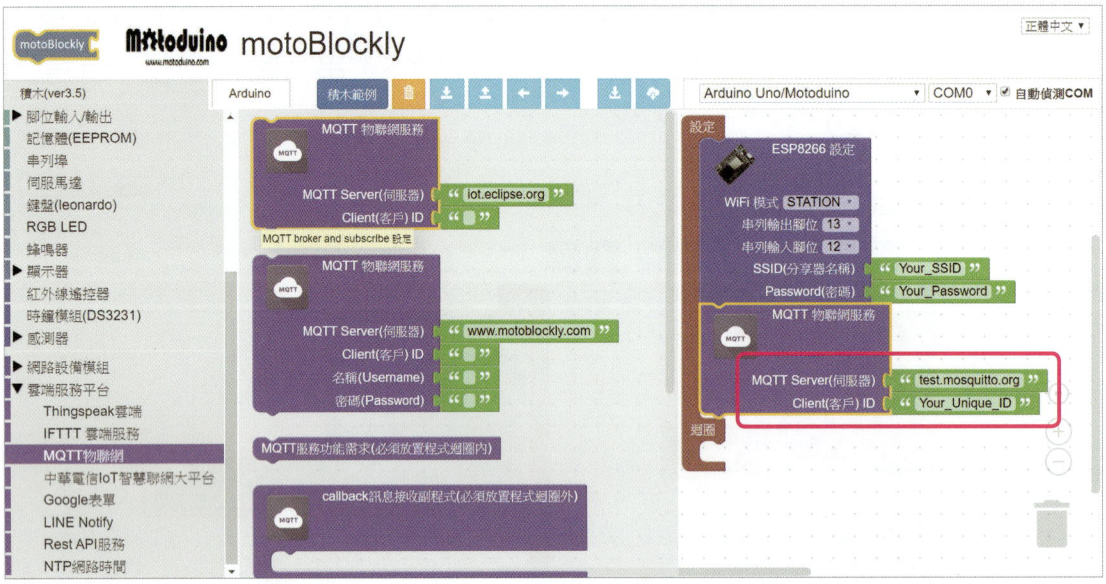

注意
建議可輸入自己的手機號碼或學號…等，或依自己的喜好輸入即可，此欄位並不支援半形英數外的他國語言。

Step 03

本遠端傳訊系統在每次按下 Arduino 擴充板上的按鈕時，Arduino 便會透過 MQTT 協定發送一則特定訊息給對應的主題命令訂閱端（本例為 Android 手機）。由於此系統在按鈕後所傳送的均是相同訊息，為確定每次按下 Arduino 按鈕後均會發出 MQTT 訊息，因此會宣告一個 int 整數型態的變量 i 來做為計數工具。

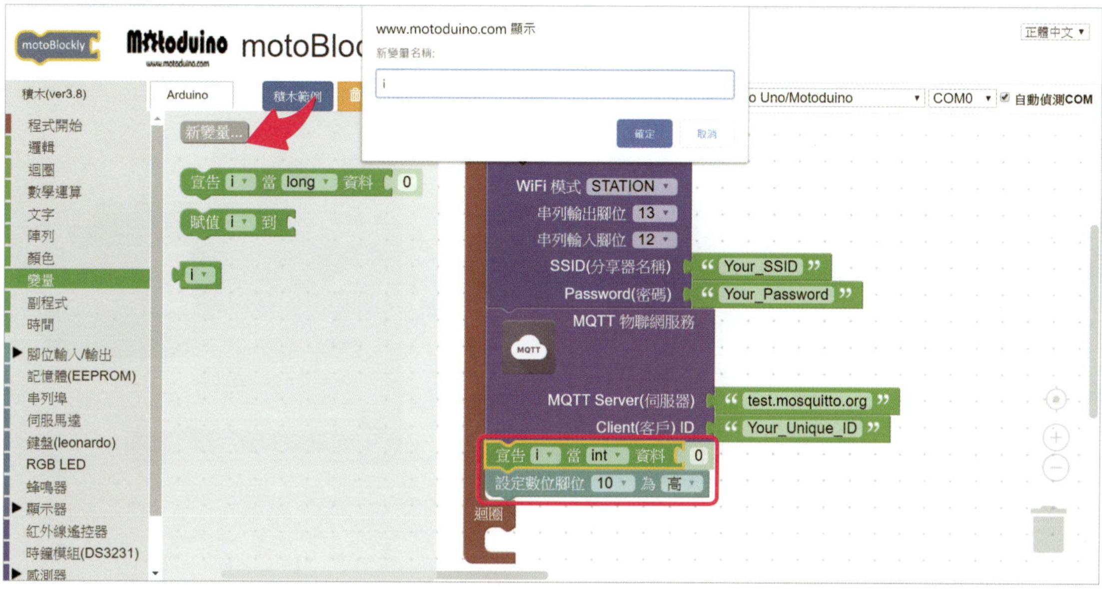

另外在設定積木（Setup）中最後會加上一個點亮 D10 腳位 LED 的程式積木，藉以作為網路與 MQTT 伺服器連線以及變量宣告等動作完成時的提示燈號。

Step 04

如下圖紅框處所示，在 motoBlockly 圖控式的 Arduino 程式編輯軟體中，不管是做為 MQTT 訂閱還是發佈端，都需要在迴圈積木（Loop）中加入一塊對應的「MQTT 的服務功能需求（必須放置程式迴圈內）」積木，一旦忘記添加此積木，程式於上傳編譯時便會失敗。

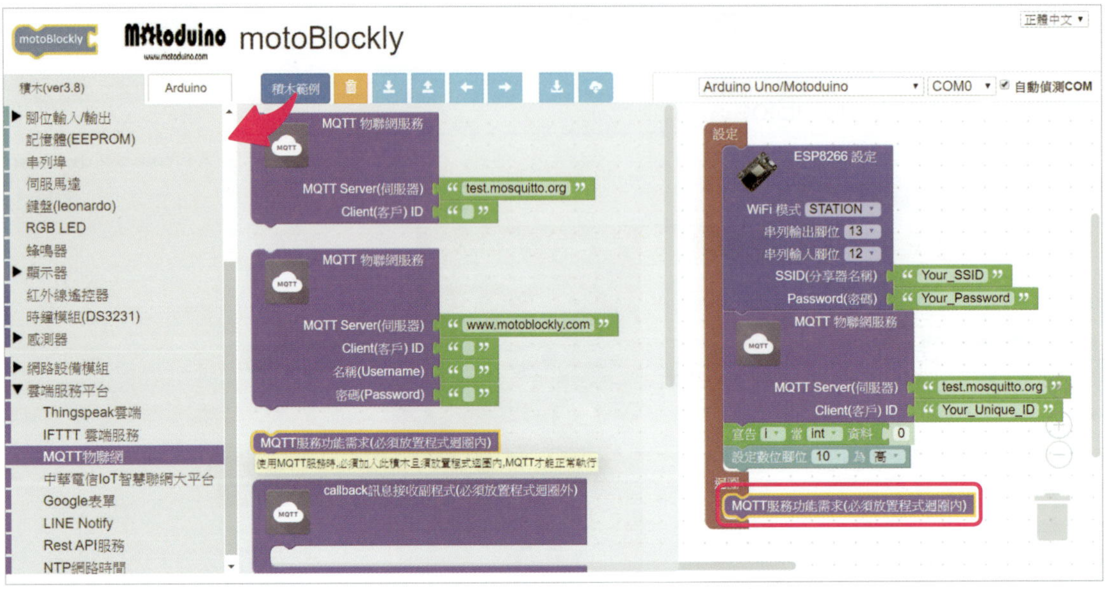

Step 05

接著需在迴圈中不斷偵測位在 Arduino 擴充板上的 D2 腳位按鈕是否有被按下，一旦按鈕被按下，首先便要把作為指示燈號的 D10 腳位 LED 關閉，並將記錄按鈕被按下次數的變量 i 加 1。

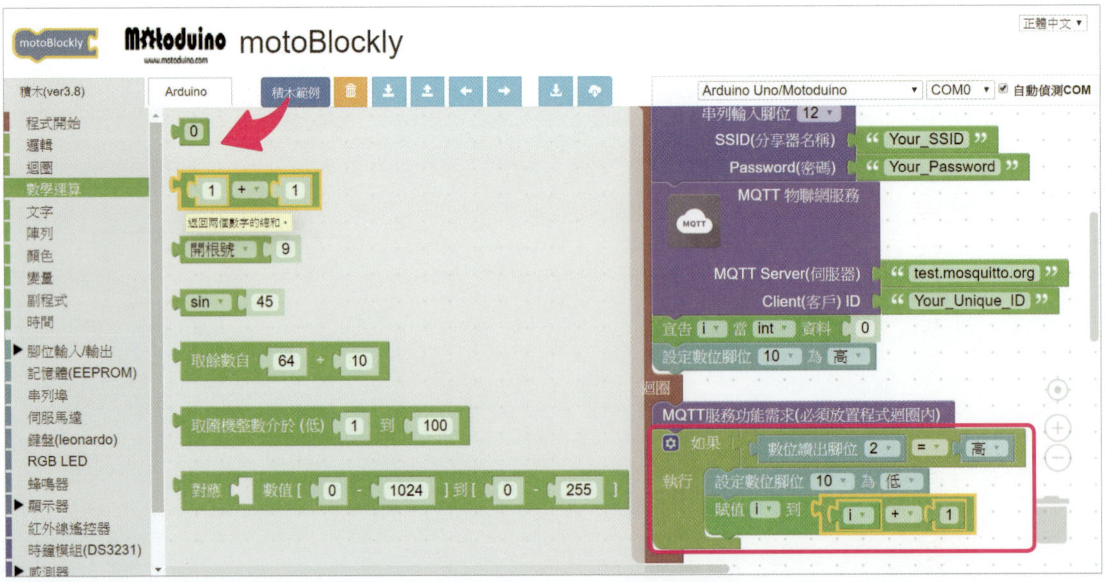

Step 06 完成上一步按下按鈕後的前置動作後，接著就可以利用 MQTT 的發送端程式積木將欲發送的訊息填入 MQTT 封包的內容欄位中傳送出去。如下圖所示：

1. MQTT 物聯網服務中的「Publish（發出） Topic」參數需要輸入一個獨一無二的半形英數字串來作為主題（本例設定為 Unique_Publish_Topic，讀者可依自己的喜好修改），以避免訊息被不相干的訂閱者用戶端所接收。
2. 「Publish（發出） Data」參數則是輸入 Arduino 按鈕後欲傳送給手機 APP 的訊息，motoBlockly 在此欄位並不支援中文訊息的傳送，因此本例所傳送的訊息內容是將按鈕次數加上”. I need HELP! “的字串來做為訊息發送。

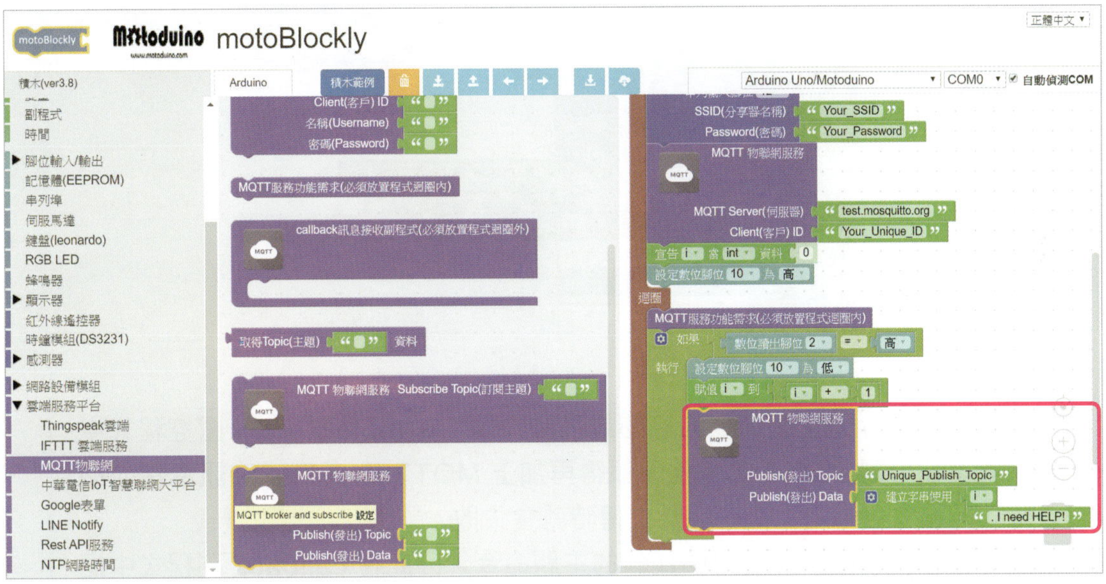

Step 07

為了避免按一次按鈕卻連續發送出多筆訊息的狀況發生，在 Arduino 透過 MQTT 發送完訊息後，Arduino 會先休息個 5 秒鐘（延遲 5000 毫秒）後再將 D10 的 LED 指示燈點亮，使用者便可透過 D10 指示燈來判斷是否可以按鈕來進行下一次的訊息傳遞。

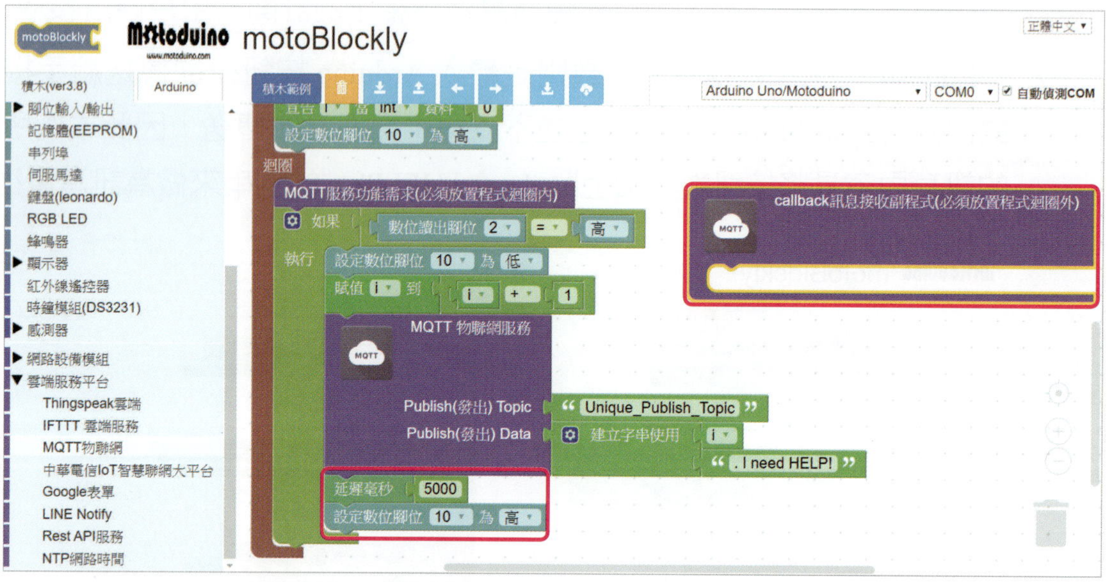

1. 不管 Arduino 是主題命令的訂閱或是發佈端，在 motoBlockly 圖控程式中只要有使用到 MQTT 的服務，都得再加上 MQTT 的 callback 訊息接收副程式的積木，否則程式在編譯上傳時就會失敗。
2. 本練習 Arduino 並沒有訂閱任何的主題命令，因此在 callback 副程式中便不需加入任何的動作積木。

Step 08 完整的 Arduino 遠端傳訊系統 motoBlockly 程式碼如下圖所示。

請在程式積木紅框處填入自己對應的資訊，遠端傳訊系統的程式才能正常的運作。

手機 APP 的設定

由於配合 Arduino 遠端傳訊系統的手機是屬於接收主題命令的訂閱端用戶，因此其設定方式與之前擔任主題命令發送端的方式略有不同，其「IoT MQTT Dashboard」APP 的設定流程如下：

Step 01 若在前兩個範例中已設定過「IoT MQTT Dashboard」APP，便可直接從步驟 2 做起。否則請依下圖所示：

1. 即便手機的角色已轉換成訂閱端，一開始的 APP「Server」欄位設定也需與 Arduino 系統保持在同一個 MQTT Server 下（本範例均設為 "test.mosquitto.org"），才能確保手機可以接收來自 Arduino 的 MQTT 主題命令。
2. 「Client ID」欄位則需要填入手機的用戶端 ID，必須設定另一個獨一無二的 ID（不可與 Arduino 程式中的 Client（客戶）ID 相同，建議可將自己的手機號碼或學號反過來輸入即可）。
3. 完成後按下右上角的「CREATE」儲存即可。

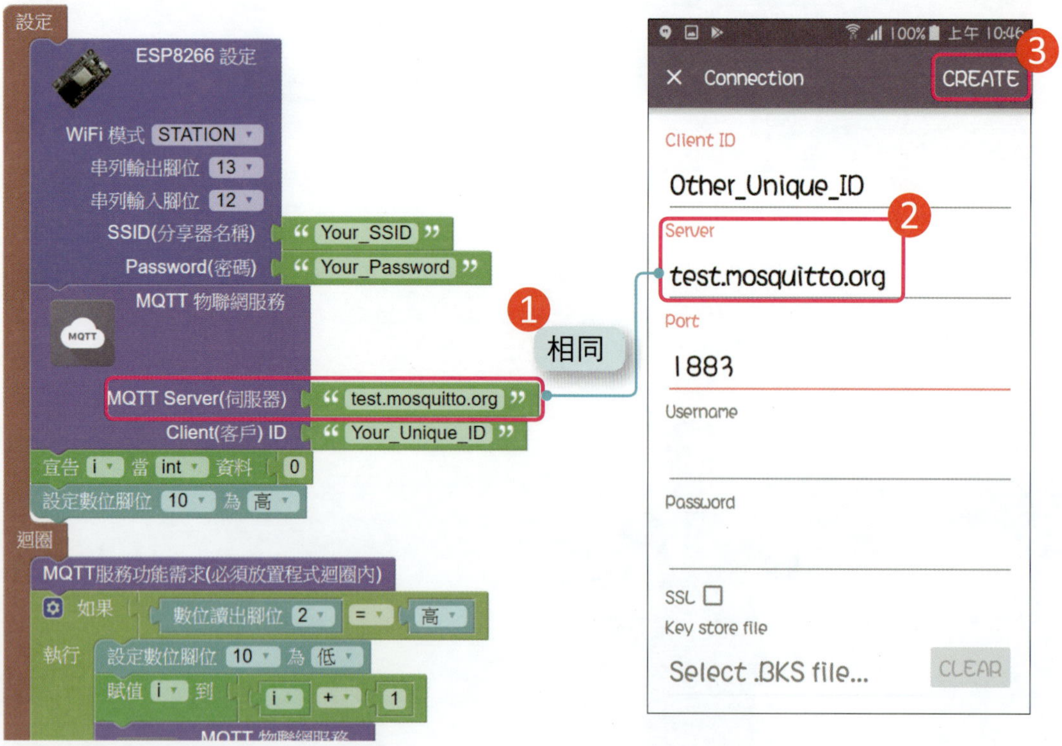

Step 02 如下圖所示：

❶ 完成 MQTT 伺服器的設定後，請點選剛剛才建立的伺服器選項來進行連線。

❷ 由於手機在遠端傳訊系統是扮演訂閱者的角色，因此請如右圖箭頭所示點選「SUBSCRIBE」區塊中的「+」選項來進行設定。

Step 03 接著設定「Subscription」介面的各項內容：

❶ APP 的「Topic」欄位需與 Arduino 訂閱端所訂閱的主題一模一樣（因此下圖的兩個紅框處內容需相同）。

❷ 完成後再按下右上角的「CREATE」儲存即可。

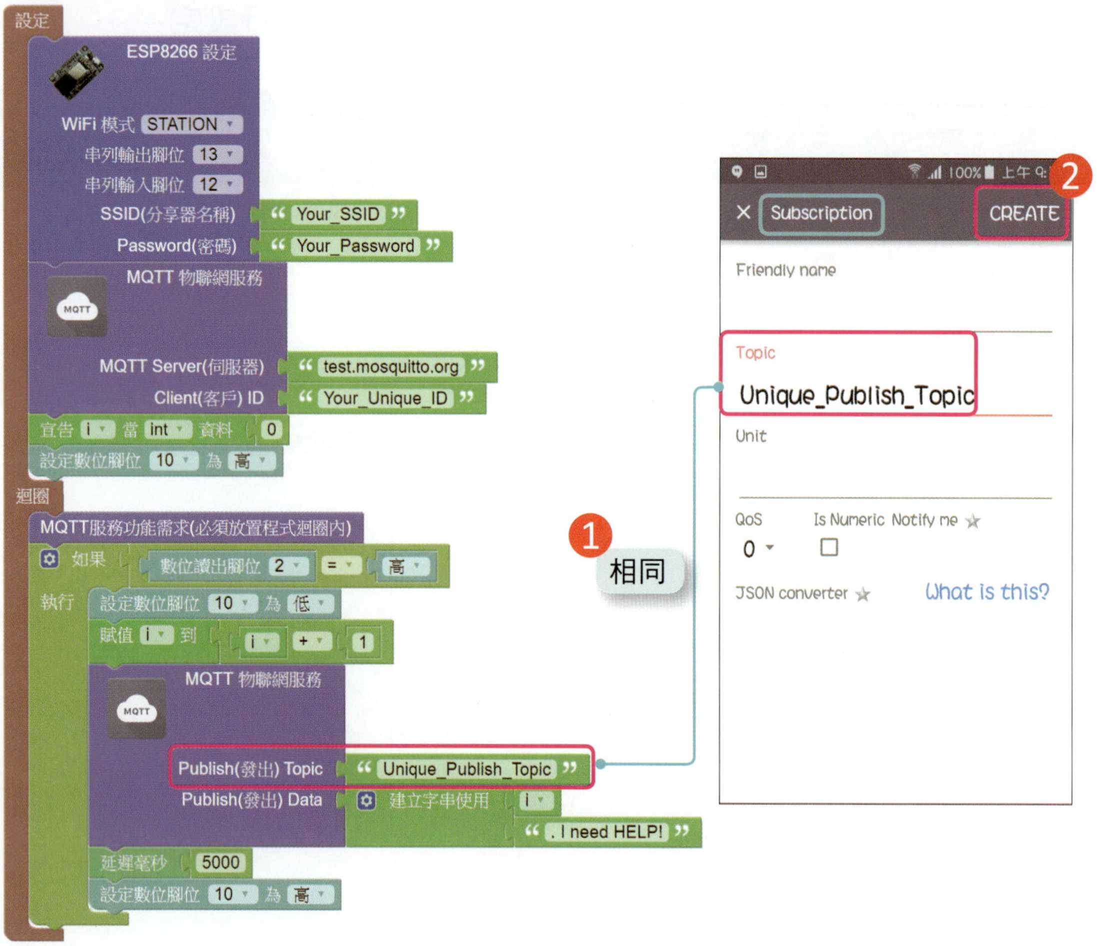

Step 04 至此，整個遠端傳訊系統的訂閱端 APP 便已設定完畢。當 Arduino 訂閱端與 APP 均成功連線至 MQTT 伺服器後，按下 Arduino 擴充板上的按鈕，APP 上的畫面便會如下圖般由左至右的依序顯示。

遠端傳訊系統展示影片：https://youtu.be/dsl4QolliC8

3-7 免費 MQTT 伺服器的限制

使用免費的 MQTT 伺服器固然方便，但在使用前還是得先了解該 MQTT 伺服器所支援的服務限制。例如：

1. 有些 MQTT 伺服器只提供 QoS 0 與 QoS 1 的服務（不支援 QoS 2），有些甚至僅僅提供 QoS 1 的服務；而有一些伺服器則是使用者眾多，因此在訊息傳遞速度方面相對就會比較慢。
2. 還有一些 MQTT 伺服器則是會主動與一段時間沒接收到新主題命令的訂閱者用戶端斷線。

因此在使用免費的 MQTT 伺服器前，請務必斟酌自身的需求以及伺服器的能力，再來決定是否要使用該 MQTT 伺服器，以免因伺服器的限制而影響到 MQTT 封包的傳遞。

實作題

MQTT – Arduino 遠端遙控電子琴

創客題目編號：A008010

題目說明　利用 MQTT 的 APP 遙控，讓 Arduino 上的蜂鳴器可以發出 Do、Re、Mi、Fa、So、La、Si、Do…等不同音階的聲音。

創客指標

外形	0
機構	0
電控	1
程式	2
通訊	2
人工智慧	0
創客總數	5

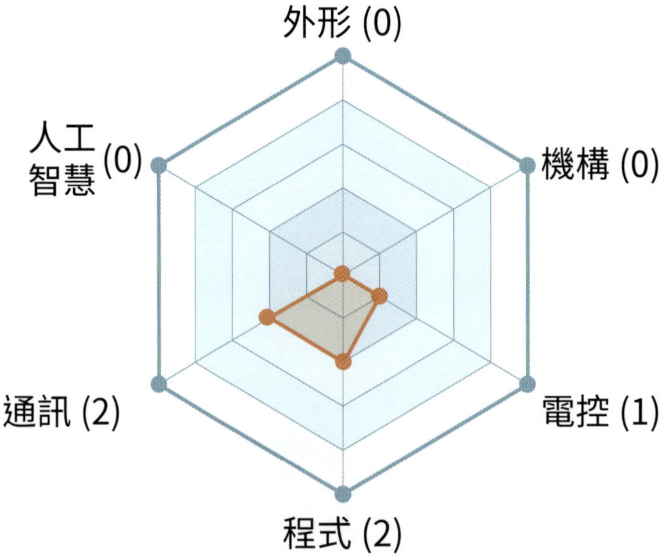

實作時間
60 分

4 Google Form- 雲端點餐 & 打卡系統

Google 是目前全球市值排名前段的幾個網路公司之一，其提供了琳瑯滿目的各項網路服務，除了一般人較常使用的搜尋引擎與電子郵件外，相信許多人也都使用過該公司所提供的 Google 表單 (Google Form) 服務。

由於 Google 已是全球數一數二的知名企業，其在表單服務中所提供的資料備援儲存與防毒防駭的安全防護上，自然也具一流的水準，因此我們才會放心地將所收集的數據資料置於 Google 表單之中。也因 Google 具備了上述「大到不會倒、穩到很少掛」的眾多優點，因此本章將會利用 Google 表單搭配 Arduino 開發板，做出幾套能充分運用 Google 表單特性的實用物聯網系統。

4-1 Google Form 簡介

Google Form（Google 表單）為 Google 推出的眾多服務之一，一般多被用來作為線上的問卷、投票或報名系統使用。使用者除了可依自己的喜好來設計表單格式外，也可以與他人一同協作規劃不同的表單內容。不過最厲害的部分還是在於它能將大家所填寫回饋的結果，在經由轉換成試算表後，加以統計、分析並輸出成不同型態的圖表來展示。

Google Form 除了有免費這個最大的優勢之外，不需自己動手架設伺服器以及易上手的表單設定與使用，為廣泛使用的原因。而 Google Form 除了前面所提到可作為線上問卷或報名系統的使用外，它也可以和 ThingSpeak 平台一樣作為記錄各式感應器回傳的數據之用，後續將會有相關的練習做為示範。

4-2 Google Form 與 Arduino

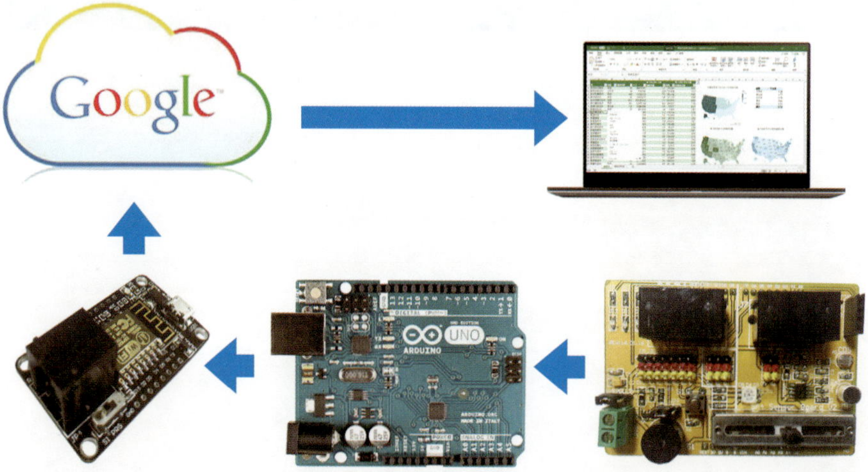

如上圖所示，Arduino 開發板收集資料上傳至 Google 表單的流程與上傳至 ThingSpeak 平台的方式相同，藉由所外接的各式感測元件將所量測到的數據回傳給 Arduino，在 Arduino 透過 WiFi 無線模組與 Google 表單連線後，Arduino 再利用 Google 表單如下的上傳格式將取得的資料上傳：

https://docs.google.com/forms/d/e/<Your_Form_Key>/formResponse?entry.<Your_entry_ID1>=<Value1>&entry.<Your_entry_ID2>=<Value2>&......&submit=Submit

在資料上傳後，使用者只需以可以聯網的裝置上網，便可隨時隨地的掌握這些數據的變化。

4-3 Google 的帳號註冊

使用 Google 表單服務前需先擁有 Gmail 的帳號才能建立新表單來使用。由於現今智慧型手機普及，使用 Android 作業系統的手機用戶必定擁有 Gmail 帳號方能開始使用如 Google Play…等的各項 APP 服務。若尚未擁有 Gmail 帳號，便可以下列步驟快速申請一個 Gmail 帳號來使用。其詳細的註冊流程如下：

Step 01 首先需先進入 Google 的首頁（https://www.google.com），並點選右上角的『登入』按鈕繼續。

Step 02 如下圖左所示：

❶ 若欲建立新的 Google 帳號，請選擇「建立帳戶」選項裡的『建立個人帳戶』項目。

❷ 接著便在下圖右的頁面中，依指示填入自己的姓名資料與欲建立的 Google 帳號與密碼（帳號僅限以半形英數命名，密碼則須混合 8 個字元以上的半形英文與數字）。

Step 03 如下圖左所示：

❶ 除了手機號碼與備用電子郵件位址為選填項目（可填可不填）外，在輸入必填的生日與性別後，請點選『繼續』按鈕繼續。

❷ 接下來如下圖右的頁面中點選『我同意』按鈕同意 Google 的相關使用條款後，即可完成 Gmail 的帳號註冊。

4-4 Google Form 實作應用 I – 雲端點餐系統

現今的工商社會加快了人們的腳步，在分秒必爭的環境下，餐廳與顧客之間的衝突便時有所聞，而最常見的爭執原因不外乎是餐廳出菜的順序不同於客人點菜的順序。因此在接下來的雲端點餐系統練習中，我們將利用 Arduino 開發板搭配免費的 Google 表單，不但可讓各桌的點餐順序清楚地排列出來減少不必要的爭端，也可藉此降低點餐紙的使用量來為地球環保貢獻一份微薄的心力。

此點餐系統會讓每個餐桌都擁有各自的 Arduino 點餐器，顧客可以利用該點餐器的可變電阻與 1602 LCD 來選擇自己的餐點。當找到自己所需的餐點後，便可按下點餐器上的按鈕來進行確認，此時點餐器便會透過 WiFi 模組來上傳顧客的桌號與餐點的內容到 Google 表單中，廚房的電腦螢幕便會即時顯示目前表單的最新點餐資訊，廚師便可依此系統上的點餐順序，依序完成料理並出菜。

建立 Google 表單

Step 01 因為之後會用到 Google Chrome 瀏覽器的某項獨有功能，因此請務必以 Chrome 來登入 Google 表單的首頁 (https://www.google.com/intl/zh-TW_tw/forms/about/)。進入後再按下如下圖箭頭處的個人『前往 Google 表單』按鈕，便可進入建立及設定 Google 表單的頁面。

Google
Tom
建立精美的表單
個人
Google 表單可以幫您收集及整理資料，無論資料多寡都能幫您輕鬆搞定，而且完全免費。
前往 Google 表單
企業
G Suite
您喜愛的 Google 表單，加上專為團隊而設的額外安全保障和控制功能。
瞭解詳情

Step 02 如下圖所示，進入 Google 表單設定頁面後，請點選頁面中右下角彩色的「+」按鈕來建立新的表單。

Step 03 如下圖左所示，建立新表單之後，首先需設定該表單的標題名稱（本範例將其設為「雲端點餐系統」，可依自己喜好來設定），此標題名稱支援各國語言，無論使用何種語言都不會影響 Arduino 上傳資料至 Google 表單的動作。

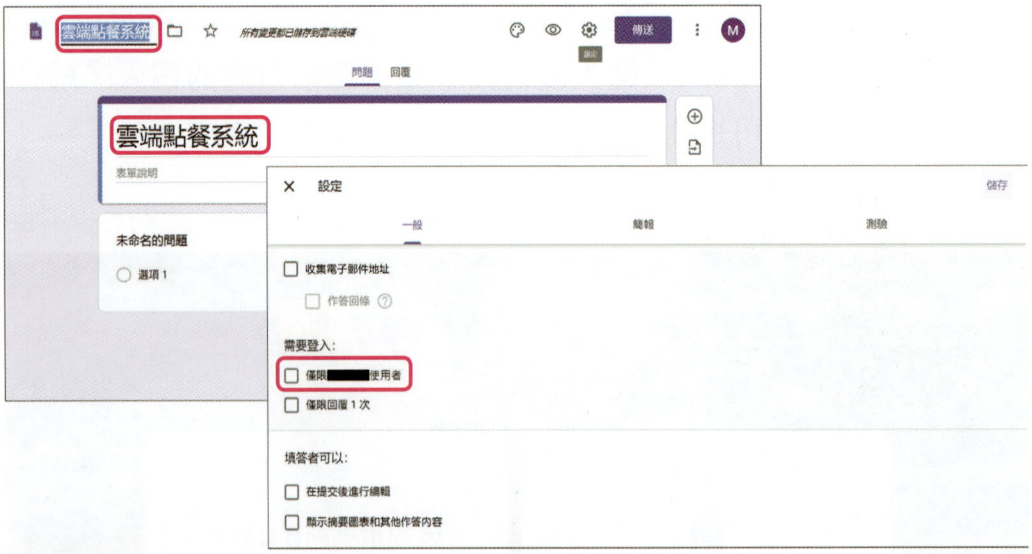

若是建立表單的帳號為 Google Apps for Work 或 Google Apps for Education 所提供，則在建立此表單之後，請務必至表單的「設定」的頁面中，將『僅限 XXXX 使用者』的限制解開（不勾選該選項，如上圖右紅框處所示）並儲存之，如此才不會因該限制而造成日後 Arduino 上傳資料失敗。

Step 04

接著在同一頁面的下圖紅框處設定此表單的欄位問題，表單的欄位問題雖然同樣支援各國語言，不過請務必選擇「簡答」這種問題類型，如此 Arduino 才能將點餐時的相關資訊以字串的格式上傳到所建立的 Google 表單中。（如下圖所示，本範例需建立 2 個問題，分別為「桌號」與「餐點名稱」）

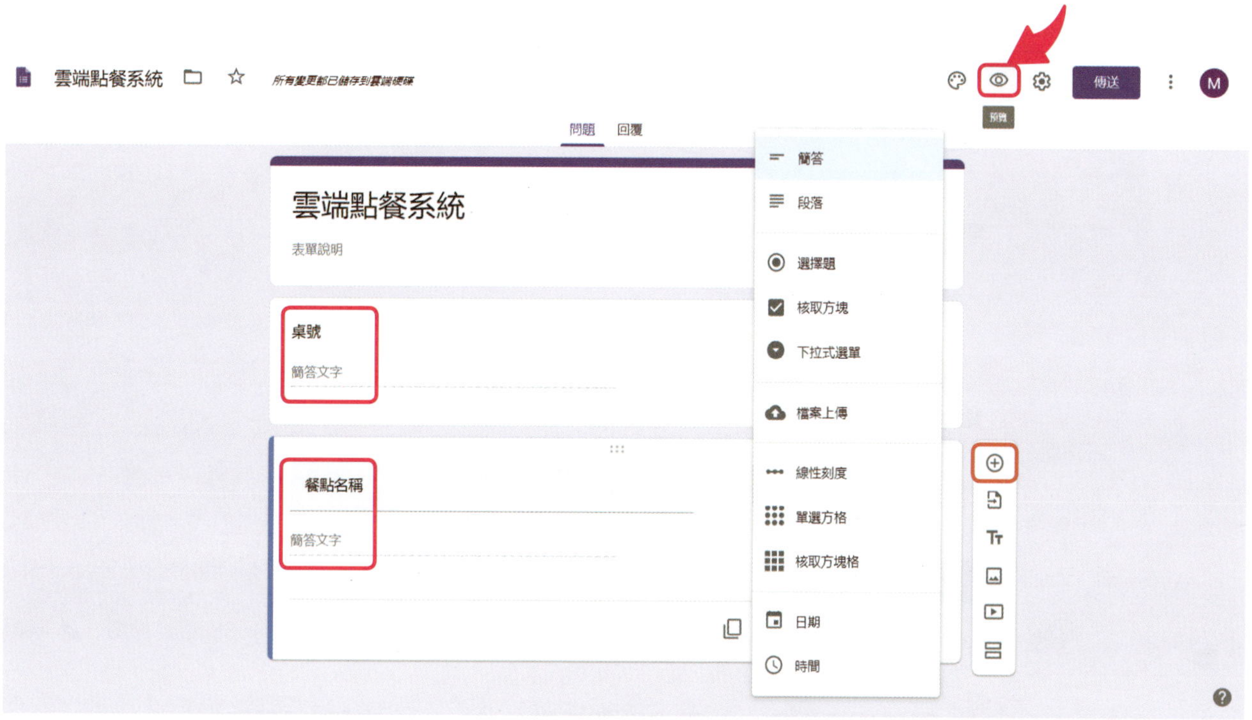

欄位問題可以橘色方框處的「+」選項來增加，設定完畢後，便可按下上圖紅色箭頭處的『預覽』按鈕來觀看表單所設定的結果。

Step 05 進入預覽頁面後，瀏覽器的網址列提供了一個上傳資料至 Google 表單時的重要參數：代表此 Google 表單的授權碼 (Form Key)。每個 Google 表單都有其獨一無二的授權碼，經此表單授權碼，Google 才知道要把目前這筆上傳的資料寫到哪個表單去。

以上圖紅框處為例，此雲端點餐系統的 Google 表單在預覽時的網址為：https://docs.google.com/forms/d/e/1FAIpQLSc-kXS1OjRmyGii_4v1TODG5FPn0Nu11tADs9B1G-3s_KXcGg/viewform，而此表單的授權碼就是夾在『docs.google.com / forms/d/e/』與『/viewform』之間的這些紅色字串。

Step 06

如下圖所示，同樣在 Google 表單的預覽頁面中，將滑鼠游標移至第一個欄位問題（桌號）的答題欄中並按下滑鼠右鍵，接著在跳出的選單中點選『檢查（N）』選項。

此時頁面的右方會多出一個視窗，在該視窗中按下鍵盤的 Ctrl + F 鍵並搜尋 "entry" 這個字串，便可以發現裡面一定會有『"entry.xxxyyyzzz"』的一串文字，而其中『xxxyyyzzz』代表的這串數字，便是上傳表單資料命令的另一個重要參數：答題欄的 entry ID。（『xxxyyyzzz』這串數字的長度沒有固定，有時是 9 個，有時則為 10 個，此串數字由 Google 自動產生且不能修改。）

注意

只有 Google Chrome 瀏覽器才有支援「檢查（N）」選項，使用 IE 則不會有該選項。

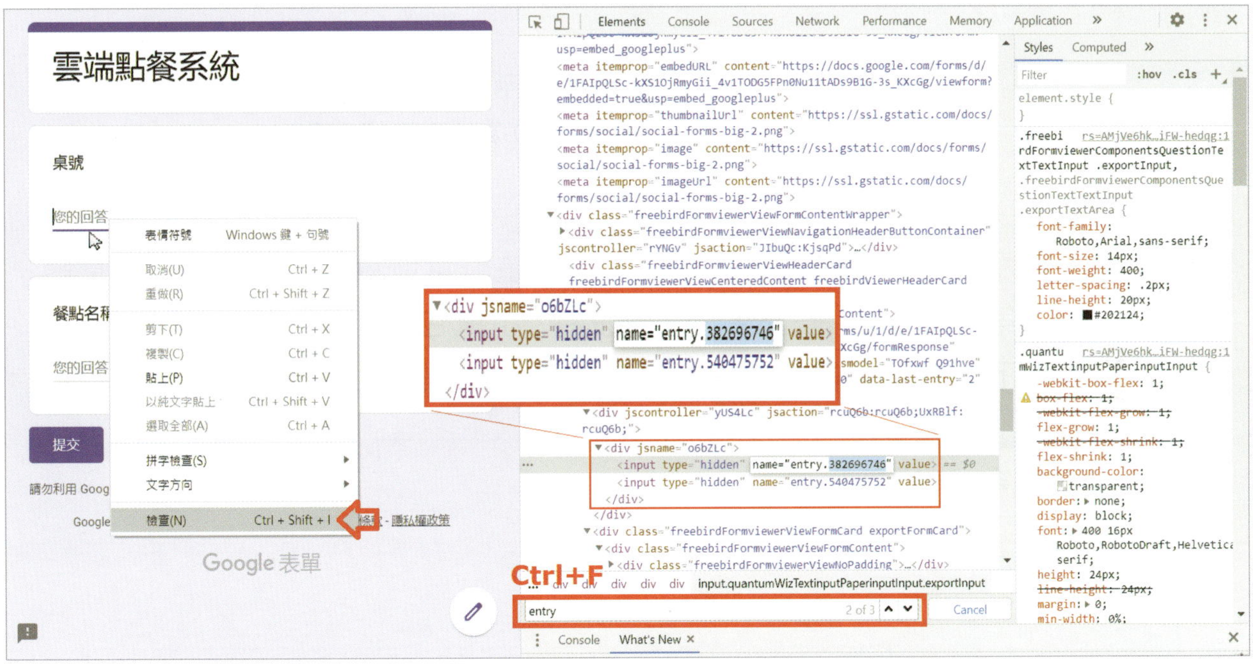

和 Google 的表單授權碼一樣，每個答題欄均有一個獨一無二的 entry ID，藉由這些不同的 entry ID，Google 才知道要把上傳的資料填到該表單中的哪個欄位去。如上圖紅框處所示，本例「桌號」答題欄的 entry ID 為『382696746』。

Step 07 重複上一步驟的動作，找出第二個欄位問題（餐點名稱）答題欄的 entry ID。

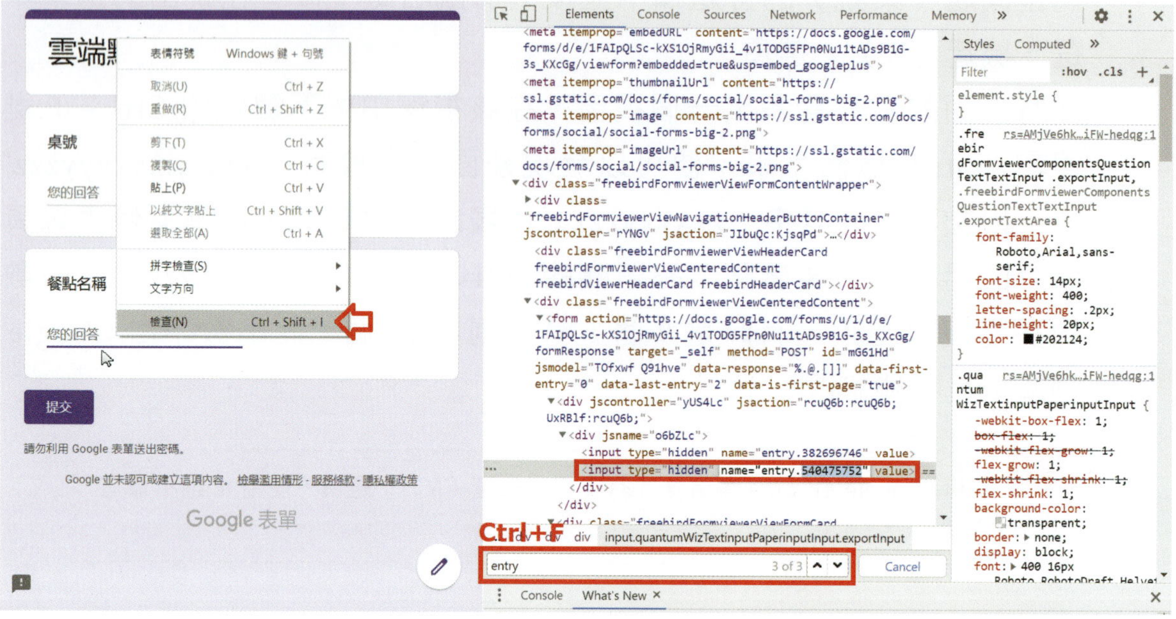

如圖所示，本例取得的第二個 entry ID 為『540475752』。

Step 08 如下圖左所示，在預覽頁面中輸入第一筆訂單並提交之（本例將「桌號」設定為第『1』桌，「餐點名稱」則設為『小籠包』）。並在資料提交成功後，再點選下圖右箭頭處的「提交其他回應」的選項回到預覽頁面中。

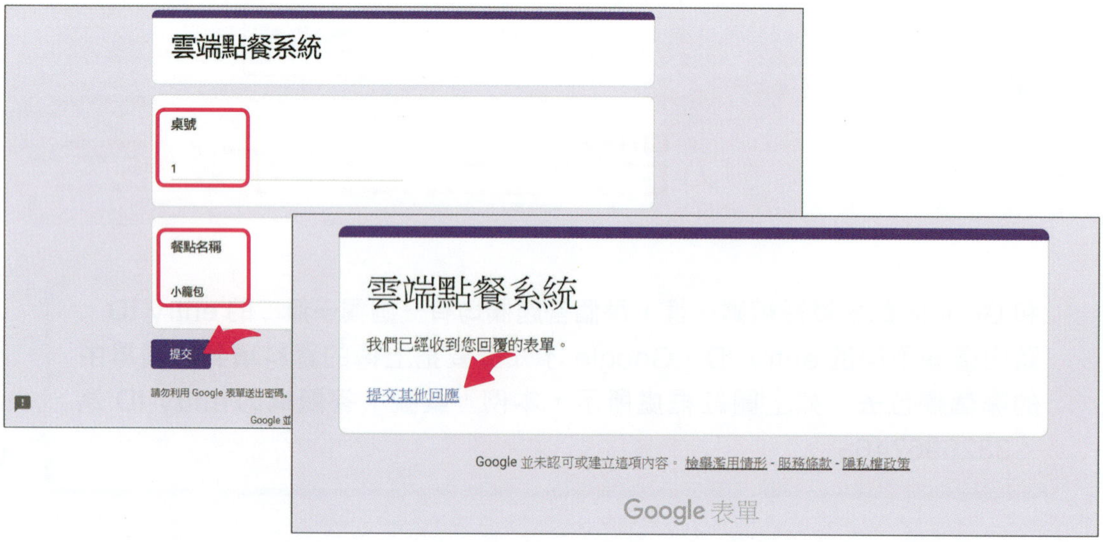

Step 09

如下圖左所示：

❶ 在表單預覽頁面的右下角點選「編輯這個表單」的按鈕回到表單編輯頁。

❷ 進入下圖右紅框處的「回覆①」項目中便可看到裡面多了一筆剛剛所輸入的點餐訂單。

❸ 此時再點選下圖右箭頭所示的「建立試算表」綠色按鈕來建立此表單的試算表。

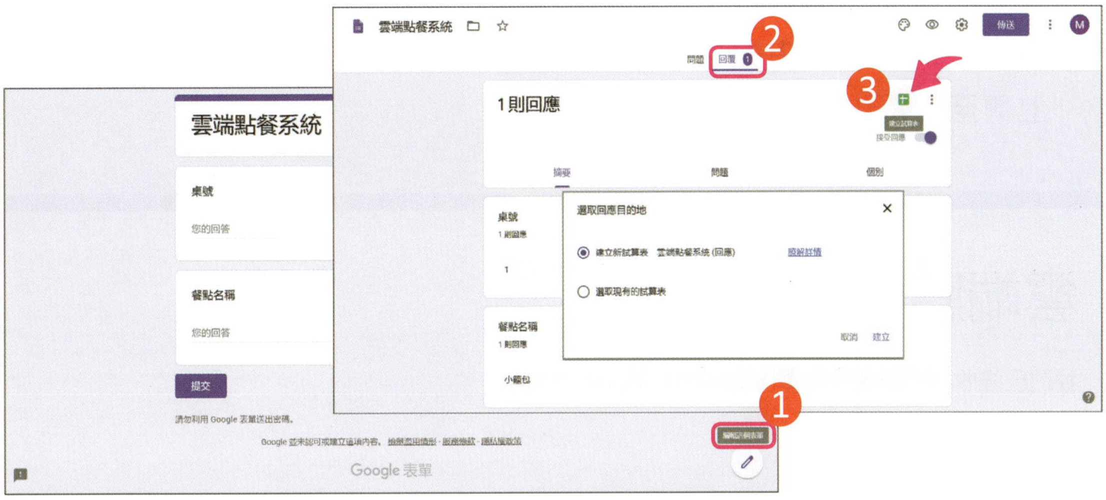

Step 10

如下圖所示，這個由 Google 表單所產生的試算表便是整個雲端點餐系統裡面的重點項目。此系統便是利用試算表會將上傳資料依照提交順序排列的特性，因此顧客點餐的訂單便會依序顯示在上面，而廚房裡的廚師便可依此試算表的順序來進行料理並依序出菜給點餐的客人。

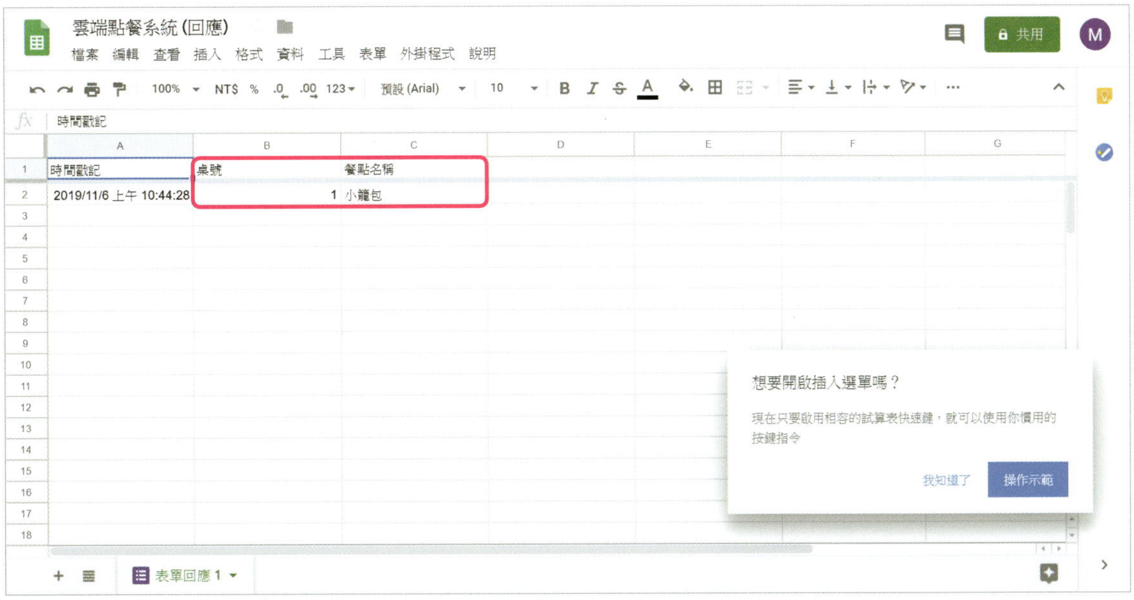

Step 11 除了可利用步驟 8 的方式在表單的預覽頁面提交訂單外，利用步驟 5 與步驟 6 所取得的表單授權碼 Form Key 與答題欄的 entry ID，也可以在瀏覽器的網址列直接上傳資料到 Google 表單中。網址列上傳資料的命令格式如下所示：https://docs.google.com/forms/d/e/<Your_Form_Key>/formResponse?entry.<Your_entry_ID1>=<Data1>&entry.<Your_entry_ID2>=<Data2>&submit=Submit。

讀者可依此格式將自己的 Form Key、entry ID 與想要上傳的資料填入瀏覽器的網址列中送出，如此便可直接把資料提交至步驟 10 所建立的試算表中。而此系統中與之配合的 Arduino 開發板，便是以此種方式將資料上傳至表單中。

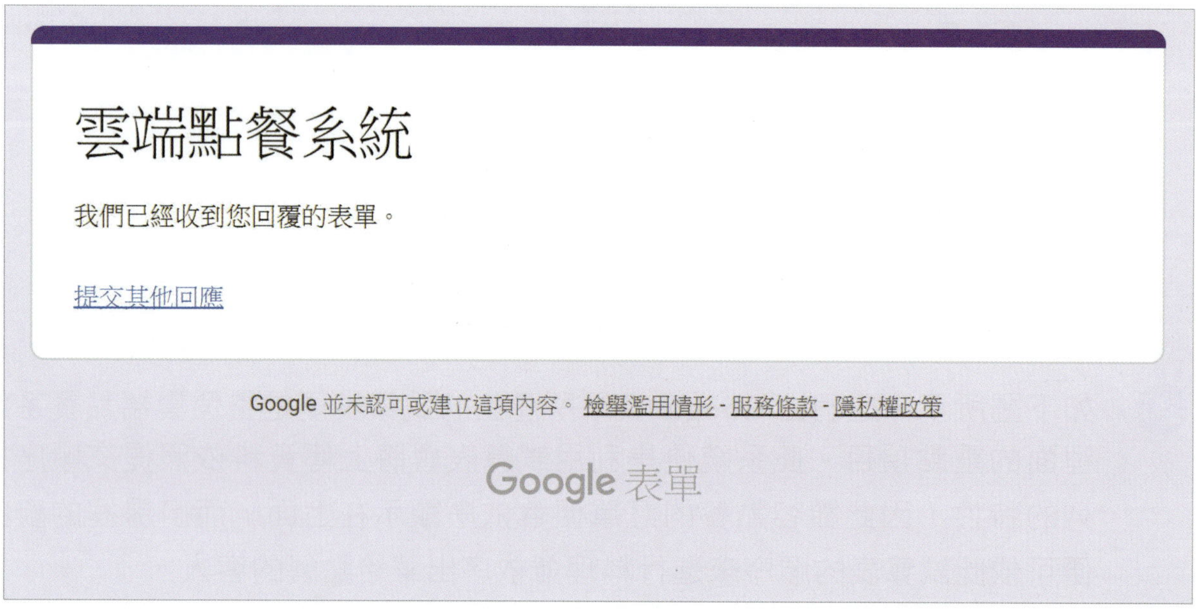
雲端點餐系統
我們已經收到您回覆的表單。
提交其他回應
Google 並未認可或建立這項內容。 檢舉濫用情形 - 服務條款 - 隱私權政策
Google 表單

Step 12 以本書所取得的 Form Key 和 entry ID 為例，在瀏覽器的網址列輸入如下指令：https://docs.google.com/forms/d/e/1FAIpQLSc-kXS1OjRmyGii_4v1TODG5FPn0Nu11tADs9B1G-3s_KXcGg/formResponse?entry.382696746=2&entry.540475752= 蝦仁炒飯 &submit=Submit，當瀏覽器出現如上一步驟所示的「我們已經收到您回覆的表單。」字樣時，即代表 Google 表單的資料已上傳成功，步驟 10 所建立的試算表中也會出現剛剛上傳的資料（如下圖所示）。

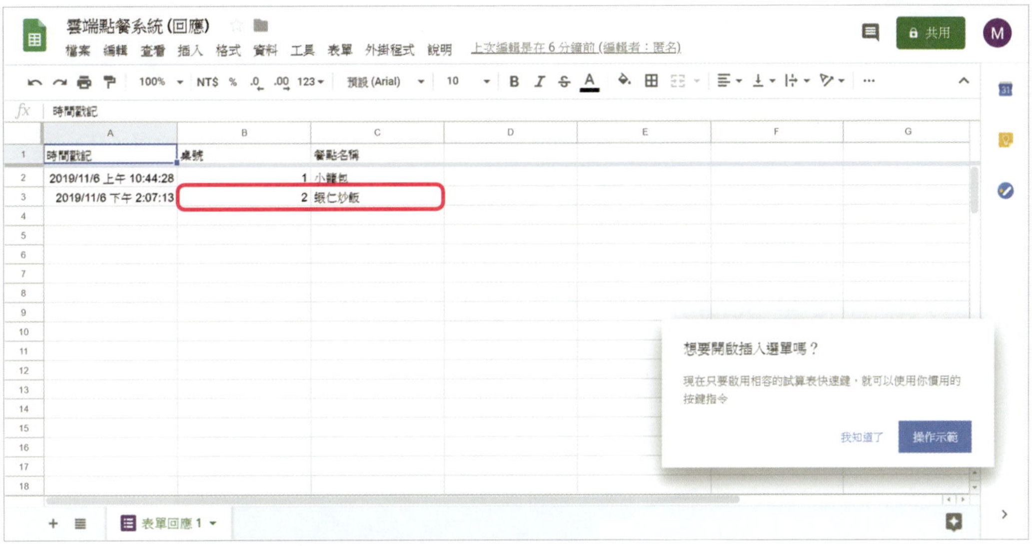

Arduino 硬體設定

Google Form 雲端點餐系統在硬體方面的需求有：

1. 改款自 Arduino UNO 且作為大腦來控制各項硬體的「Motoduino U1」。
2. 配置有可變電阻（腳位為 A0）、按鈕模組（腳位為 D2）與蜂鳴器（腳位為 D9），可藉此來選擇點餐項目的「慧手科技 S4A Sensor board」擴充板。
3. 可顯示餐廳菜單的 16 行（直）x2 列（橫）顯示模組（1602 LCD，I2C 介面）。
4. 可協助 Arduino 提交訂餐資訊的「慧手科技 WiFi Terminal」。

硬體組裝步驟：

Step 01 先將 Motoduino U1 與 S4A Sensor Board 依下圖所示的方式接合在一起。

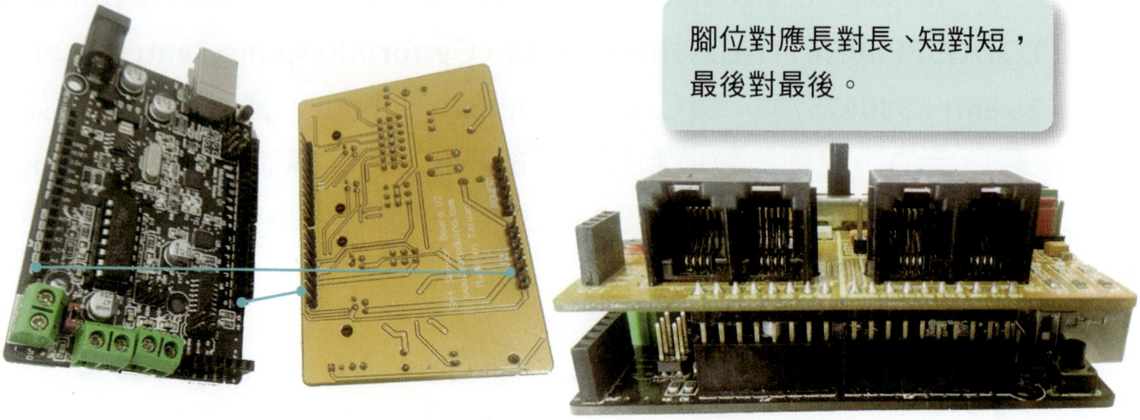

Step 02 拿出 RJ11 轉 4 Pins 杜邦線的連接線，將杜邦線端與 1602 LCD 模組依下圖所示的方式連接在一起（黑線接 Gnd、紅線接 Vcc、黃線接 SDA、綠線接 SCL）。另外由於此類 LCD 模組為標準的 I2C 介面，因此另一端的 RJ11 接頭只能連接至 Sensor Board 上同樣支援 I2C 的 A4/A5 RJ11 插槽中。

Step 03 最後再將 WiFi Terminal 以兩頭均為 RJ11 接頭的連接線與 S4A Sensor Board 的 D12/D13 插槽相連接，USB 傳輸線則分別連接 Arduino 開發板與電腦，即可完成所有的硬體配線。雲端點餐系統硬體連接的最終完成圖如下所示。

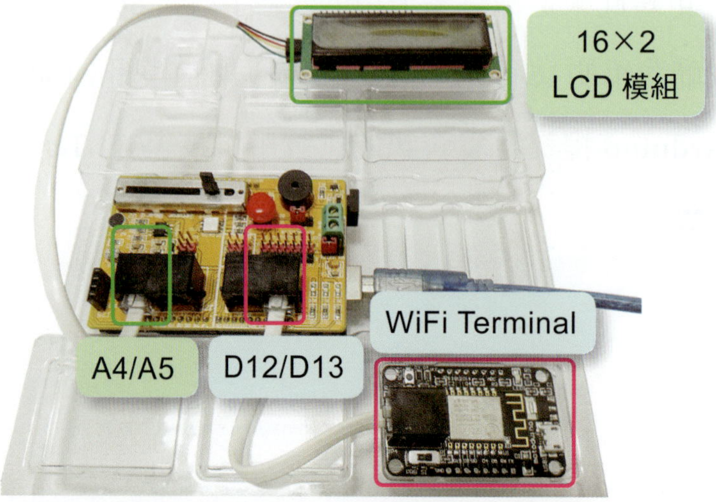

Arduino 圖控程式

完成雲端點餐系統 Google 表單試算表的建立與 Arduino 的硬體組裝後，最後只剩下用戶端點餐器的 Arduino 程式編寫，藉由慧手科技的 Arduino 圖控程式軟體 motoBlockly 所提供 Google 表單的程式積木，便可快速完成本點餐系統的 Arduino 程式，其流程如下：

Step 01 因為初始化 ESP8266 WiFi Terminal 的動作只需做一次即可，因此一開始需在設定（Setup）積木中加入 WiFi Terminal 的程式積木並設定之。

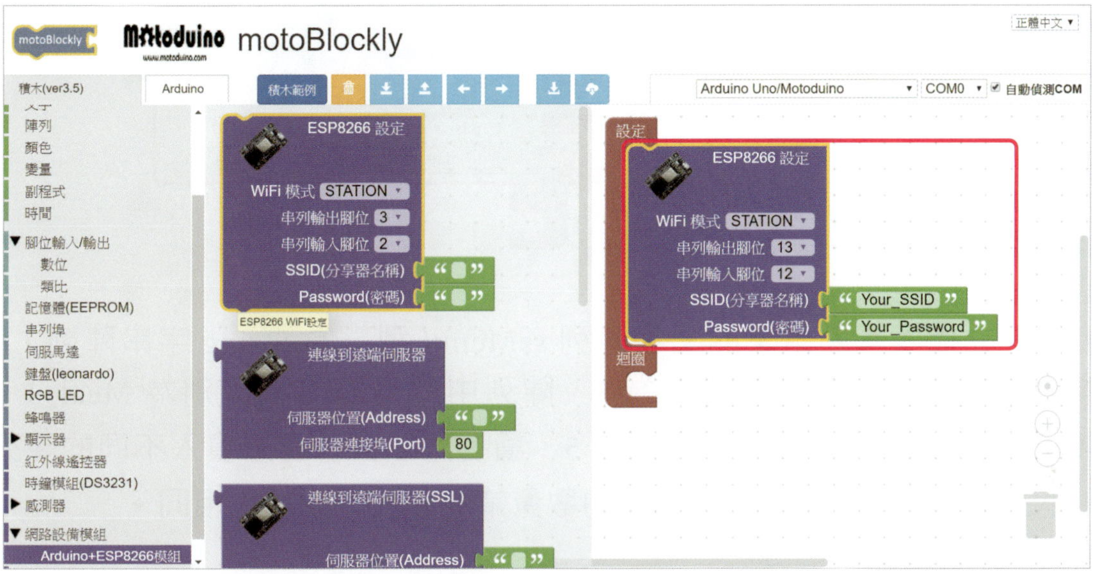

依上一節演示的硬體組裝位置而言：ESP8266 設定積木的『串列輸出腳位』請選擇 D13（數位腳位 13）、『串列輸入腳位』請選擇 D12（數位腳位 12）；「SSID(分享器名稱)」與「Password（密碼）」則為 ESP8266 準備連線的路由器或無線網路分享器的名稱與密碼，這兩個欄位請依讀者實際狀況輸入即可。

Step 02

建立 3 個型態為 int 整數的變量：

❶ 代表桌號的 nTableNum（預設值為 1，代表 1 號桌）；

❷ 目前可變電阻值所對應的餐點編號 nMealsNum（初始值為 0）；

❸ 舊有的餐點編號的 nOldMealsNum（初始值為 0）。

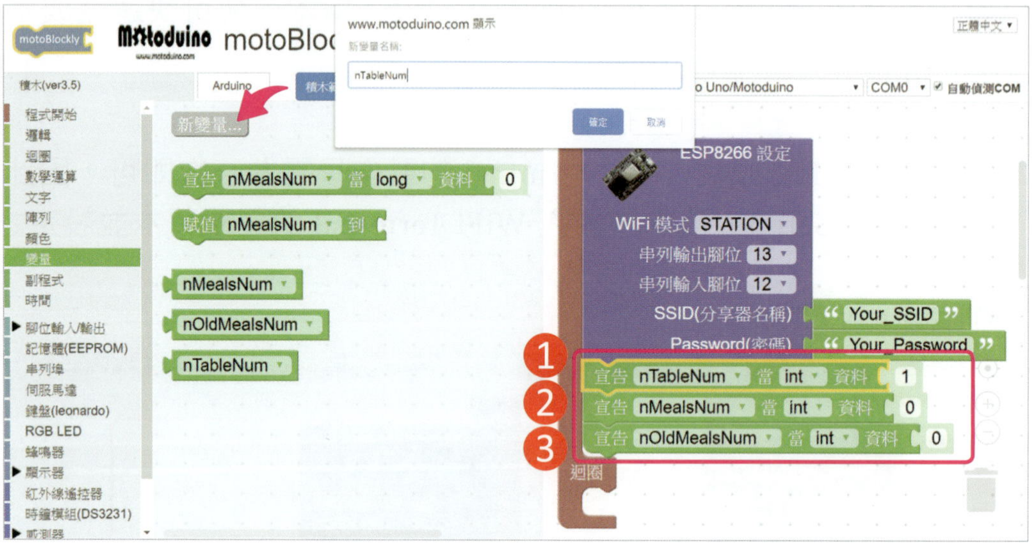

Step 03

接著建立代表餐點菜單的文字陣列 szMenu(型態為 String 字串陣列)，本例將該文字陣列長度設定為 5，陣列中的餐點名稱分別為 Meal_1、Meal_2、Meal_3、Meal_4、Meal_5，讀者可依自己喜好填入不同的陣列大小及餐點名稱，不過餐點名稱的數量請務必與陣列大小相同。

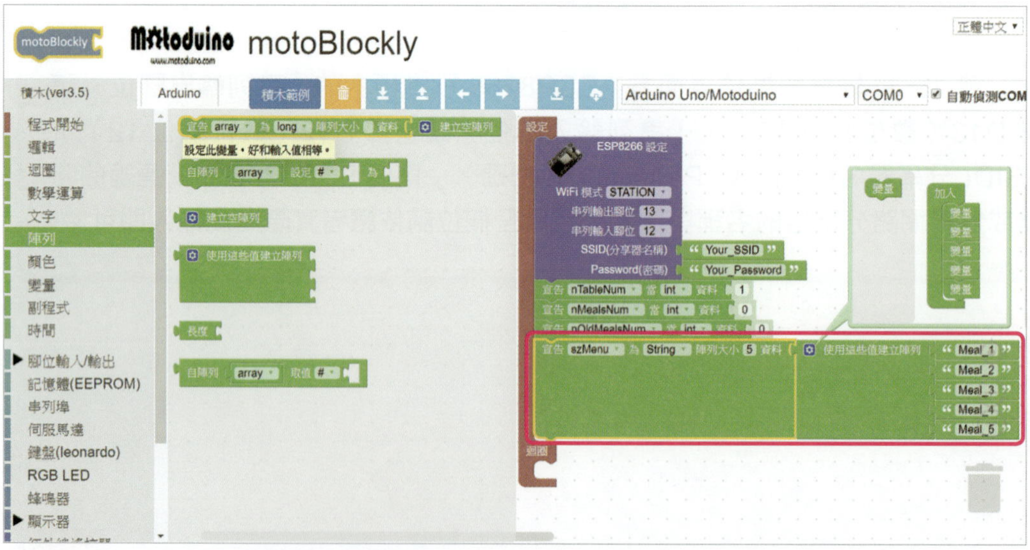

注意

由於 1602 LCD 無法顯示中文，因此餐點名稱僅支援半形的英文或數字，設定時請務必留意。

Step 04 如下圖所示，顯示菜單內容的 1602 LCD 模組也需要在設定（Setup）積木中完成初始化的動作，包括設定 LCD 模組的 I2C 位址（常見的位址為 0x27 或 0x3F，搭配本書出貨的套件包中，1602 LCD I2C 位址為 0x27），以及清除原本在 LCD 模組上的文字。

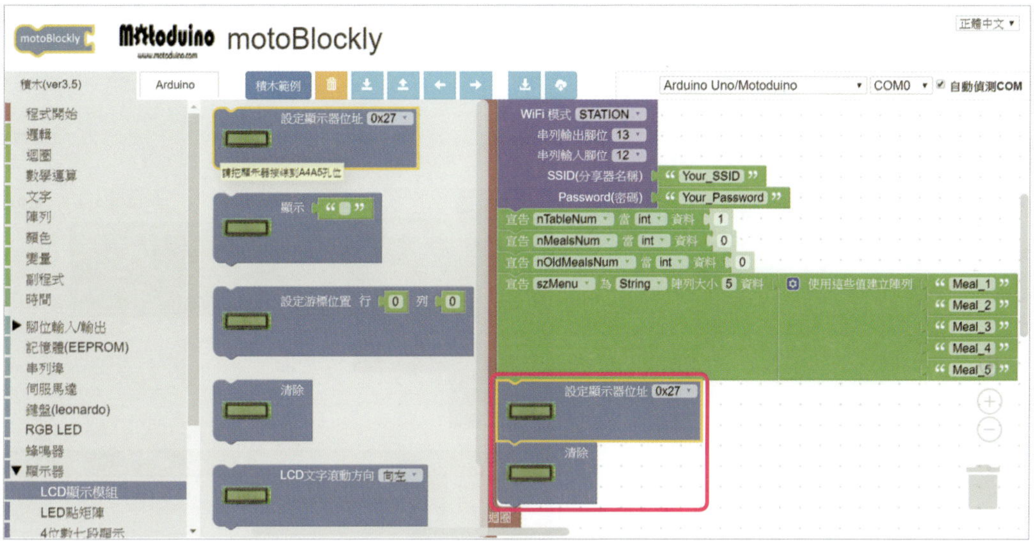

Step 05 由於此 Arduino 點餐器需不停地偵測目前位於類比腳位 A0 的可變電阻值來換算出最新的餐點編號，因此需在迴圈積木（Loop）中加入數學運算的程式積木來換算之。

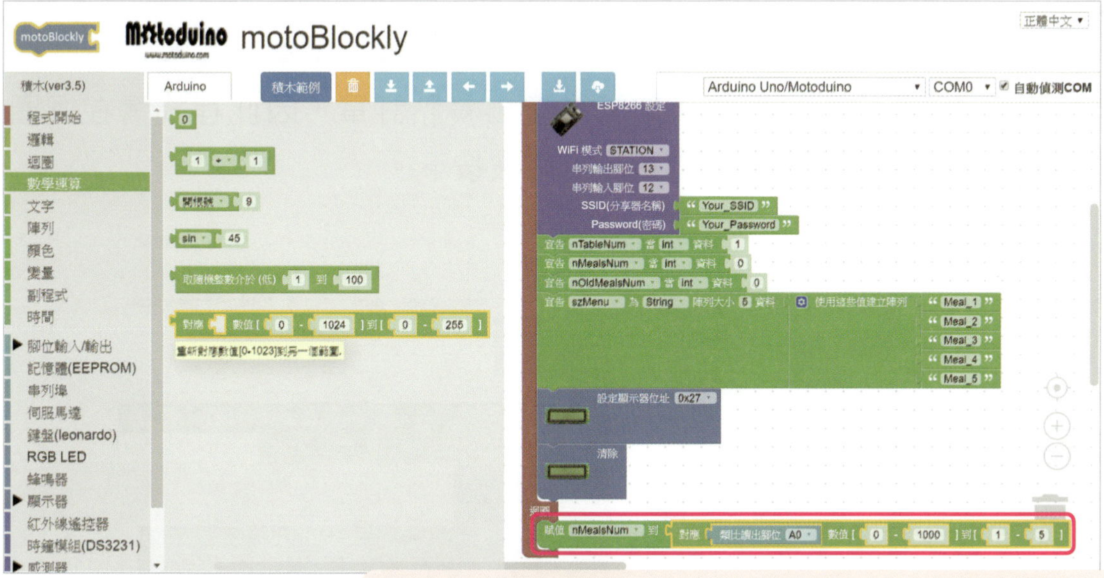

因為本範例的菜單僅提供五項餐點（Meal_1~Meal_5），因此該運算積木的功能便是將可變電阻 A0 所回傳的數值 0~1000，自動換算對應至 1~5 的數值，並將其填入代表目前餐點編號的 nMealsNum 變量中。

Step 06

因為 1602 LCD 需不斷地根據可變電阻值所換算出的新餐點編號 nMealsNum 來顯示 szMenu 菜單陣列中對應的餐點名稱，所以 LCD 上的文字會因不斷地被清除再顯示餐點名稱而有閃爍的情形發生。

因此在迴圈積木中，需先判斷目前的餐點編號變量 nMealsNum 是否與原先的餐點編號變量 nOldMealsNum 不同；倘若兩變量真為不同，LCD 再進行文字清除，並顯示菜單陣列中對應新餐點名稱的動作即可。

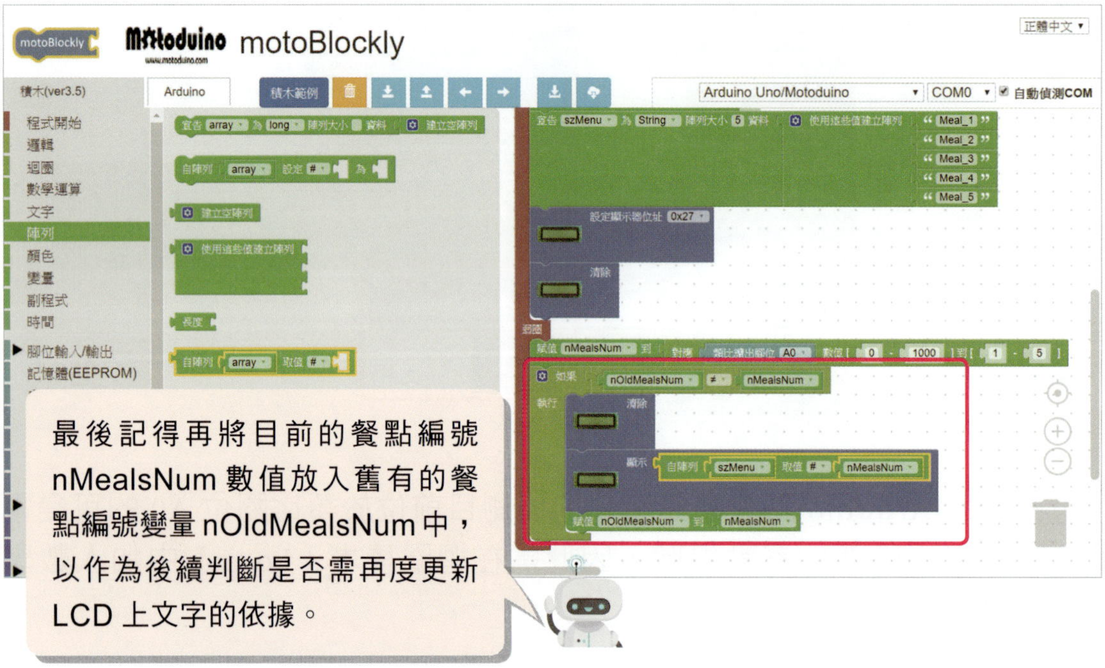

motoBlockly
最後記得再將目前的餐點編號 nMealsNum 數值放入舊有的餐點編號變量 nOldMealsNum 中，以作為後續判斷是否需再度更新 LCD 上文字的依據。

Step 07

由於 Arduino 點餐器是以類比 A0 腳位的可變電阻來選擇餐點內容，並以數位腳位 D2 的按鈕模組來確認並發出餐點訂單，因此程式需在迴圈（Loop）積木中持續檢查該按鈕是否有被按下。

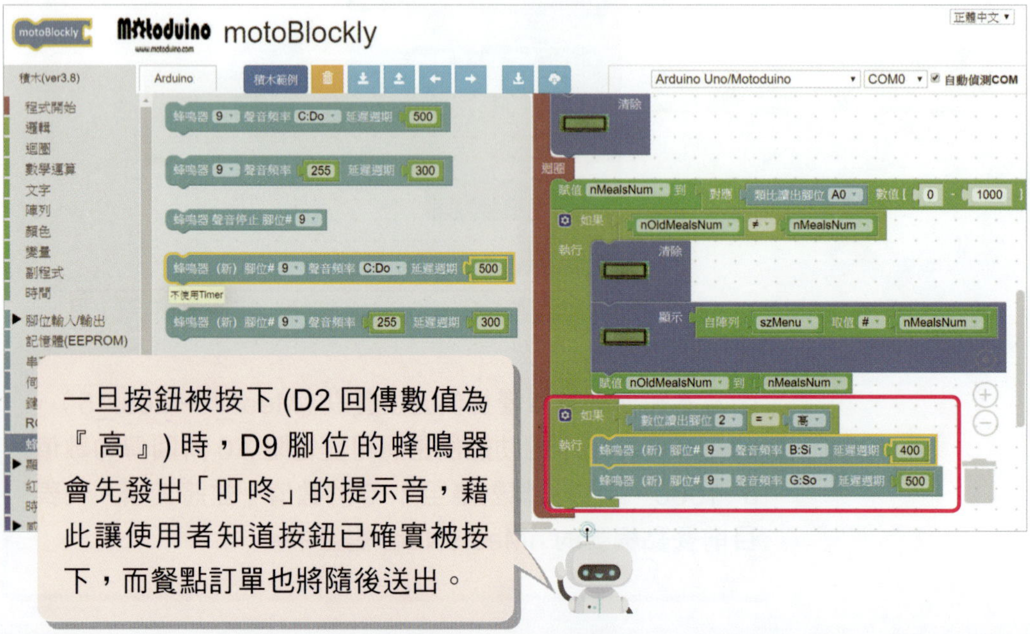

motoBlockly
一旦按鈕被按下 (D2 回傳數值為『高』) 時，D9 腳位的蜂鳴器會先發出「叮咚」的提示音，藉此讓使用者知道按鈕已確實被按下，而餐點訂單也將隨後送出。

Step 08 當點餐器在確認點餐而發出提示音後，接著需補上上傳 Google 表單資料的程式積木：

1. 「API_Key（寫入授權碼）」：參數需填入在 Google 表單建立流程步驟 5 取得的表單寫入授權碼（Form Key）。
2. 「輸入 ID1」與「輸入 ID2」：兩個參數則需分別填入表單建立流程步驟 6 與步驟 7 取得的答題欄 entry ID。
3. 「資料 1」：填入代表點餐器的桌號變量 nTanleNum。
4. 「資料 2」：則填入菜單文字陣列 szMenu 中對應餐點編號 nMealsNum 的餐點名稱。

如此便可以將 Arduino 點餐器所送出的餐點訂單上傳至雲端點餐系統的 Google 表單中。

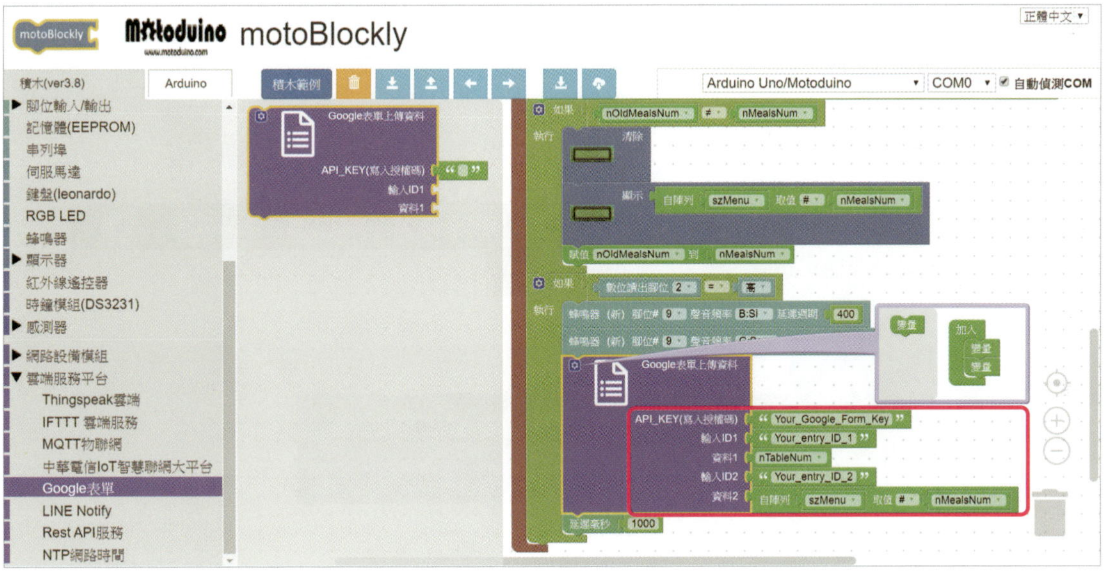

最後的「延遲毫秒」積木是為避免因按下按鈕太久而連續發出訂單的狀況發生。

Step 09 完整的 Arduino 雲端點餐系統 motoBlockly 程式碼如下。請在紅框處填入自己對應的資訊，程式才能正常的運作。

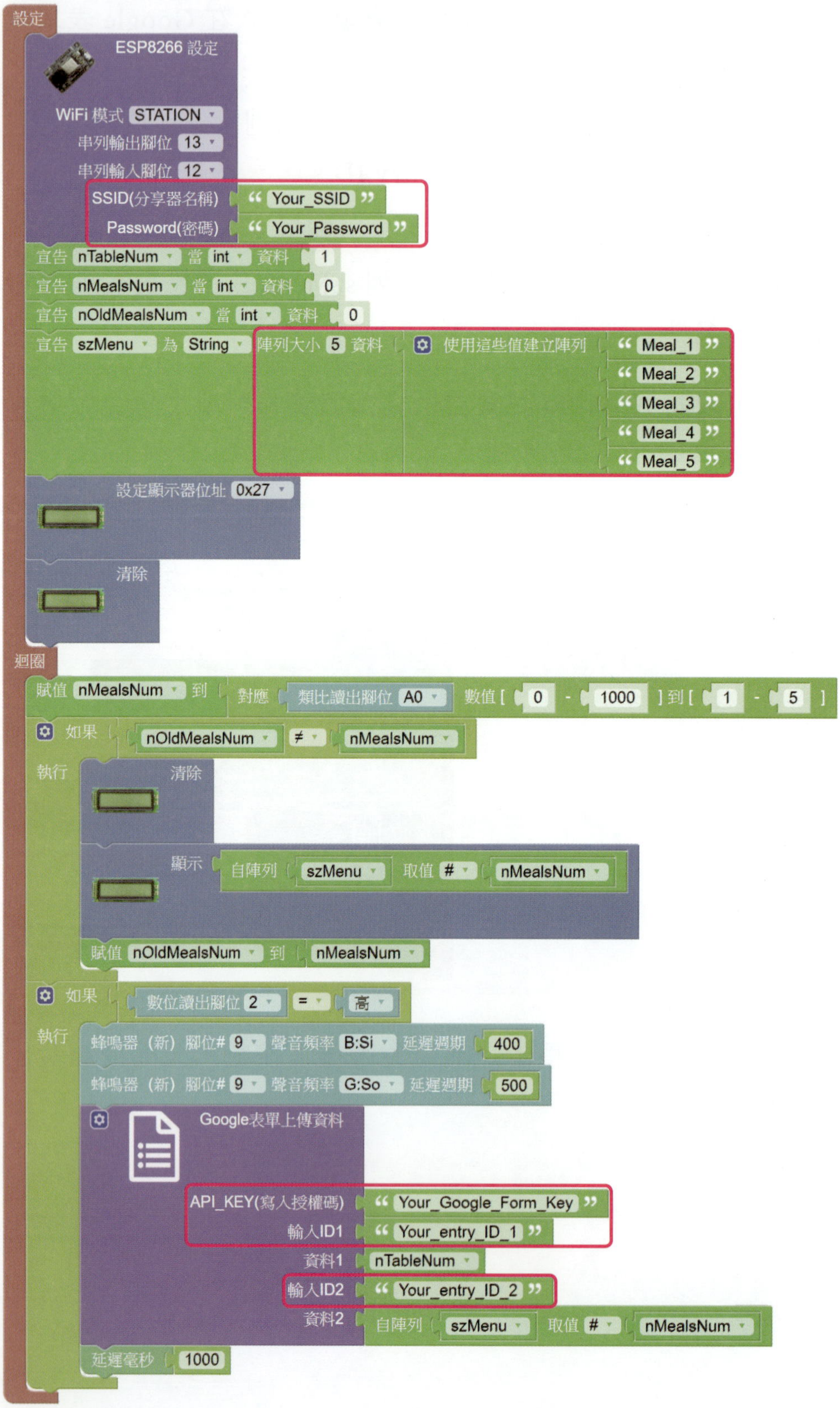
設定
ESP8266 設定
WiFi 模式 STATION
串列輸出腳位 13
串列輸入腳位 12
SSID(分享器名稱) “Your_SSID”
Password(密碼) “Your_Password”
宣告 nTableNum 當 int 資料 1
宣告 nMealsNum 當 int 資料 0
宣告 nOldMealsNum 當 int 資料 0
宣告 szMenu 為 String 陣列大小 5 資料 使用這些值建立陣列
“Meal_1”
“Meal_2”
“Meal_3”
“Meal_4”
“Meal_5”
設定顯示器位址 0x27
清除
迴圈
賦值 nMealsNum 到 對應 類比讀出腳位 A0 數值[0 - 1000]到[1 - 5]
如果 nOldMealsNum ≠ nMealsNum
執行
清除
顯示 自陣列 szMenu 取值 # nMealsNum
賦值 nOldMealsNum 到 nMealsNum
如果 數位讀出腳位 2 = 高
執行
蜂鳴器（新）腳位# 9 聲音頻率 B:Si 延遲週期 400
蜂鳴器（新）腳位# 9 聲音頻率 G:So 延遲週期 500
Google表單上傳資料
API_KEY(寫入授權碼) “Your_Google_Form_Key”
輸入ID1 “Your_entry_ID_1”
資料1 nTableNum
輸入ID2 “Your_entry_ID_2”
資料2 自陣列 szMenu 取值 # nMealsNum
延遲毫秒 1000

雲端點餐系統展示影片：https://youtu.be/Tg1j62Uam64

4-5 Google Form 實作應用 II – 雲端打卡系統

自從一例一休的政策通過並開始實施以來，不少規模較小的公司行號由於無法提供員工的出勤記錄而遭到勞檢機關的裁罰，而勞資雙方因為出勤紀錄所產生的糾紛也時有所聞。

因此接下來要實作的這套雲端打卡系統，便是利用填寫 Google 表單的試算表會一併記錄上傳資料時間的特性，讓 Arduino 也能輕鬆變成可記錄上下班時間的雲端打卡機。透過這套系統，不但可讓老闆能在遠端輕鬆掌握員工出勤的狀況，詳實的出勤紀錄也可成為保障勞工權益的有力證明。

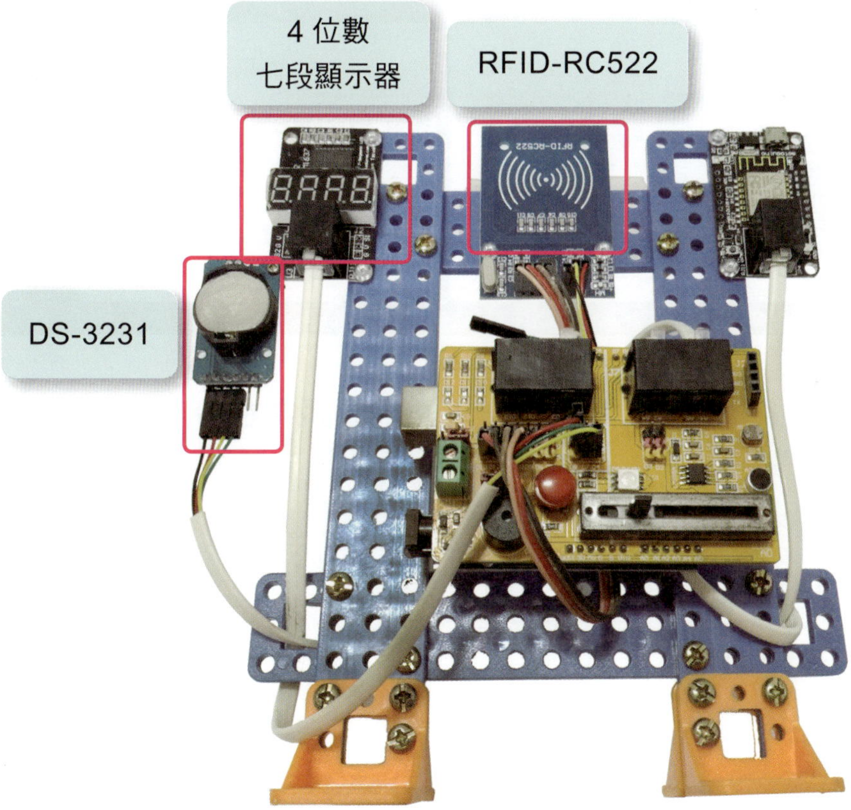

如上圖所示，雲端打卡系統會以最左側的 DS-3231 時鐘模組來計算時間，並將時間顯示在最左上角的 4 位數七段顯示器上。

中間上方的 RFID-RC522 卡片讀取模組則會讀取卡片裡的 RFID 卡號並交由 Arduino 來判斷刷卡人是否為公司員工，一旦確定為公司員工，打卡系統便會將該刷卡人的員工編號與打卡時間 (即時鐘模組上的時間) 上傳至 Google 表單，藉此來記錄該員工的上下班時間。

建立 Google 表單

Step 01 與雲端點餐系統一樣，請先以 Google Chrome 瀏覽器登入 Google 表單的首頁 (https://www.google.com/intl/zh-TW_tw/forms/about/)。進入後再點選如下圖箭頭處的個人『前往 Google 表單』按鈕來建立及設定 Google 表單。

Step 02 進入 Google Form 設定頁面後，點選頁面中右下角彩色的「+」按鈕來建立新的表單。

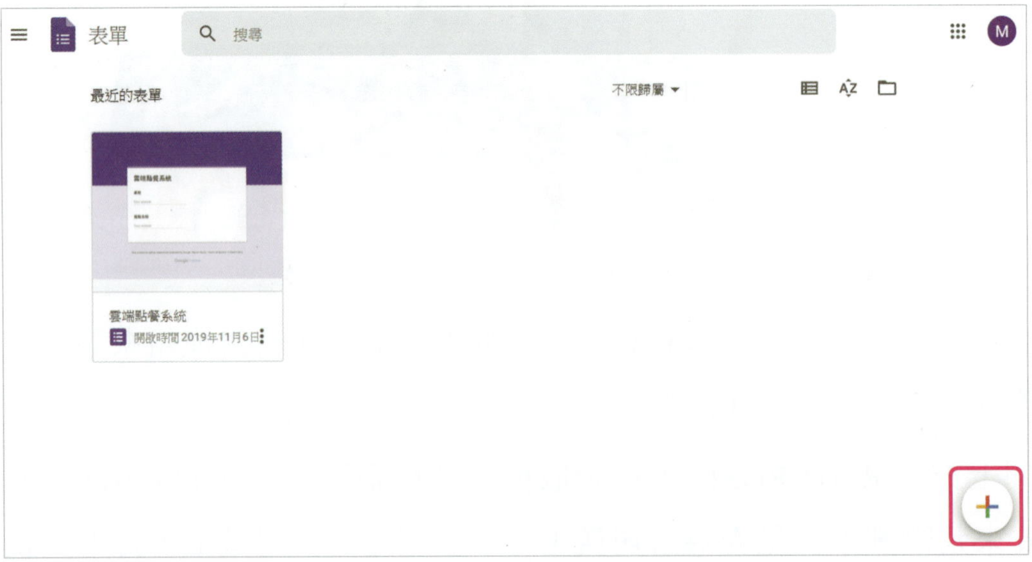

Step 03 建立新表單後，便可開始設定表單的名稱與問題欄位。表單名稱和問題欄位使用任何語言均不會影響 Arduino 上傳資料至 Google 表單，只是表單問題欄的類型請務必選擇「簡答」這個選項，這樣 Arduino 才能把打卡的相關資訊以字串的格式上傳到所建立的表單中。

為了日後可以明確地知道這個 Google 表單的用途，本範例將表單名稱設為「雲端打卡系統」；表單問題則設有「員工編號」和「打卡時間」兩個簡答題。

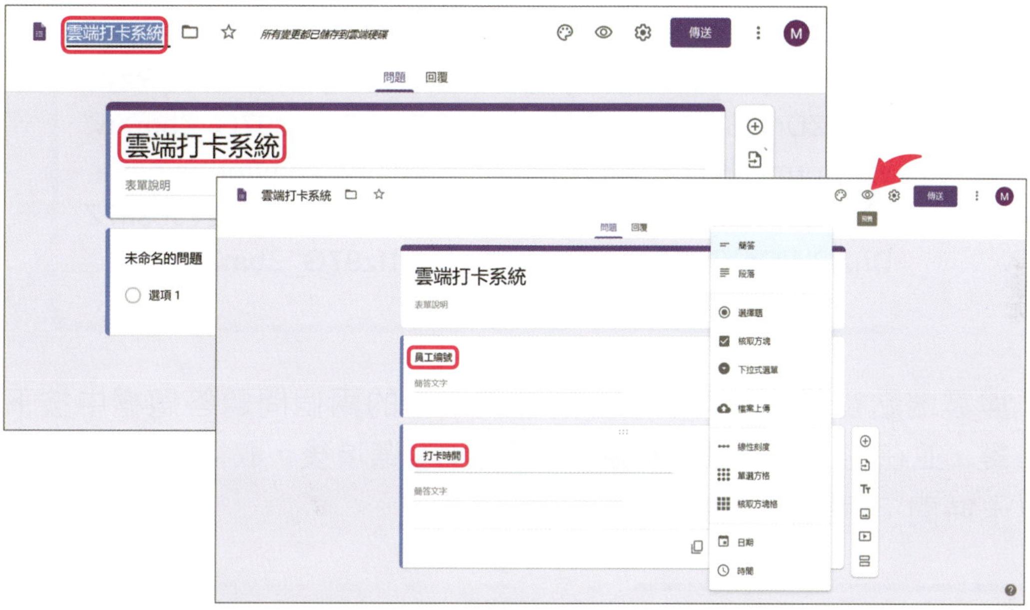

若是建立表單的帳號為 Google Apps for Work 或 Google Apps for Education 所提供，請務必記得至表單的「設定」頁面中，將『僅限 XXXX 使用者』的限制解開（不勾選該選項）並儲存之，以利後續的 Arduino 資料上傳。

完成雲端打卡系統的表單名稱與問題欄位設定後，請點選頁面右上方紅色箭頭處的「預覽」鍵來檢視目前表單呈現的效果。

Step 04

進入預覽畫面時便可自網址列取得此新建 Google 表單的授權碼（Form Key）。取得此表單獨一無二的授權碼後，可先開啟記事本記錄之。

以上圖為例，筆者所建立的雲端打卡系統 Google 表單預覽網址為：https://docs.google.com/forms/d/e/1FAIpQLSeRzVJosn7ZDrj2l8WQpYjbO04LmA80DZWE5G1tz97G_ZbmXw/viewform，授權碼就是夾在『docs.google.com/forms/d/e/』與『/viewform』之間的這串文字－『1FAIpQLSeRzVJosn7ZDrj2l8WQpYjbO04LmA80DZWE5G1tz97G_ZbmXw』。

Step 05

與雲端點餐系統相同，請分別在表單中的兩個問題答題欄中按下滑鼠右鍵，並在跳出的選單中點選『檢查 (N)』選項後，取得「員工編號」與「打卡時間」兩個答題欄位的 entry ID。

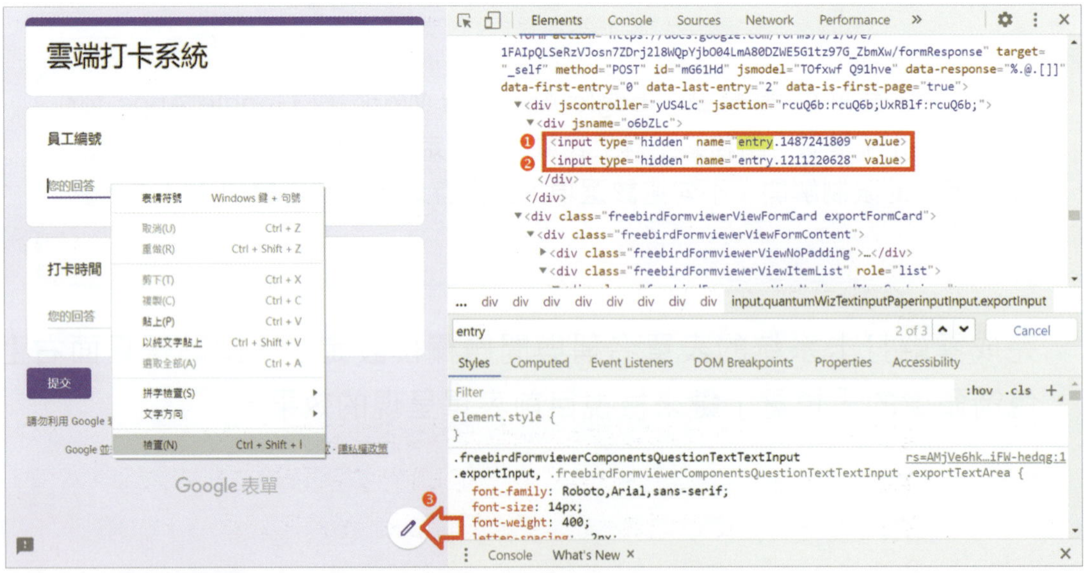

如上圖紅框處所示：

1. 本例的員工編號的答題欄 entry ID 為『1487241809』。
2. 打卡時間的答題欄 entry ID 則為『1211220628』。
3. 取得答題欄的 entry ID 後，請點選上圖箭頭處的「編輯這個表單」按鈕再次返回表單編輯頁。

Step 06 在步驟 4、5 取得此表單的 Form Key 和 entry ID 後，便可利用瀏覽器來測試表單資料上傳的動作是否正常，請依以下的命令格式將資料上傳：https://docs.google.com/forms/d/e/<Your_Form_Key>/formResponse?entry.<Your_entry_ID1>=<Data1>&entry.<Your_entry_ID2>=<Data2>&submit=Submit。

在瀏覽器的網址列填入自己表單的授權碼與 entry ID 值，再填入想要上傳的資料後按下 Enter 鍵，便可直接把打卡資料填入剛剛建立的表單中。

以筆者所取得的授權碼和 entry ID 為例，當在瀏覽器的網址列輸入如下指令時：https://docs.google.com/forms/d/e/1FAIpQLSeRzVJosn7ZDrj2l8WQpYjbO04LmA80DZWE5G1tz97G_ZbmXw/formResponse?entry.1487241809=990008&entry.1211220628=08:00&submit=Submit，Google 表單會出現如上圖左所示的「我們已經收到您回覆的表單。」字樣，並在表單編輯頁面（上圖紅框處）會出現 1 筆回覆的圖示。

Step 07 最後再如下圖所示建立雲端打卡系統的試算表，讓打卡紀錄可以一目瞭然。

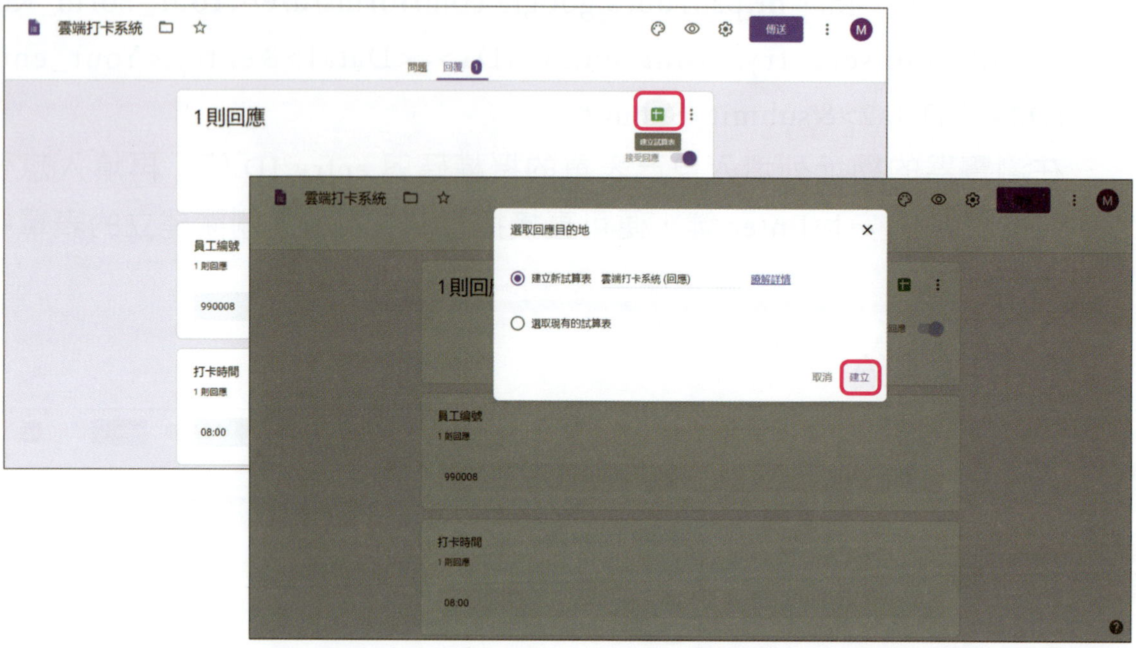

下圖為雲端打卡系統表單所建立的試算表，原先測試上傳的資料（員工編號為 990008，打卡時間為 08:00）如果出現在內，即代表完成整個新表單的建立。

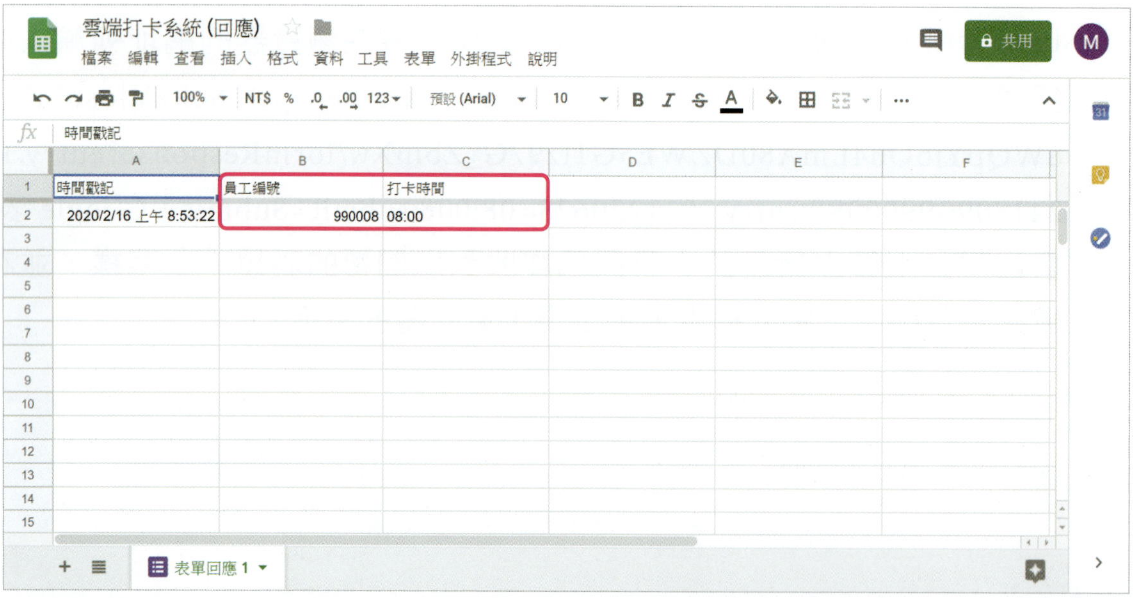

Arduino 硬體設定

Google Form 雲端打卡系統在硬體方面的需求有：

1. 改款自 Arduino UNO 且作為大腦來控制各項硬體的「Motoduino U1」。
2. 配置有 RGB LED（G-D5、R-D6、B-D9），可藉此顯示打卡是否成功的「慧手科技 S4A Sensor board」擴充板。
3. 可取得目前時間的 DS-3231 時鐘模組。
4. 可顯示目前時間的 4 位數七段顯示器。
5. 讀取員工卡片資料的 RFID-RC522 RFID 讀卡模組。
6. 可協助 Arduino 上傳打卡資料的「慧手科技 WiFi Terminal」。

硬體組裝步驟：

Step 01 先將 Motoduino U1 與 S4A Sensor Board 依下圖所示的方式接合在一起。

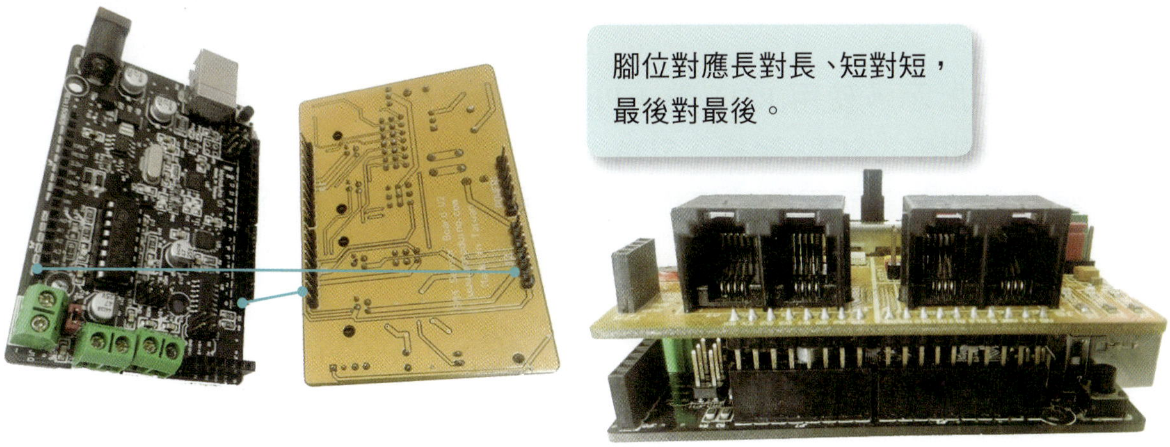
腳位對應長對長、短對短，
最後對最後。

Step 02 如下圖所示，RFID 卡片讀取模組的 RFID-RC522 函式庫中的範例程式：ReadNUID.ino 清楚地標示了 RFID 卡片讀取模組的 SPI 接線說明。

```
* Typical pin layout used:
* -----------------------------------------------------------------------------------------
*             MFRC522      Arduino       Arduino   Arduino    Arduino          Arduino
*             Reader/PCD   Uno/101       Mega      Nano v3    Leonardo/Micro   Pro Micro
* Signal      Pin          Pin           Pin       Pin        Pin              Pin
* -----------------------------------------------------------------------------------------
* RST/Reset   RST          9             5         D9         RESET/ICSP-5     RST
* SPI SS      SDA(SS)      10            53        D10        10               10
* SPI MOSI    MOSI         11 / ICSP-4   51        D11        ICSP-4           16
* SPI MISO    MISO         12 / ICSP-1   50        D12        ICSP-1           14
* SPI SCK     SCK          13 / ICSP-3   52        D13        ICSP-3           15
```

由於本書所使用的「Motoduino U1」開發板已裝上 S4A Sensor Board 擴充板，因此請依上圖紅框處的敘述將 RFID 卡片讀取模組與 Sensor Board 連接，或是直接參照下圖進行線路的連接。

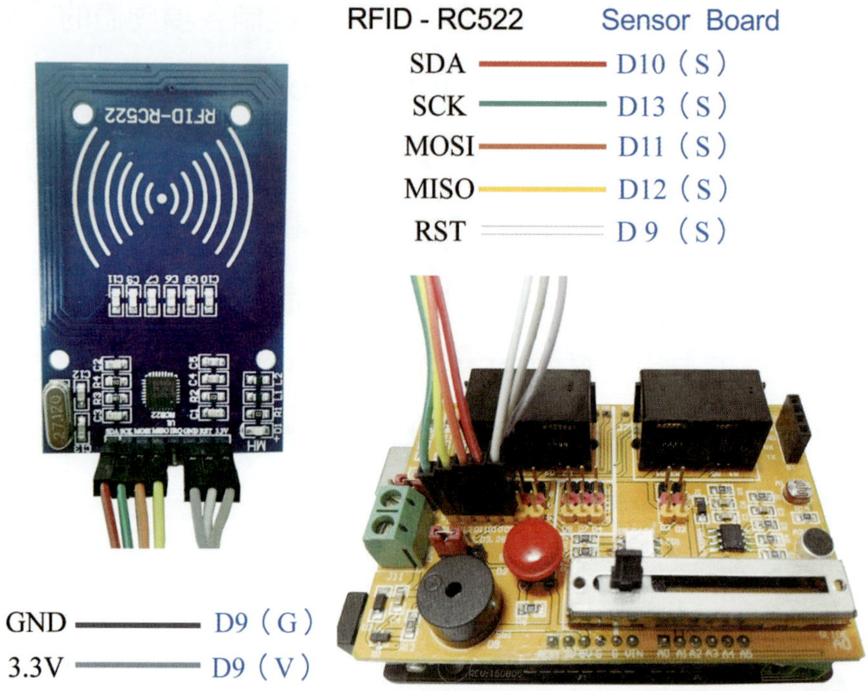

Step 03 如下圖所示，使用 RJ11 轉 4 Pins 杜邦連接線，將杜邦線端與 DS-3231 時鐘模組依「SCL- 綠線，SDA- 黃線，VCC- 紅線，GND- 黑線」的方式連接在一起。而因為時鐘模組使用的是標準的 I2C 介面，因此另一端的 RJ11 接頭只能連接至 S4A Sensor Board 上同樣支援 I2C 的 A4/A5 RJ11 插槽中。

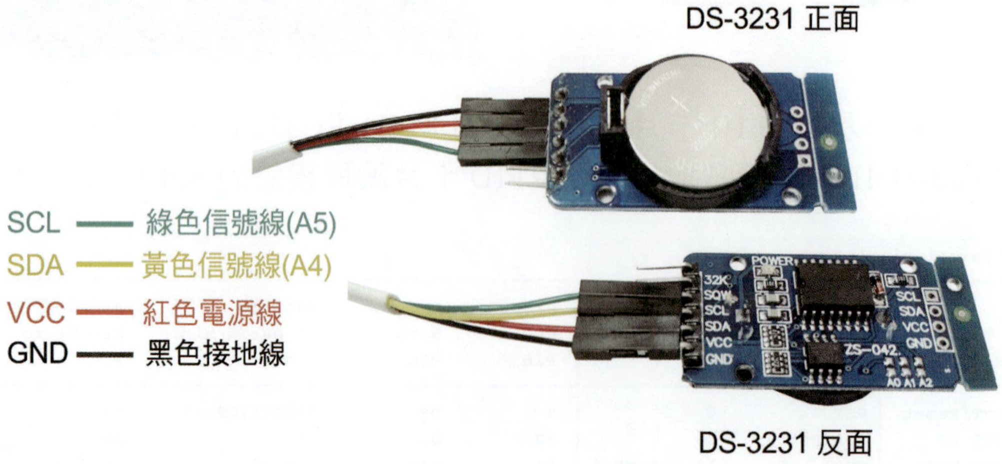

Step 04 因為 Sensor Board 上數位的 RJ11 插槽不足之故，因此顯示時間的 4 位數七段顯示器也需要使用 RJ11 轉 4 Pins 杜邦連接線。RJ11 端與 4 位數七段顯示器相接，4 Pins 杜邦線端則依下圖方式接到 Sensor Board 中間的 D4、D7 排針上。

Step 05 最後再以雙頭 RJ11 線將 WiFi Terminal 與 S4A Sensor Board 的 D2/D3 RJ11 插槽相連接，即可完成雲端打卡系統的硬體配線，其完整接線方式如下圖所示。

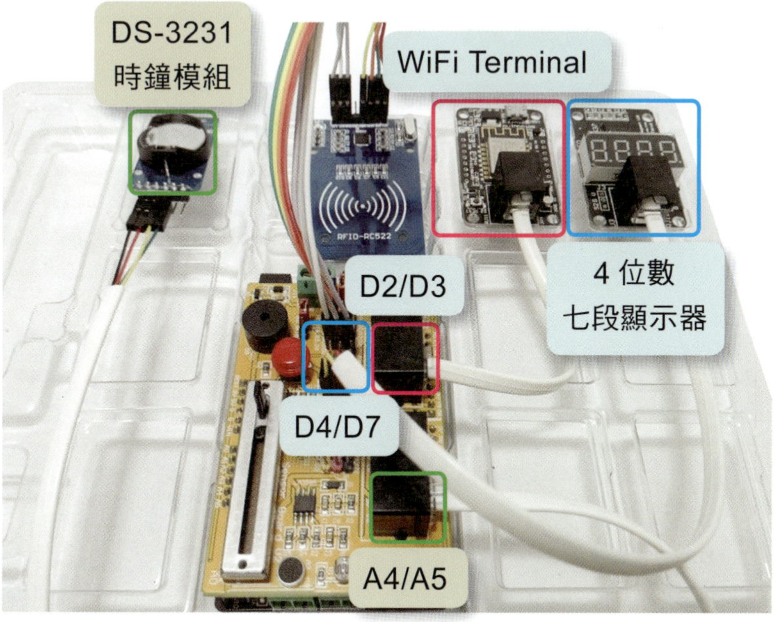

Arduino 圖控程式 I – RFID 卡的 ID 碼讀取系統

在正式開始編寫「雲端打卡系統」的 Arduino 程式前，我們得先收集所有員工卡的 ID 碼，才能將這些 ID 碼預先記錄在 Arduino 以供日後比對。因此，此節便會先練習編寫一個「RFID 卡的 ID 碼讀取系統」，除了可以藉此取得 RFID 的卡號資訊外，也可以趁機了解 motoBlockly 的 RFID 讀取模組相關程式積木的功能與使用方式。其程式的編寫流程如下。

Step 01 因為系統需將所讀取到的 RFID 卡號資訊顯示在 Arduino IDE 的序列埠監控視窗中，因此一開始需先設定 Arduino 與電腦間的序列埠傳輸速率。（本例將其設為 9600 bps）

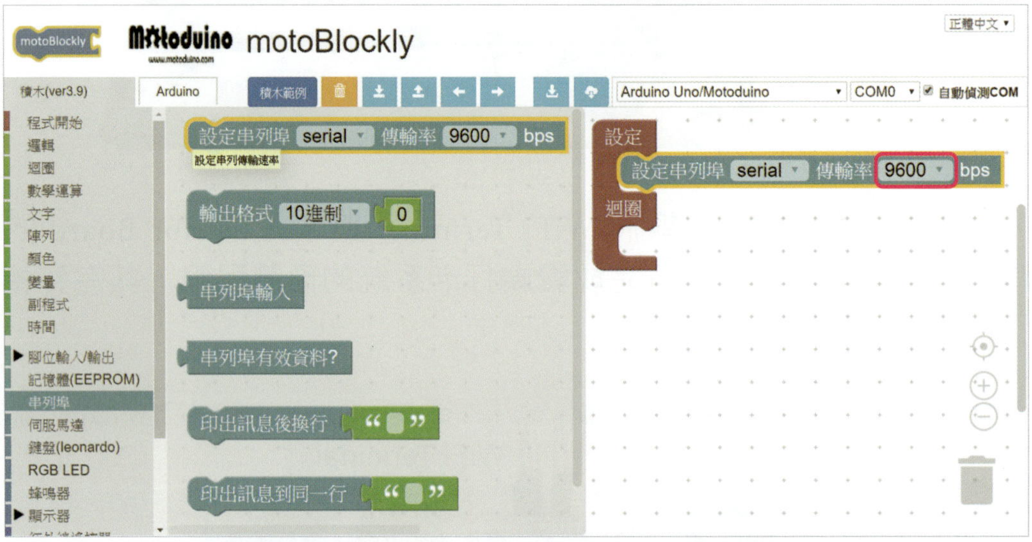

Step 02 初始化 RFID-RC522 讀取模組，依上一節演示的硬體組裝位置而言：RFID 設定積木的『重置腳位（RST）』需選擇數位腳位 9（D9）、『選擇腳位（SDA）』則請選擇數位腳位 10（D10）。

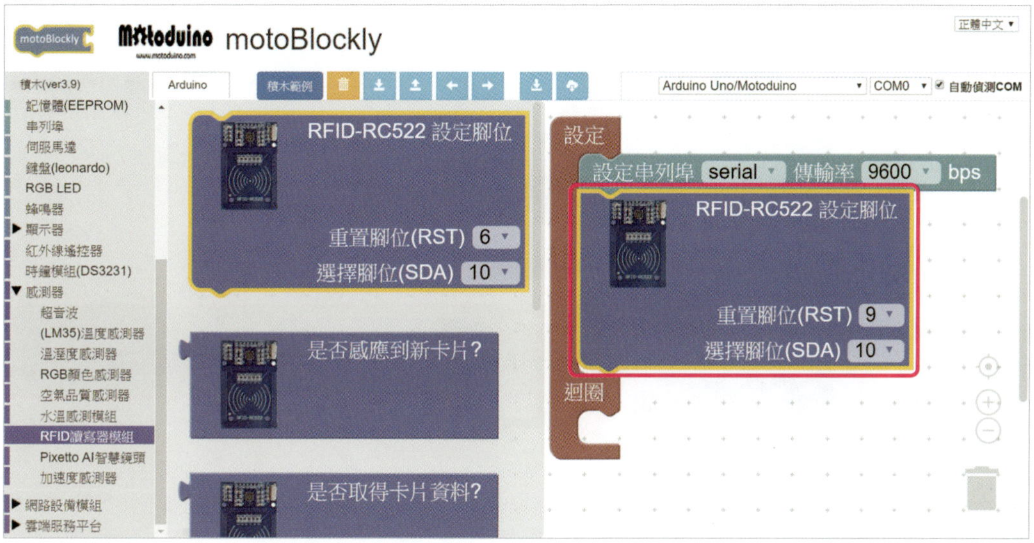

Step 03 在讀取 RFID 卡號資訊前需同時符合兩個條件，系統才會開始進行讀取並顯示該卡資訊。因此需以『【且】程式積木』來取代原本『如果 / 執行積木』中的『【=】積木』，其擺放位置如下圖所示。

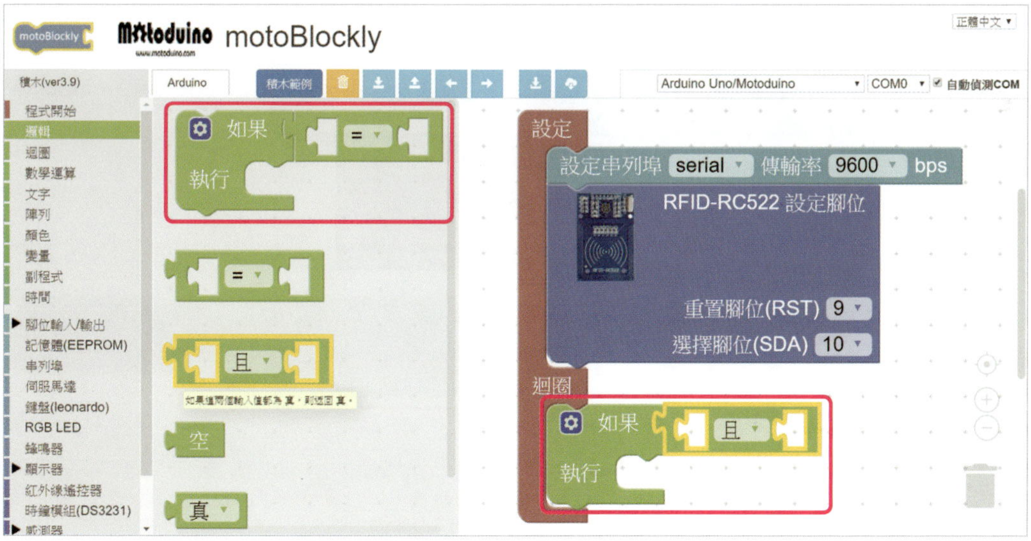

Step 04 如下圖所示，將步驟 3 需判斷的兩個條件填入，分別是「是否感應到新卡片？」與「是否取得卡片資料？」。這兩個條件需同時成立，系統才會將所讀取的卡號資訊揭露出來。

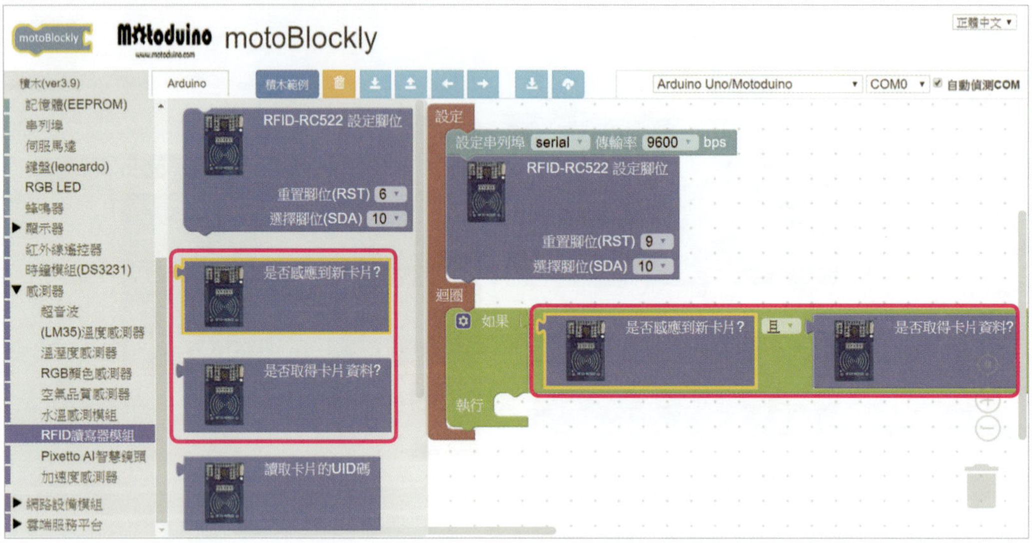

Step 05 為了避免 RFID 的卡號資訊顯示時混在一起後會造成誤判，系統需將每一筆讀出的卡號資訊顯示後立即換行來作區隔。因此需使用「串列埠」積木群組中的『印出訊息後換行』程式積木，便可達到上述換行的效果。

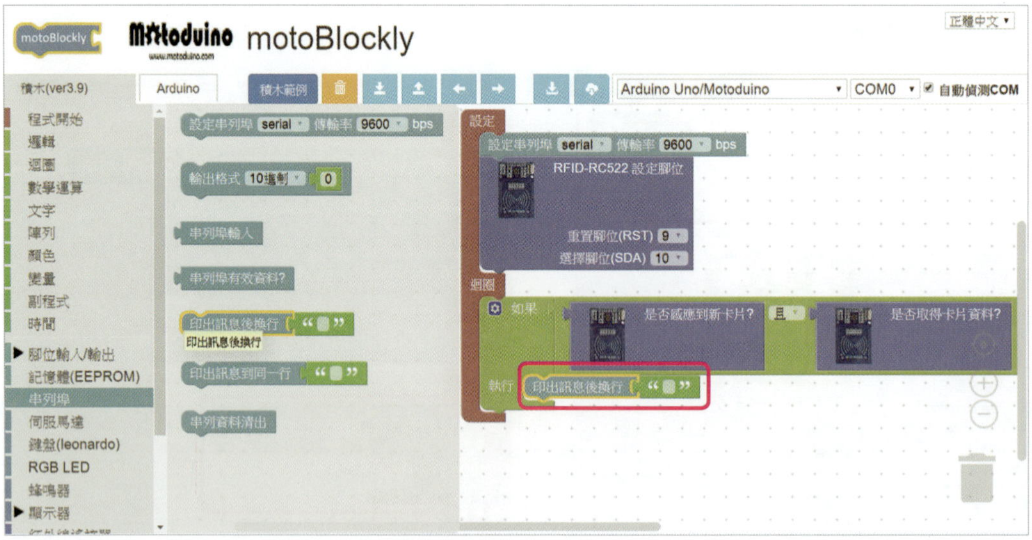

Step 06 將要從 Arduino IDE「序列埠監控視窗」中顯示的空白訊息改為所讀取到的卡號資訊，並且在最後加入「停止連續讀取」的程式積木，藉此避免系統會一直重複顯示同一塊 RFID 的卡號資訊。至此，「RFID 卡的 ID 碼讀取系統」程式便全部完成，最後再將其上傳至 Arduino 上即可開始運作。

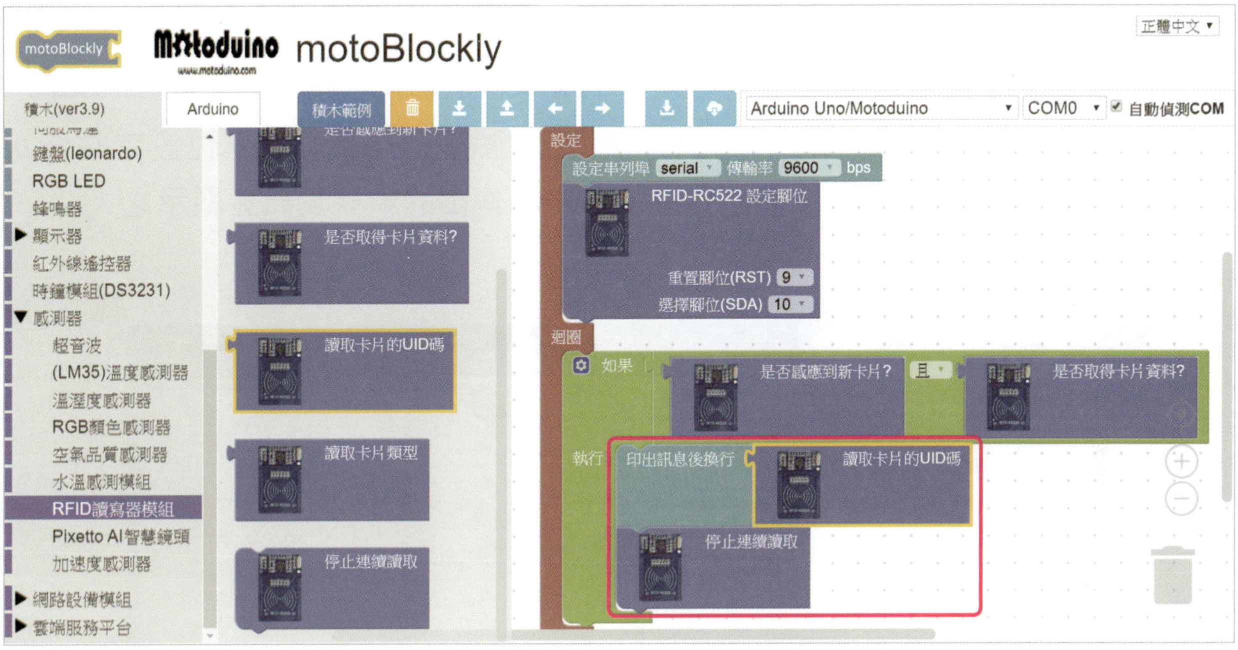

Step 07 程式上傳完畢後便可開始驗證系統的運作是否正常。先以 USB 傳輸線連接電腦與 Arduino 開發板，並開啟 Arduino 程式編輯器 IDE：

❶ 將工具欄中「工具」的「開發板」選項設為『Arduino/Genuino Uno』。

❷ 選擇對應的 Arduino「序列埠」（本例設為『COM4』，但讀者的 Arduino 開發板 COM Port 位置可能會不一樣，請依自己電腦顯示的位置來選擇）。

❸ 點選下圖箭頭處的按鈕，開啟可顯示讀取卡號資訊的「序列埠監控視窗」。

❹ 如下圖紅框處所示，需將序列埠監控視窗的傳輸速率也設定在 9600 baud，如此 IDE 才能收到從 Arduino 傳出的卡號資訊並顯示之。

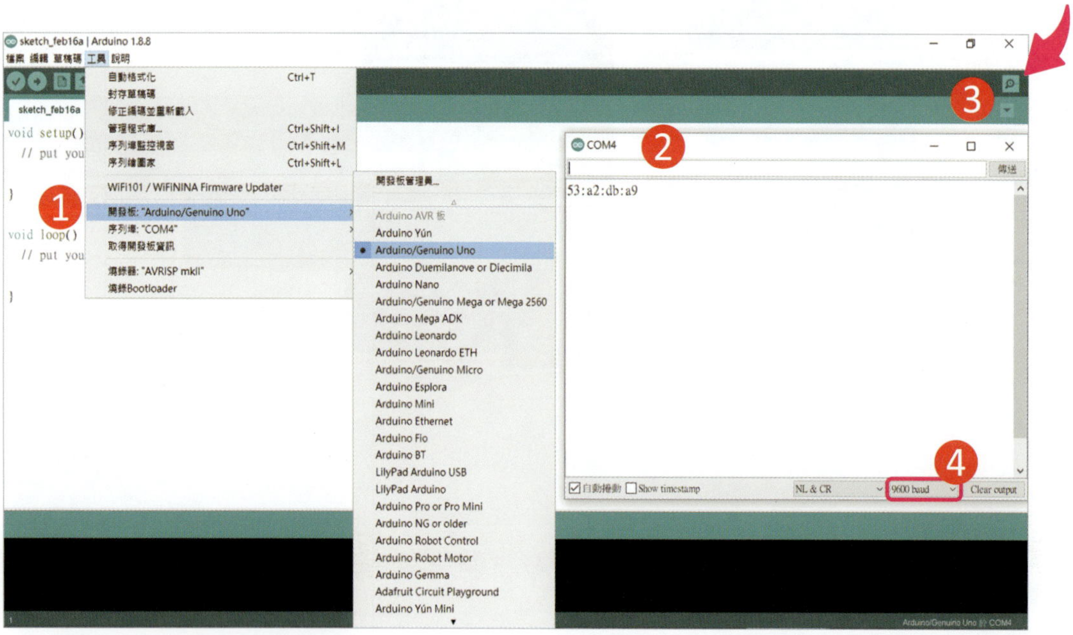

若是 IDE 的序列埠監控視窗可在刷取 RFID 卡時顯示該卡的 ID 碼，即代表此系統的程式與運作無誤。以上圖為例，此範例程式取得了某張 RFID 卡的 16 進制 ID 碼：53:a2:db:a9，若將此卡的 16 進制 ID 碼記錄在 Arduino 中，此張 RFID 卡便變成了登記有案的員工證。每當有人刷卡時，系統便可藉此判斷此人是否為公司員工。將所有員工卡的 16 進制 ID 碼讀出並記錄在記事本後，「RFID 卡的 ID 碼讀取系統」的工作就此便告一段落。

Arduino 圖控程式 II – 時鐘模組的對時

「雲端打卡系統」使用 DS-3231 時鐘模組來取得目前的時間，並由 4 位數七段顯示器顯示之，但 DS-3231 時鐘模組出廠時均將其時間預設在 1900 年的 1 月 1 日，因此在使用該時鐘模組前一定得先完成更正對時的動作。由於 motoBlockly 目前已支援 DS-3231 時鐘模組的設定與讀取，因此接下來就以 motoBlockly 編寫的程式來修正時鐘模組的預設時間。其流程如下：

Step 01 如下圖所示，DS-3231 時鐘模組的積木可直接修改時鐘模組的時間。其中的『年』、『月』、『日』、『時』、『分』、『秒』及『星期幾』…等參數，請讀者依實際的時間輸入即可。

由於 DS-3231 時鐘模組會自帶一顆小電池，所以修正預設時間的動作只需完成一次即可，之後即便 Arduino 端沒有主動提供電源給時鐘模組，該模組也會藉由自帶的電池來持續地計算時間，一直到模組上的小電池被移除或電力耗盡為止。

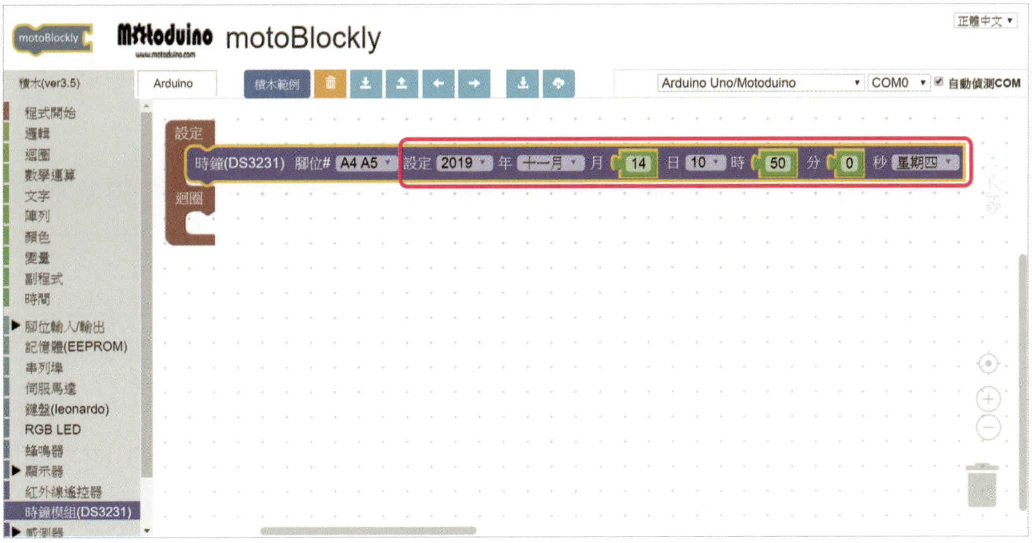

Step 02 若想由系統外接的 4 位數七段顯示器來檢查時鐘模組的設定是否有誤，可再補上下圖紅框處所示的程式積木並上傳之；上傳完成後若顯示器顯示出程式所設定的時間，則表示時間修正成功。

> **注意**
> 設定成功後請將時鐘模組接於 S4A Sensor Board A4/A5 腳位的 RJ11 線先拔除，避免 Arduino 在重啟時又再次修改到 DS-3231 模組的時間。

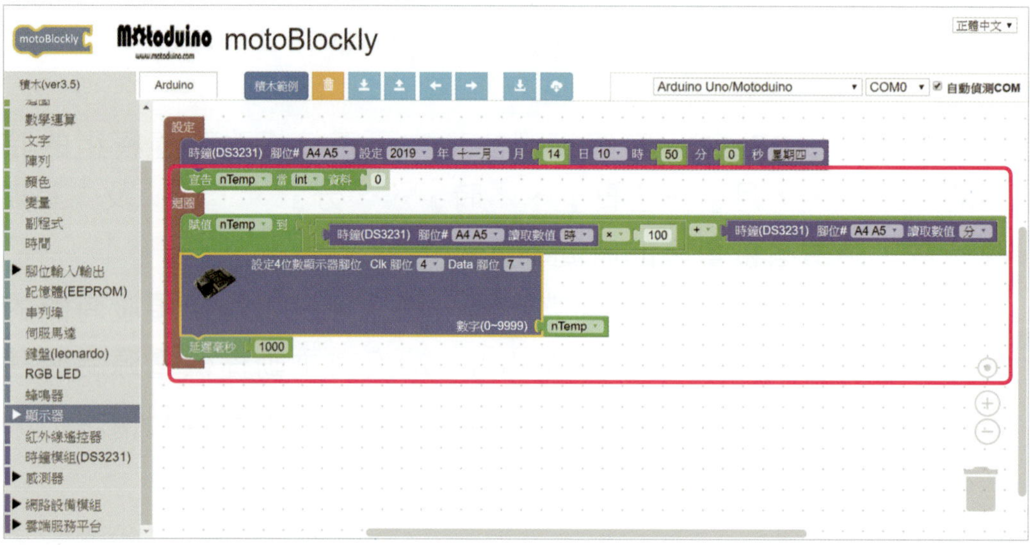

Arduino 圖控程式 III – 雲端打卡系統

在完成所有員工卡的 ID 碼收集與時鐘模組的對時後，便可開始動手編寫完整版的「雲端打卡系統」程式。

首先，將所有收集到的員工卡 ID 碼記錄在 Arduino 中；另外再將取自 DS-3231 時鐘模組的目前時間顯示在 4 位數的七段顯示器上。而當有人對著 RFID 卡片讀取模組進行刷卡動作時，系統會將所讀取到的卡片 ID 與先前記錄在 Arduino 裡的員工卡 ID 碼做比對，一旦確認該卡片為公司員工卡，系統便會點亮 RGB LED 的綠燈 (D5) 來示意，並將此人對應的員工編號及打卡時間上傳至之前建立的 Google 雲端打卡系統表單中做記錄。

倘若該刷卡人的卡片 ID 碼在 Arduino 中並無登錄，則系統將不做出任何的應對措施。其完整程式的編寫流程如下：

Step 01 建立一個名為 CardIDArray 的字串 (String) 陣列，並將之前以「RFID 卡的 ID 碼讀取系統」取得的所有員工卡 ID 碼均放入其中，其中 ID 碼的字串格式需為 ww:xx:yy:zz 方以利後續的比對。本陣列內容讀者可依自己實際的 RFID 卡數量與卡號資訊來填寫，不過填入陣列中的 ID 碼數量請務必與自己設定的陣列大小相同。

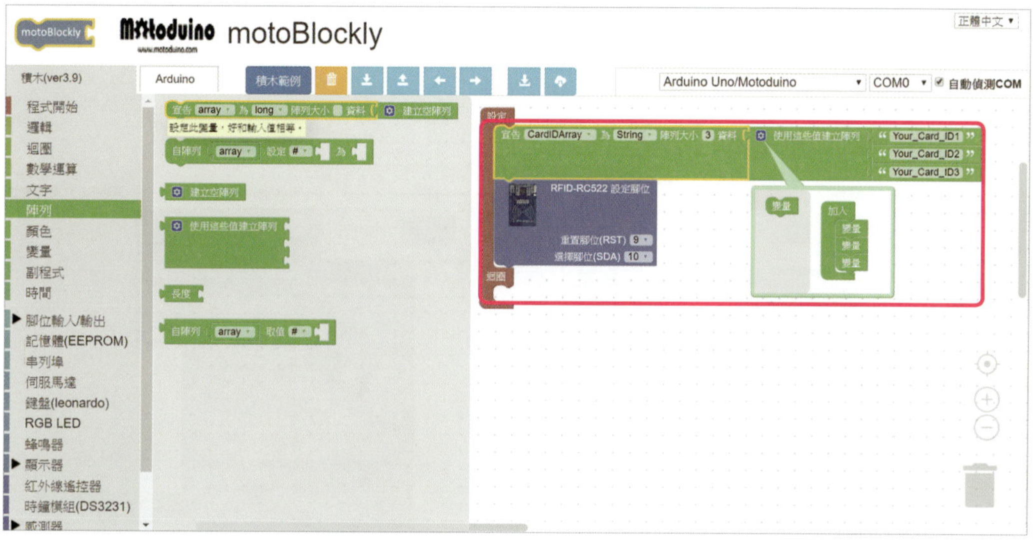

接著初始化 RFID-RC522 卡片讀取模組，依前面所示範的硬體接線位置而言：RFID 設定積木中的『重置腳位（RST）』需設為數位腳位 9（D9）、『選擇腳位 (SDA)』則設為數位腳位 10（D10）。

Step 02 如下圖所示，在設定（Setup）積木中加入 WiFi Terminal 的程式積木並設定之。依範例所示的接線位置：ESP8266 設定積木中的『串列輸出腳位』請選擇數位腳位 3、『串列輸入腳位』請選擇數位腳位 2，「SSID（分享器名稱）」與「Password（密碼）」為 ESP8266 準備連線的路由器或無線網路分享器的名稱與密碼，請依個人實際狀況輸入。

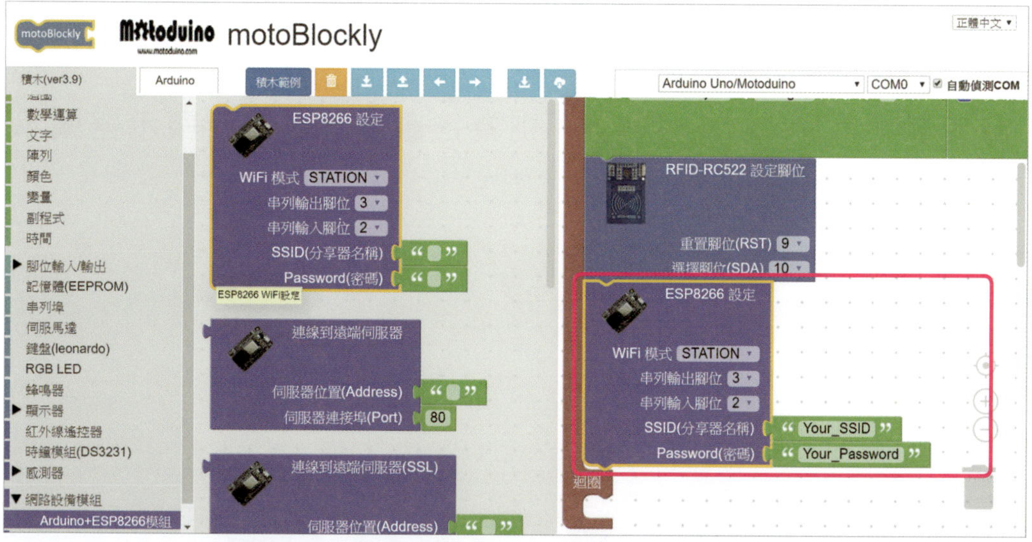

Step 03 建立 3 個變量待用：

1. 代表顯示器上時間的 nTimeDisplay（整數 int 型態，初始值為 0）；
2. 代表刷卡時當下的時間字串 szCurrentTime（字串 String 型態，初始值為空字串）；
3. 存放刷卡人卡片 ID 碼的 szEmployeeID（字串 String 型態，初始值為空字串）。

Step 04 因為 4 位數七段顯示器必須不停地更新來自 DS-3231 時鐘模組的最新時間，因此需在迴圈積木（Loop）中將時鐘模組所提供的時與分經由特別的算式（nTimeDisplay 變量 = 時鐘模組的「時」x100+ 時鐘模組的「分」）組合起來，以便於顯示在「4 位數」的七段顯示器上。

依上一節硬體組裝的位置設定：

❶ 4 位數七段顯示器的程式積木參數『Clk 腳位』需選擇數位腳位 4。

❷ 『Data 腳位』則需選擇數位腳位 7。

❸ 參數『數字（0 ~ 9999）』則為欲讓 4 位數七段顯示器顯示的變量 nTimeDisplay。

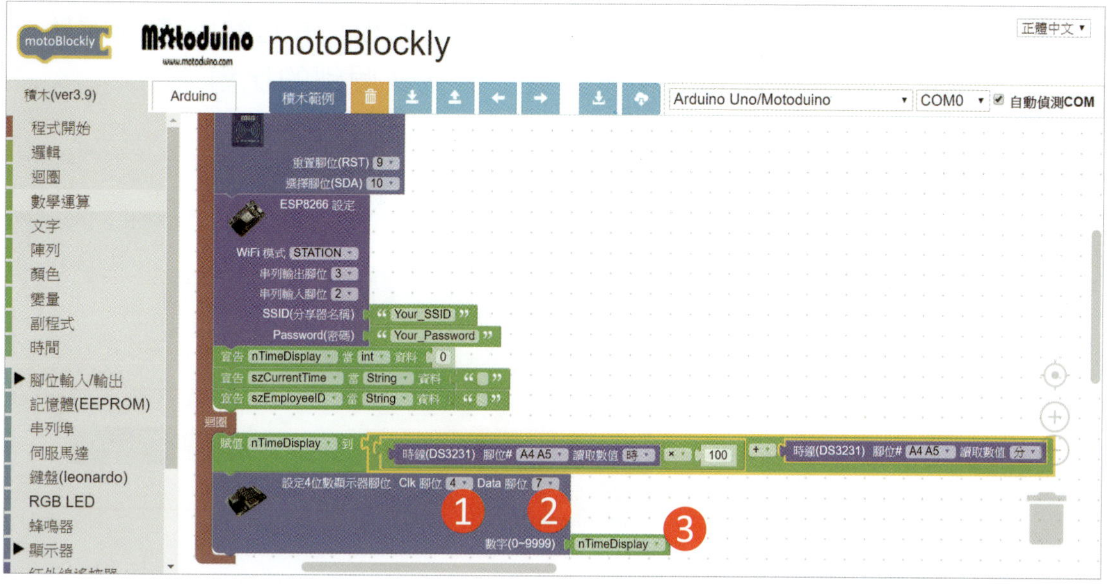

05 如下圖所示，建立一個可以比對卡號資訊的副程式 -fnCheckRFIDCard()，此副程不在設定（Setup）積木與迴圈（Loop）積木內，是為一個獨立的函式。為了避免程式碼產生的順序有誤造成程式編譯上傳失敗，請做以下設定：

1. 將此副程式積木的位置放在主程式堆疊積木的右邊。
2. 在副程式中新增一個判斷式，藉此判斷刷卡時的卡片是否有同時符合「感應到新卡片」與「取得卡片資料」兩個條件。
3. 以上兩條件同時成立，系統才會將所讀取到的卡號資訊先置入 szEmployeeID 變量中，再以此變量與原本記錄 Arduino 裡的員工卡號批次做比對。

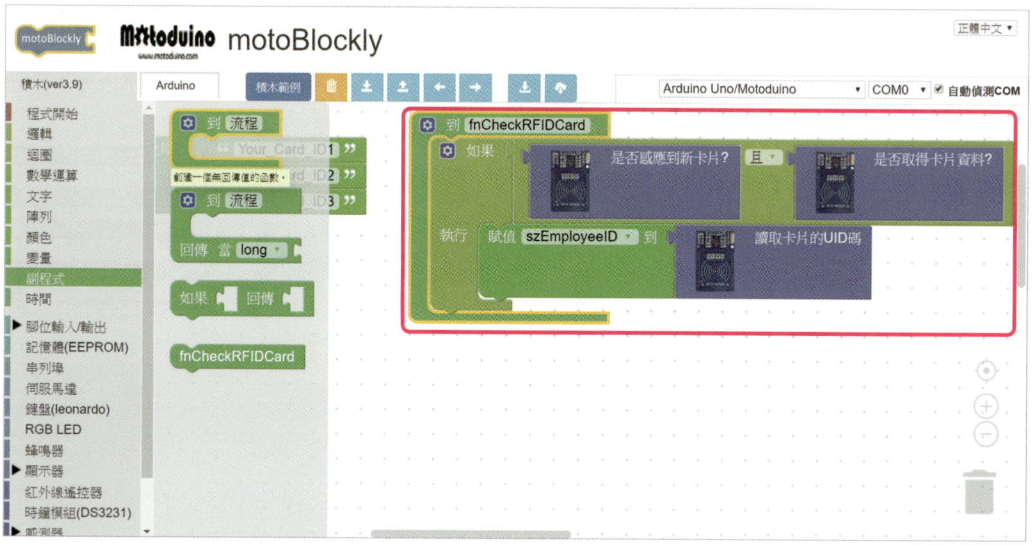

Step 06 將在上一步驟取得的 szEmployeeID 卡號資訊，用迴圈的方式開始一個一個地與原先記錄在 Arduino 裡的員工卡號做個別的比對。

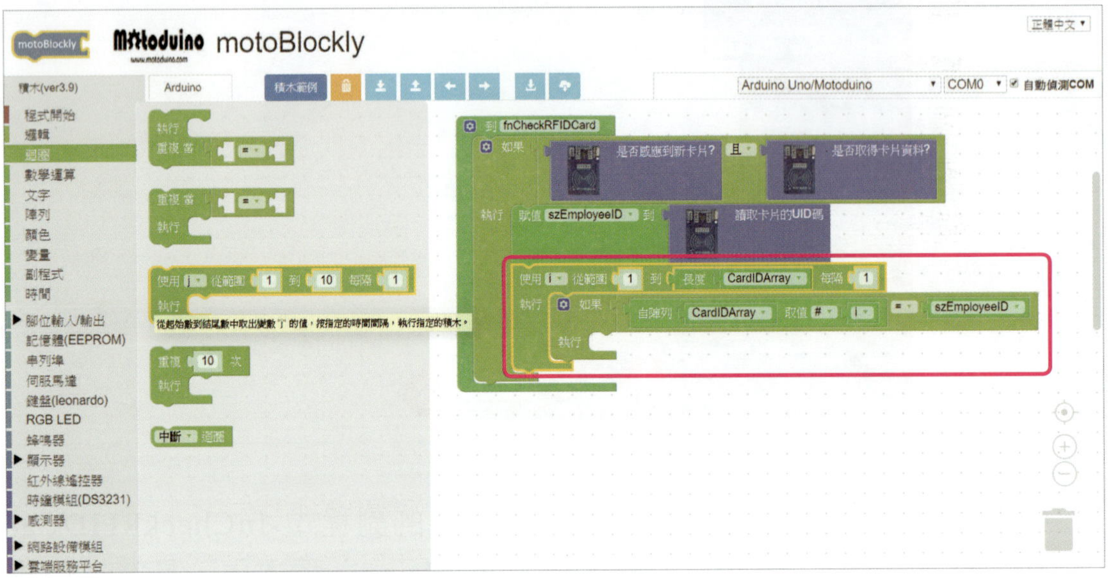

Step 07 當刷卡人卡號與登記在案的員工卡 ID 碼相同時，便需執行刷卡比對成功的對應動作流程：除了點亮 RGB LED 中的綠燈 (D5) 來示意外，還需將 DS-3231 時鐘模組所提供的刷卡時間轉為「HH:MM」的字串格式，並將其放入 szCurrentTime 變量中備用。

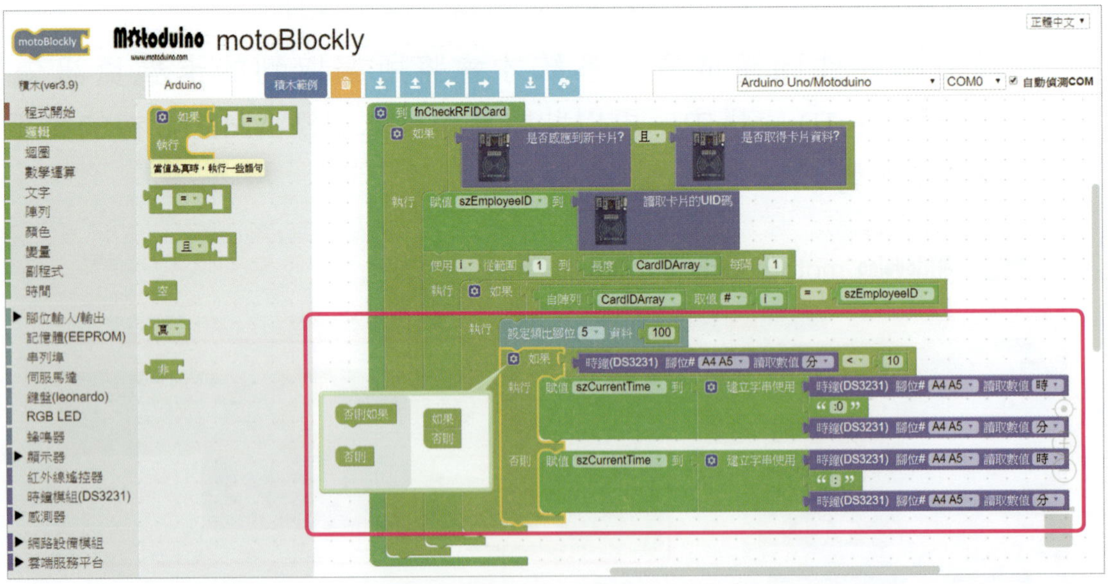

Step 08 最後再將刷卡時間 szCurrentTime 與對應的刷卡人員工編號上傳至雲端打卡系統的 Google 表單上：

1. 「API_Key(寫入授權碼)」：參數填入在 Google 表單建立流程取得的表單寫入授權碼 (Form Key)；
2. 「輸入 ID1」與「輸入 ID2」：兩個參數則分別填入表單建立流程取得的兩個答題欄 entry ID；
3. 「資料 1」：填入對應的刷卡人員工編號；
4. 「資料 2」：則填入刷卡時間 szCurrentTime 即可。

而在資料上傳 Google 表單記錄的一秒鐘後，再關閉示意的綠燈即可。

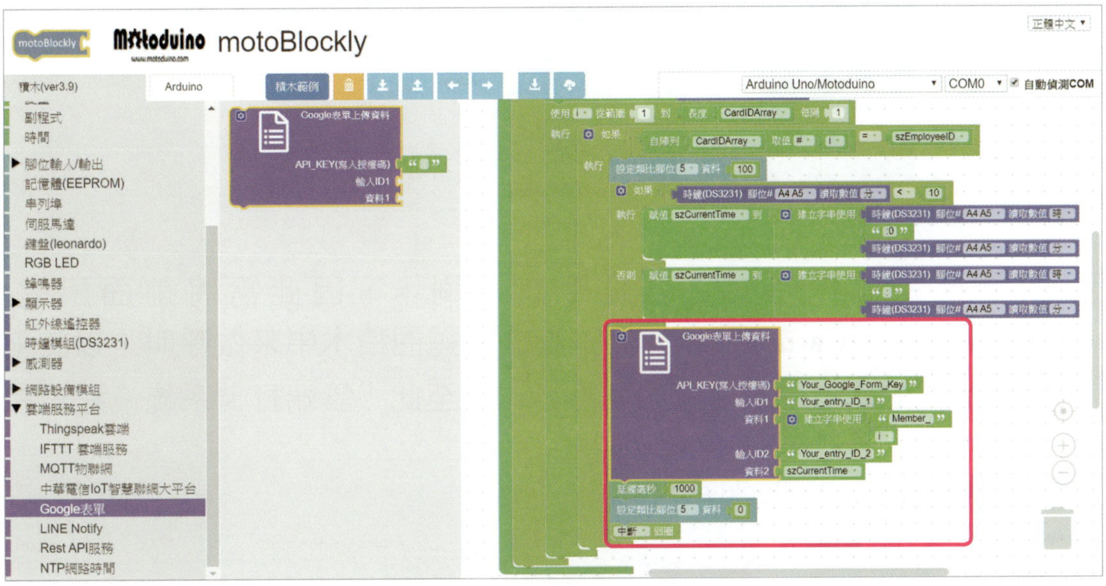

由於記錄在 Arduino 中的員工編號可能會有很多筆，因此需在比對成功後加上一個「中斷迴圈」的程式積木（位於「迴圈」群組中），如此在 Arduino 記錄的陣列中找到相同的員工卡號時，便可藉此積木來跳出比對的迴圈中，藉此縮短比對的時間。

Step 09

不管有無找到相同的員工卡號，最後需再加入一個「停止連續讀取」的程式積木，藉此避免系統重複讀取到同一塊 RFID 的卡號資訊。至此 fnCheckRFIDCard() 副程式便大功告成。

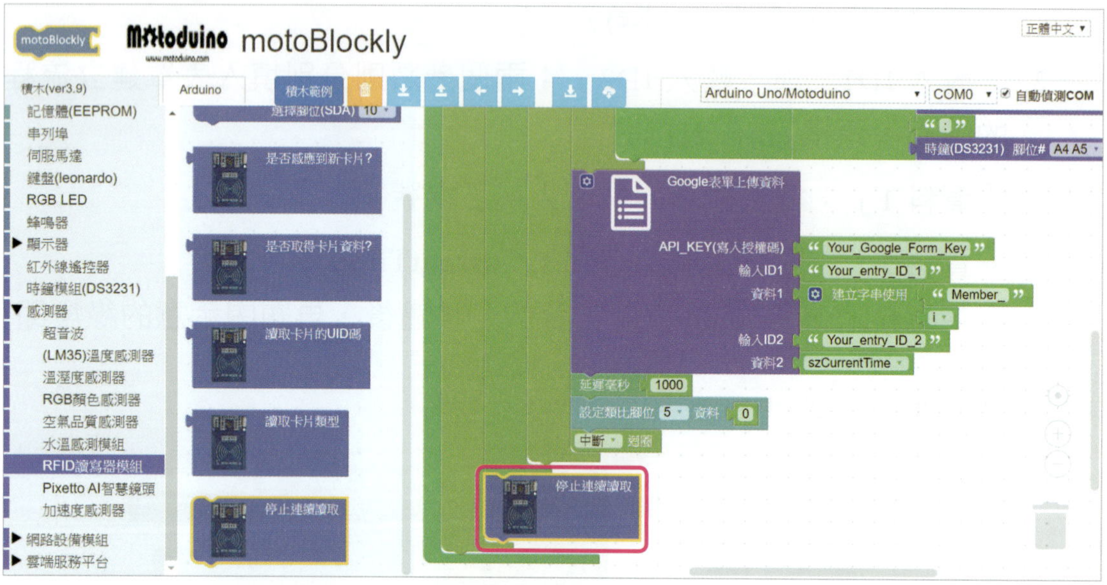

Step 10

由於此系統需時刻注意是否有人刷卡，因此需將前面所完成的 fnCheckRFIDCard() 副程式於主程式的迴圈積木中來做呼叫，以此來進行刷卡資訊的比對以及後續的對應動作，至此「雲端打卡系統」程式完成。

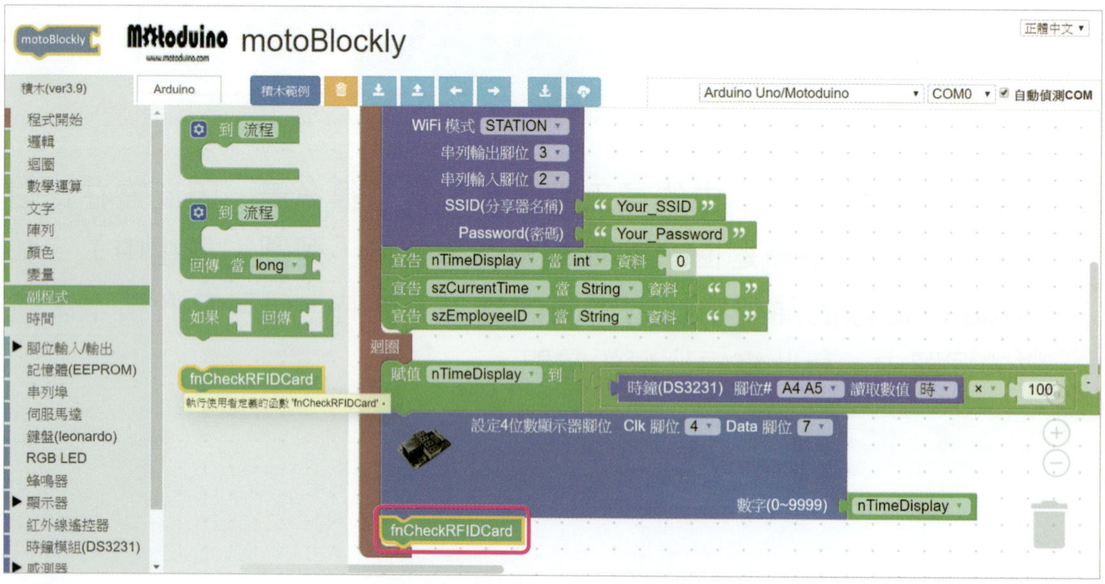

Step 11

完整的 motoBlockly 雲端打卡系統程式如下圖所示，請在紅框處填入自己對應的資訊，雲端打卡系統程式才能完整並正常的工作。

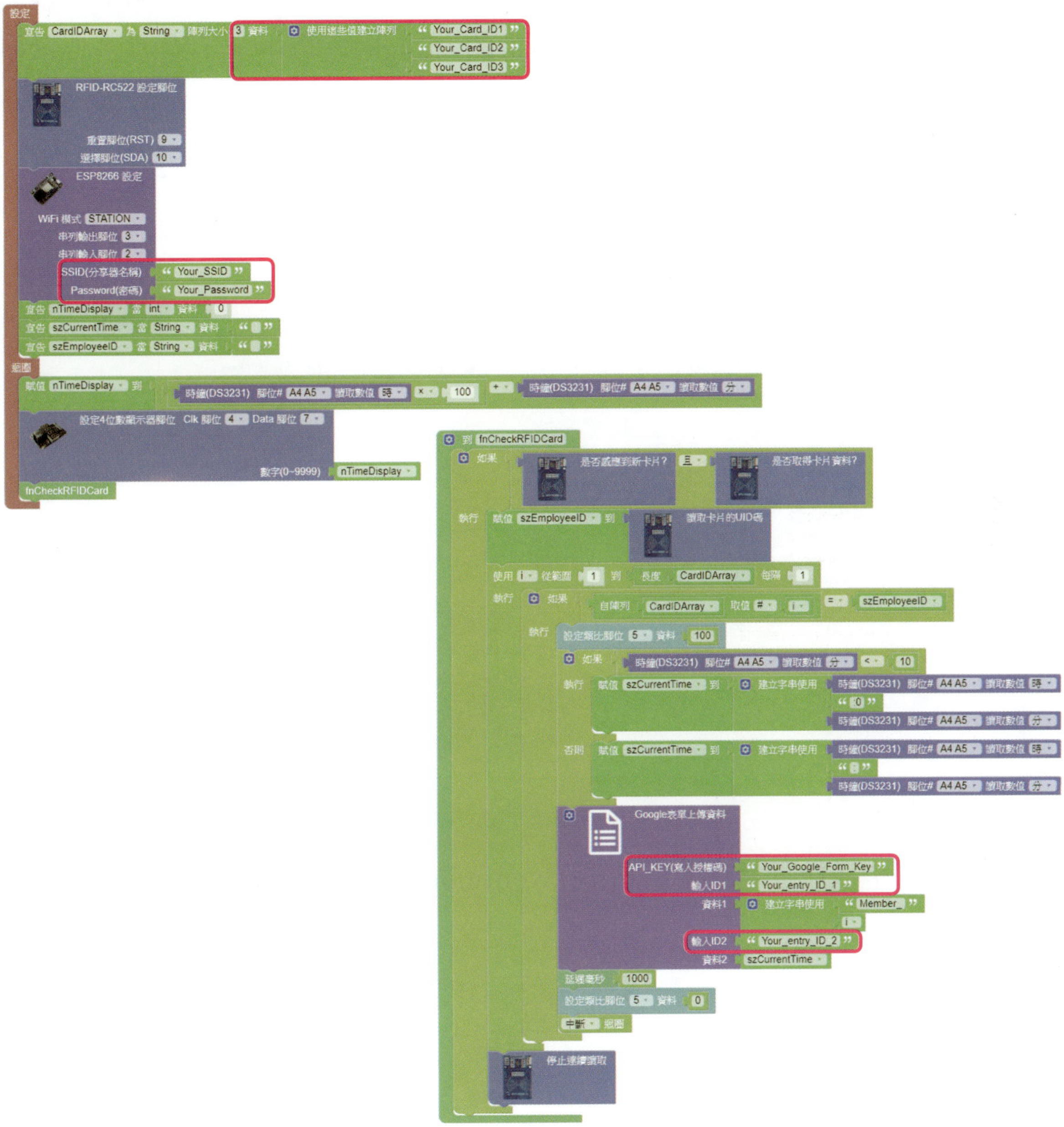

雲端打卡系統的運作成果

如下圖所示，當雲端打卡系統正常運作時，刷卡者若持員工卡刷卡，其對應的員工編號與打卡時間便會被上傳到指定的 Google 表單中。不過若是時鐘模組設定時間與 Google 內部的計時系統有所落差的話，就會出現如下圖般「時間戳記」與「打卡時間」不同步的狀況，此時只需再重新調整 DS-3231 的時鐘模組時間即可。

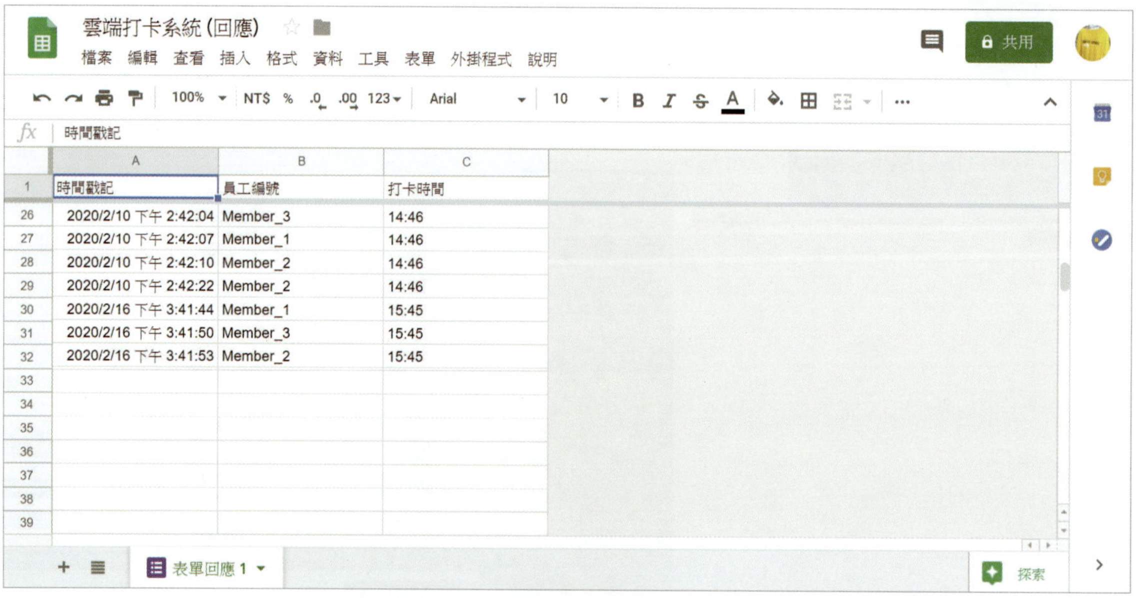

	A	B	C
1	時間戳記	員工編號	打卡時間
26	2020/2/10 下午 2:42:04	Member_3	14:46
27	2020/2/10 下午 2:42:07	Member_1	14:46
28	2020/2/10 下午 2:42:10	Member_2	14:46
29	2020/2/10 下午 2:42:22	Member_2	14:46
30	2020/2/16 下午 3:41:44	Member_1	15:45
31	2020/2/16 下午 3:41:50	Member_3	15:45
32	2020/2/16 下午 3:41:53	Member_2	15:45

雲端打卡系統展示影片：https//youtu.be/oL6UTmjo7GQ

實作題

Google Form - 聲光記錄系統

創客題目編號：A008008

題目說明　將 Sensor Board 上的光與聲音感測數值，以間隔 60 秒的速率持續上傳至 Google Form 中記錄。

創客指標

外形	0
機構	0
電控	2
程式	3
通訊	2
人工智慧	0
創客總數	7

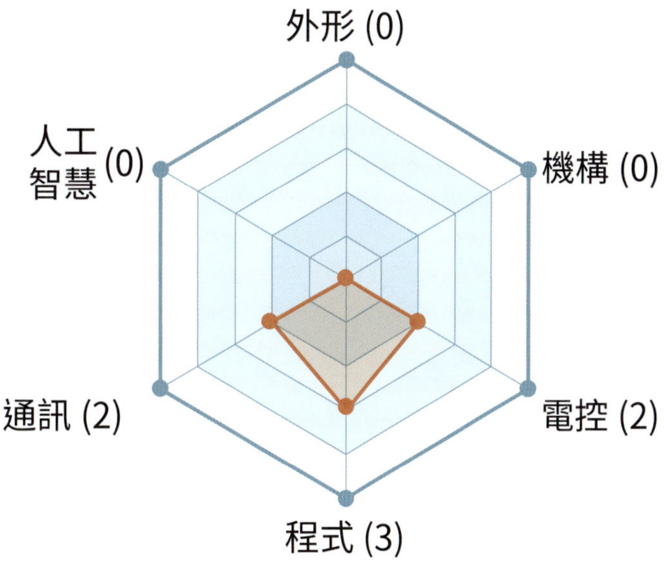

實作時間

60 分

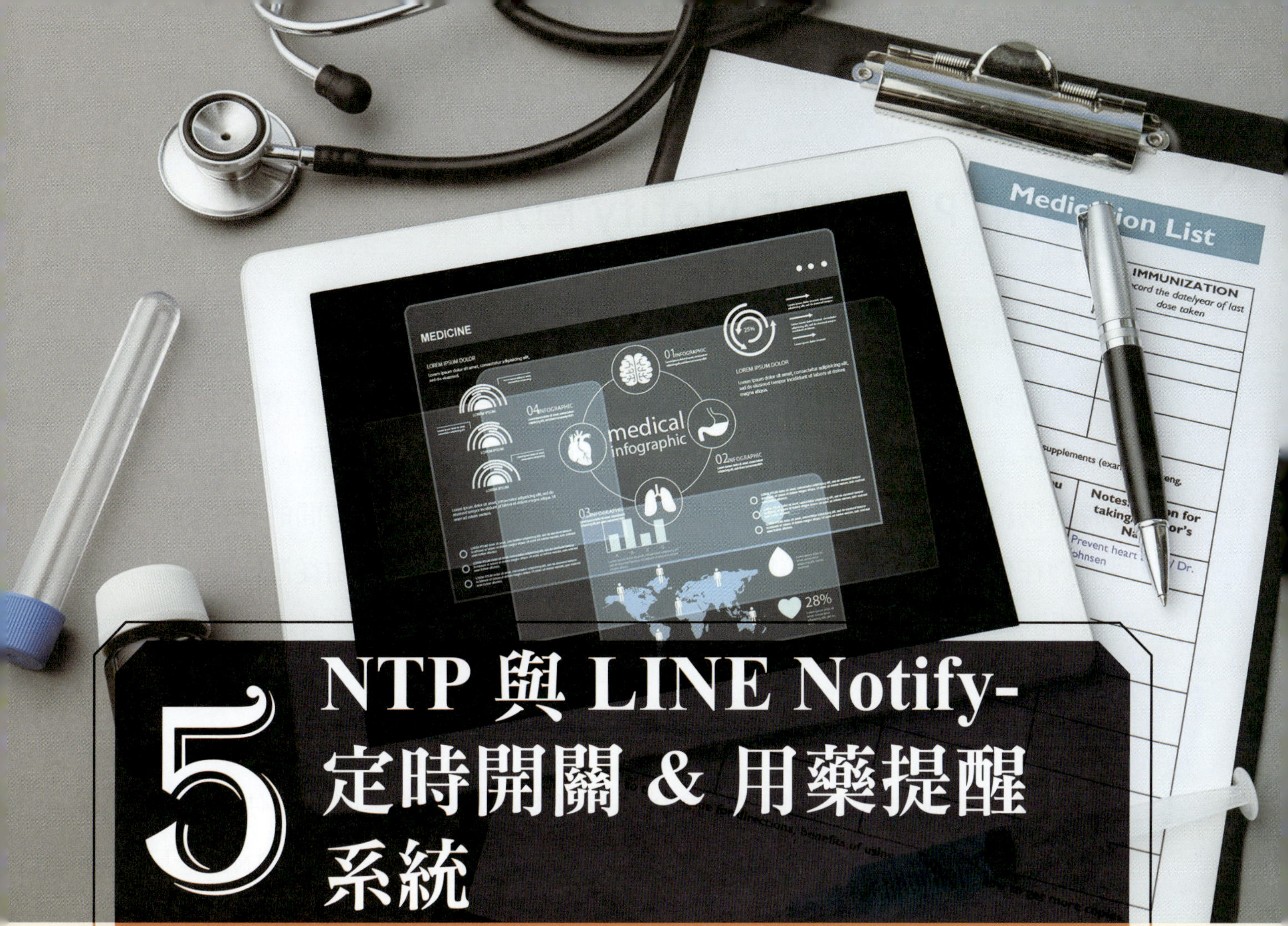

5 NTP 與 LINE Notify-定時開關 & 用藥提醒系統

在現今科技發達的年代中，不論家中還是工廠的機器，許多電器設備均已備有定時作業的能力，而幾乎無所不能的 Arduino 開發板自然也能做到類似的功能。在前面的 Google 表單章節中，Arduino 開發板是以型號 DS-3231 的外接時鐘模組來取得目前的時間，而本章節將教導各位如何使用「Network Time Protocol(NTP) 網路協定」自時間伺服器取得最新的時間資訊，再輔以 LINE Notify 雲端傳訊服務，即可變化出更多的應用。

5-1 NTP 與 LINE Notify 簡介

網路時間協定 -NTP

網路時間協定（Network Time Protocol, NTP）是在資料網路潛伏時間可變的電腦系統中，通過封包交換進行時鐘同步的網路協定。簡單來說，NTP 就是可以同時提供給多個用戶端，經由網路從時間伺服器中取得目前時間的一種協定，是目前仍在使用最古老的網際網路協定之一。不同的用戶端藉由從同一時間伺服器所取得的時間資訊，便可達到同步對時或定時的效果。（擷錄自維基百科）

LINE 通知 -LINE Notify

LINE Notify 為即時通訊軟體 LINE 提供給用戶的提醒服務，使用者可透過此服務接收來自 GitHub、IFTTT 或其他網路平台的通知。由於 LINE 是目前台灣最為普及的即時通訊軟體，因此當狀況發生時便可藉由發送 LINE 訊息來達成即時通知之目的。

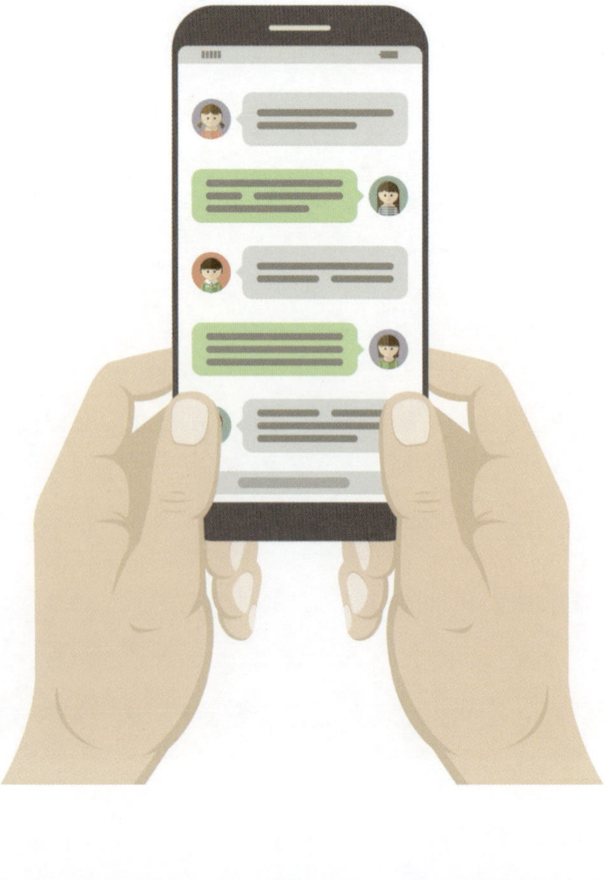

5-2 NTP 與 Arduino

在 Arduino 眾多的應用中，常會有需要取得目前時間的需求，雖然 Arduino 開發板的外接元件中已包含時鐘模組（如下圖所示的 DS-3231），因其本身帶有獨立的電池電源，所以可不經 Arduino 供電而自行獨立運作以提供目前時間；但在需要多個用戶端對時合作的系統中，若每個用戶端皆有屬於自己的計時模組，系統很容易因為對時上的誤差而造成崩潰。此時，利用網路時間協定（NTP）來取代多個時鐘模組對時，便是一個不錯的替代方案。

簡單的 Arduino 開發板與 NTP 時間伺服器的運作流程如下圖所示：

1. Arduino 開發板透過 WiFi 模組連上時間伺服器。
2. 利用網路時間協定（NTP）向該伺服器取得目前的時間資訊。
3. Arduino 再利用所取得的時間來做對時或定時的動作。
4. 到了預定時間 Arduino 便在該時間進行電器的定時開關（搭配繼電器），或是定時提醒（搭配蜂鳴器）功能。

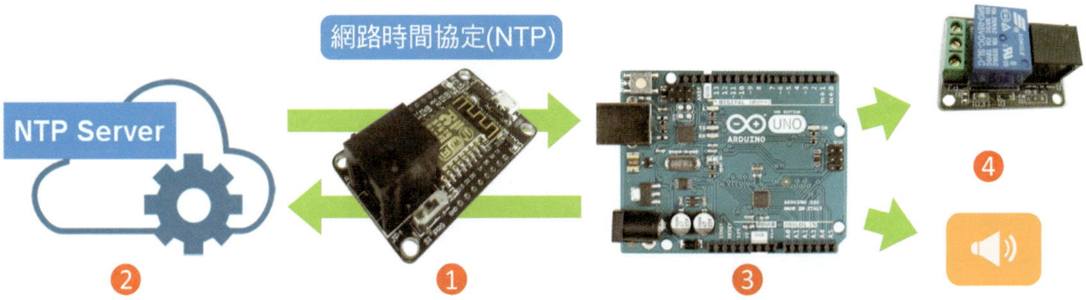

5-3 LINE Notify 與 Arduino

在 IFTTT 章節的「超音波防盜系統」範例中，其利用 LINE 來發送通知訊息的動作，背後就是使用 LINE Notify 的服務，其與 Arduino 間的運作流程如下圖綠色箭頭所示。由於 IFTTT 雲端平台所提供的乃是面向全球的服務，因此一旦使用者過多，便會造成平台伺服器無法負荷，若 Arduino 偵測到狀況發生還得透過 IFTTT 才能送出 LINE 訊息的話，便有可能因為平台繁忙而延遲訊息送出的時間，進而導致無法挽回的後果。

所幸 Arduino 開發板在透過 WiFi 無線網路模組連上網路後，便能直接和 LINE Notify 所提供的 Web 介面對接。少了 IFTTT 轉傳訊息的時間，Arduino 便可更快速將偵測到的狀況，藉由 LINE 傳訊的方式傳送到指定的 LINE 帳號中（其運作流程如下圖的紅色箭頭所示）。當然，前提是須先完成 LINE Notify 這邊的相關設定才行。

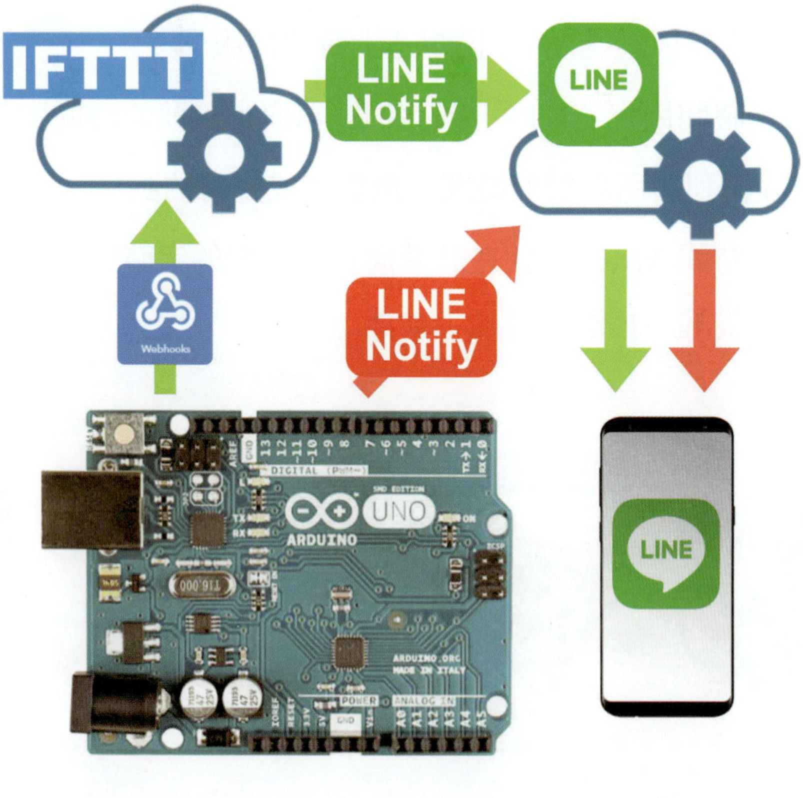

5-4 NTP 實作應用 – NTP 定時開關系統

在現今的工商社會中，雙薪家庭已成為家庭組成的常態。夫妻忙碌一整天回家時若能有一個清爽的空間，再加上一頓剛煮好的飯菜，想必就能掃去一天的疲憊。因此，我們可利用 Arduino 搭配網路時間協定（NTP）做出一套可定時開關的自動系統，在每天固定時間協助我們自動開啟家中的空氣清淨機或電鍋等電器裝置。

由於家中的電器電壓皆為 110V 及 220V 的電源，因此 Arduino 開發板須透過「繼電器（Relay）」這個外接元件來間接控制家中電器的開關，而電器與繼電器的連接方式如下圖所示。

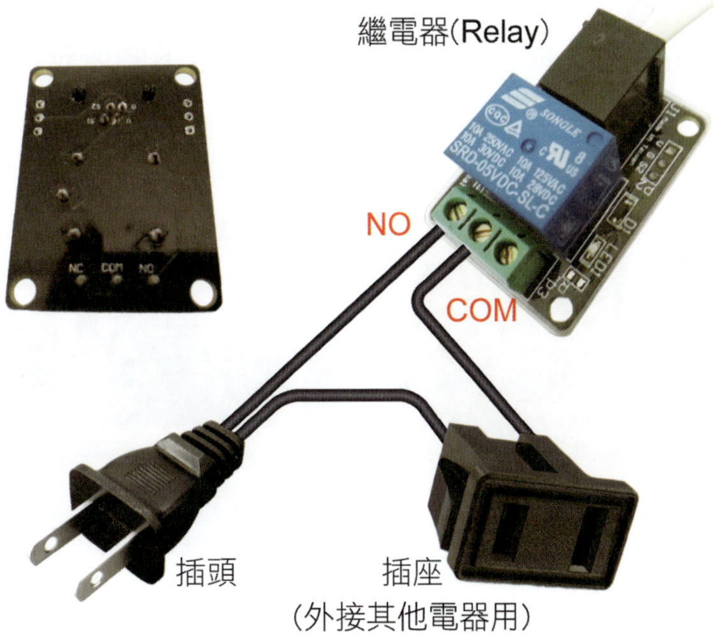

NTP 定時開關系統的動作原理為先在 Arduino 中設定電器需要自動開關的時間，接著再利用網路時間協定取得目前時間並將其顯示在 1602 LCD 後，最後再不斷地與一開始所設定的開關時間比對。一旦到達所設定的時間時，Arduino 便會立即依照所設定的時間，對連接繼電器的腳位進行開關切換的動作。

Arduino 硬體設定

NTP 定時開關系統在硬體方面的需求有：

1. 改款自 Arduino UNO 作為大腦來控制各項硬體的「Motoduino U1」。
2. 配備有蜂鳴器來提醒繼電器開關的「慧手科技 S4A Sensor board」Arduino 擴充板。
3. 顯示目前時間的「1602 LCD 液晶顯示器」（I2C 介面）。
4. 間接用來控制電器開關的「繼電器」。
5. 協助 Arduino 與 NTP Time Server 聯繫的「ESP8266 WiFi Terminal」。

硬體組裝步驟：

Step 01 先將 Motoduino U1 與 S4A Sensor Board，依下圖所示的方式接合在一起。

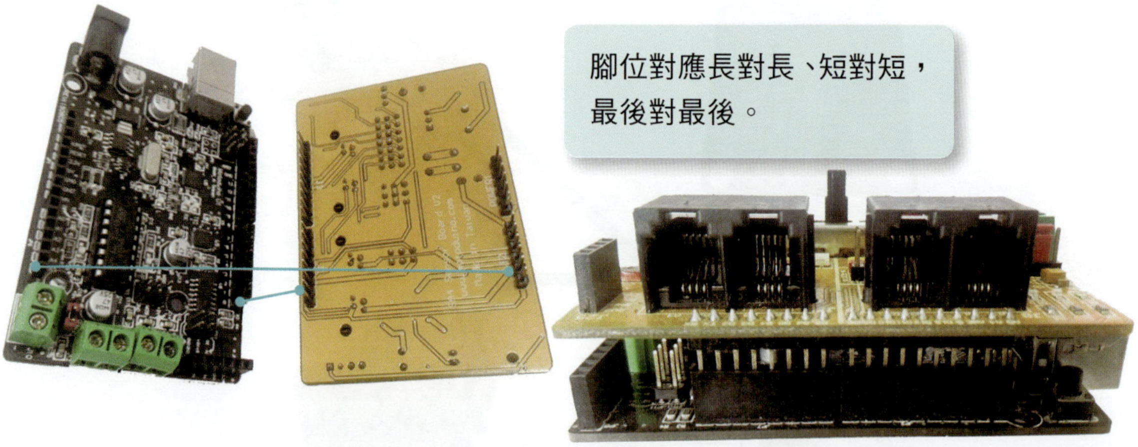

Step 02 拿出 RJ11 轉 4 Pins 杜邦線的連接線，將杜邦線端與 1602 LCD 模組依下圖所示對接。另外由於此類 LCD 模組為標準的 I2C 介面，因此另一端的 RJ11 端只能連接至 Sensor Board 上同樣支援 I2C 的 A4/A5 RJ11 插槽中。

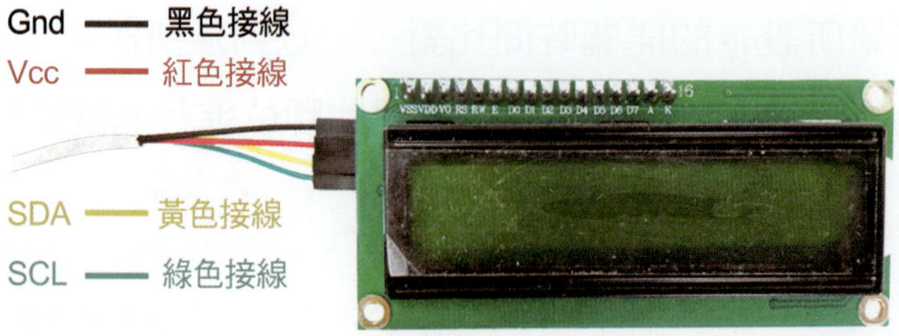

Step 03 最後將繼電器和 WiFi Terminal 以兩頭均為 RJ11 接頭的連接線，分別連接至 S4A Sensor Board 的 A3/A4（繼電器）與 D12/D13（WiFi Terminal）的 RJ11 連接插槽中，最後再以 USB 傳輸線連接 Motoduino U1 與電腦便大功告成。NTP 定時開關系統硬體連接的最終完成圖會如下所示。

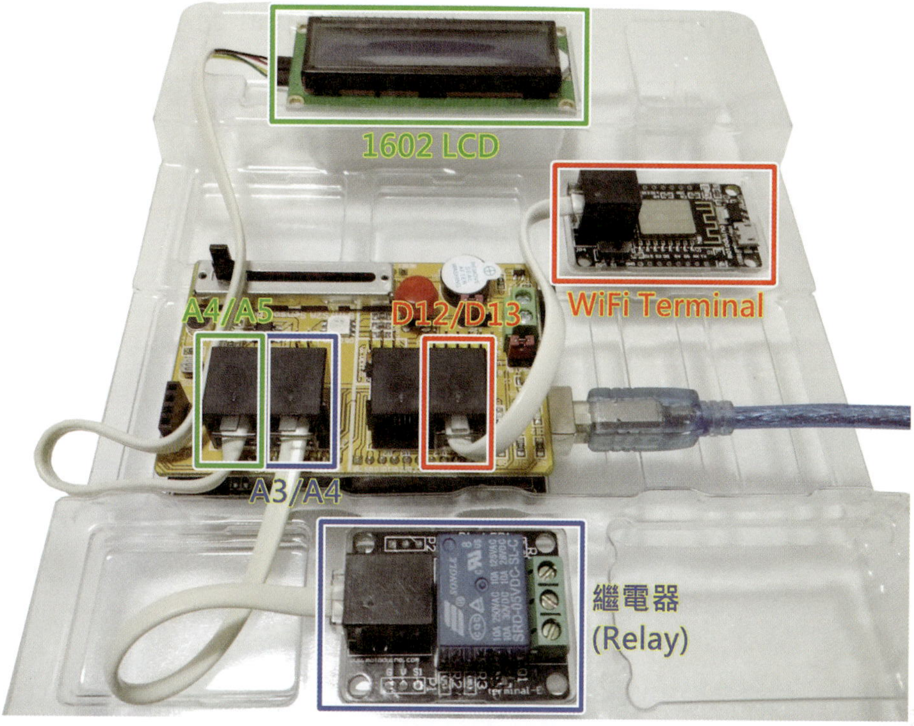

Arduino 圖控程式

完成 NTP 定時開關系統的 Arduino 硬體組裝後，接著便可利用 Arduino 圖控式軟體 motoBlockly 開始編寫程式，其流程如下：

Step 01 由於初始化 ESP8266 WiFi Terminal 的動作只需做一次即可，因此一開始會在設定（Setup）積木中加入 WiFi Terminal 的程式積木並設定之。

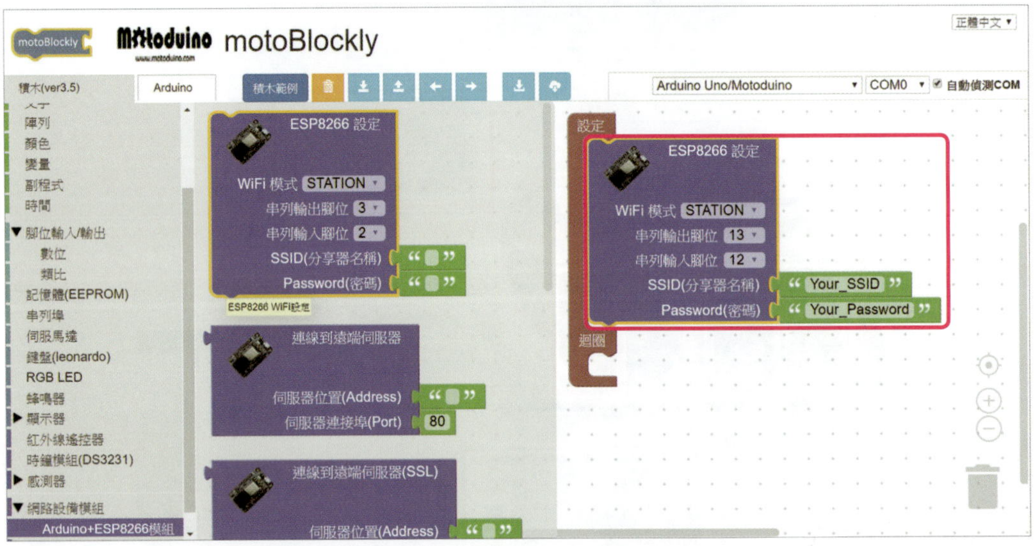

依上一節演示的硬體組裝位置而言：ESP8266 設定積木的『串列輸出腳位』請選擇 13(D13)、『串列輸入腳位』請選擇 12(D12)，「SSID(分享器名稱)」與「Password(密碼)」則為 ESP8266 準備連線的路由器或無線網路分享器的名稱與密碼，請讀者依實際狀況輸入即可。

Step 02 宣告 6 個型態均為 String 的變量，分別為：

❶ 存放 NTP 時間的 szTimeFromNTP 與暫存字串的 szSubTimeData。

❷ 代表自動「關閉」電器（繼電器）時間的 szTurnOFFHour 與 szTurnOFFMins。

❸ 代表自動「開啟」電器（繼電器）時間的 szTurnONHour（時）與 szTurnONMins（分）。

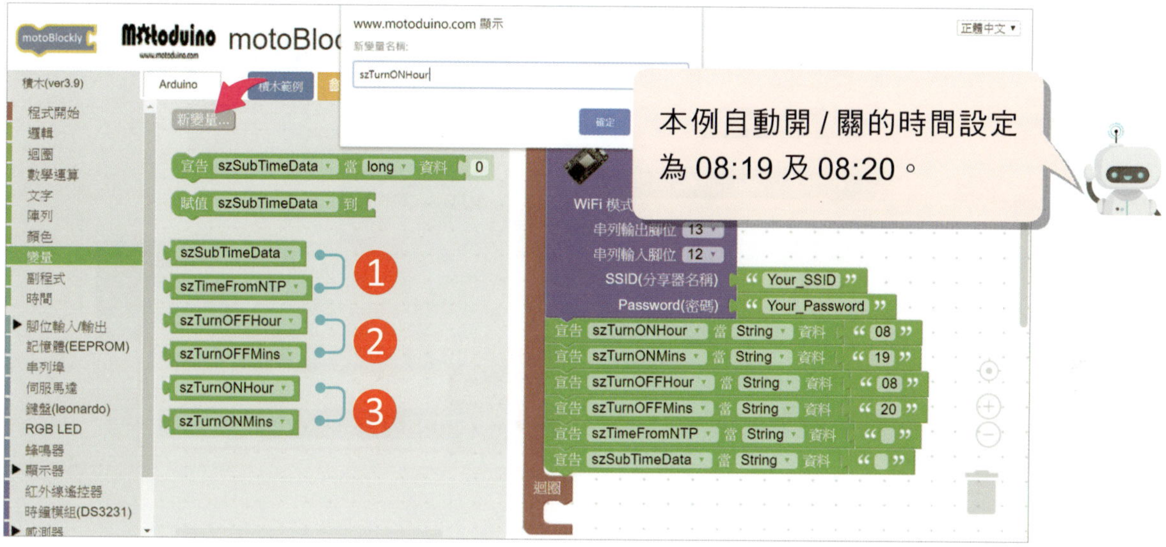

Step 03 初始化 1602 LCD 顯示模組的相關設定：

❶ 設定位於 I2C 的位址（0x27）。

❷ 清除 LCD 上原本顯示的文字。

❸ 在 LCD 上秀出已完成準備的訊息（本例設為「NTP System Ready」，可自行設定成 16 字內的其他訊息），藉此告知使用者目前已順利完成網路連線與 LCD 的初始化動作。

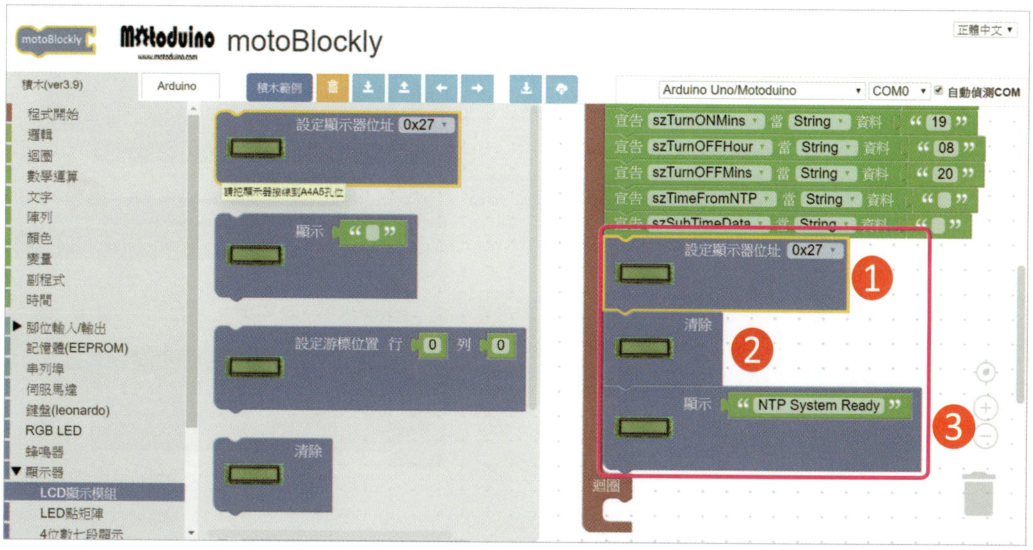

Step 04

❶ 啟動 NTP 的網路校時功能（即連線至 NTP 的時間伺服器），並設定其所在時區（本例設為「Taiwan」）。

❷ 另外在迴圈（Loop）積木中放入使用 NTP 功能時需對應置入的相關程式積木，如此才能在後續的步驟中順利取得正確的網路時間。

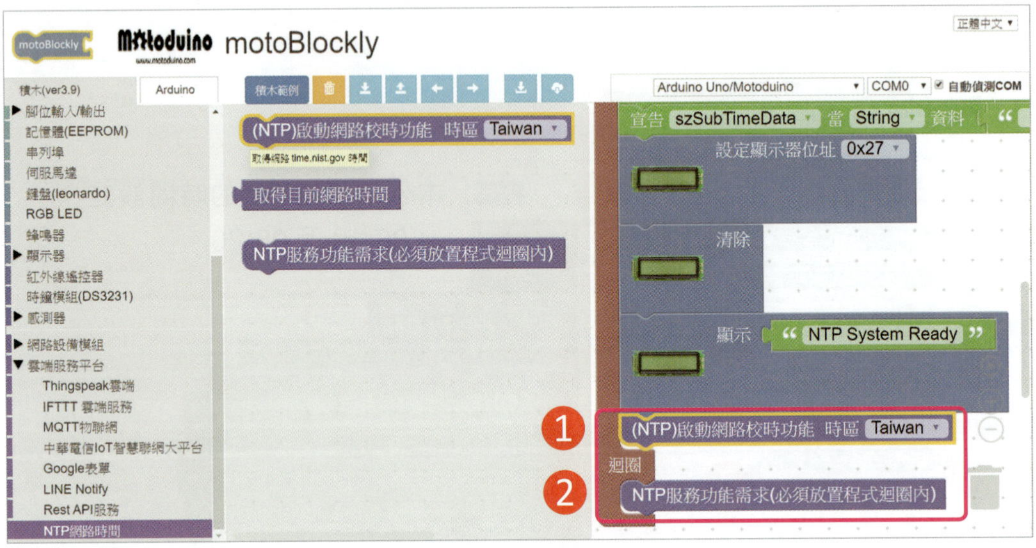

Step 05

如下圖所示：

❶ 先將自 NTP Server 取得的網路時間放到 szTimeFromNTP 的變量中。

❷ 接著清除 LCD 顯示模組上原本的文字。

❸ 將 szTimeFromNTP 變量的時間資訊顯示在 LCD 上。

因為 LCD 顯示目前時間的動作需持續不斷的進行，因此上述動作的相關程式積木，均須放置在迴圈的積木中。

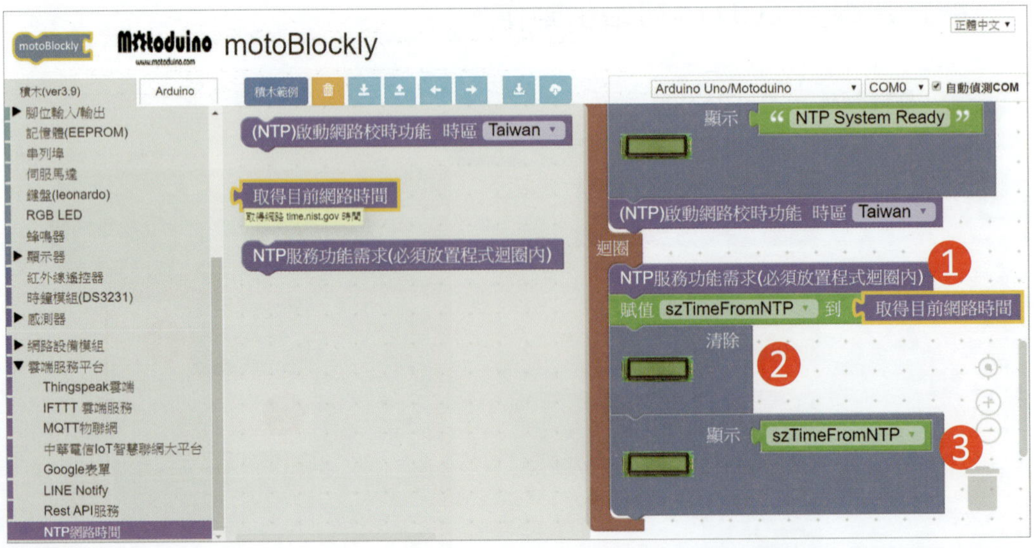

Step 06 由於在每次取得網路時間後，Arduino 都需將其與所設定的自動開 / 關時間做比對，因此需先建立一個可以協助比對開啟時間的副程式 -CheckTurnONTime()。此副程式既不在設定（Setup）積木內、也不屬於迴圈（Loop）積木，是為一個獨立的函式，因此需放在程式積木堆疊區的空白之處。

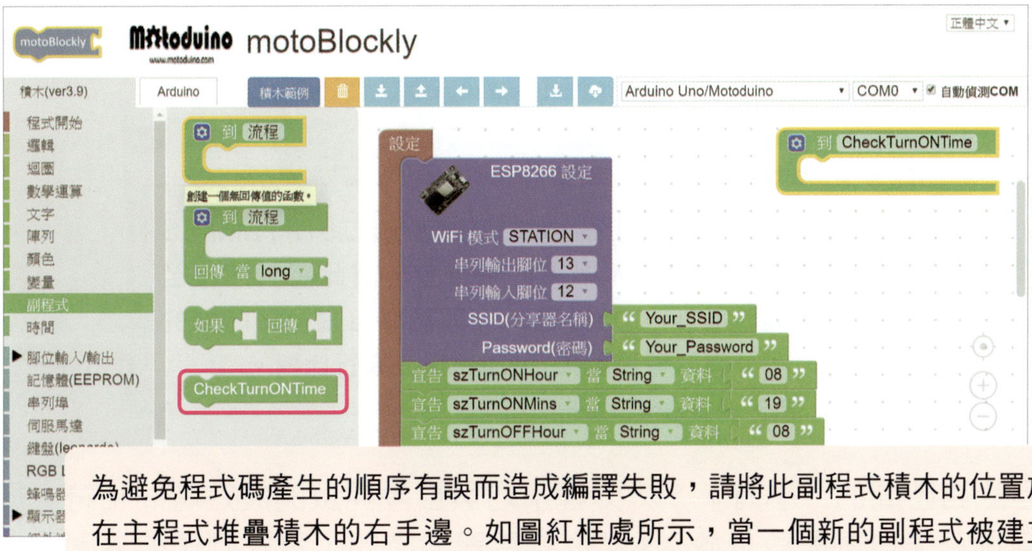

為避免程式碼產生的順序有誤而造成編譯失敗，請將此副程式積木的位置放在主程式堆疊積木的右手邊。如圖紅框處所示，當一個新的副程式被建立時，motoBlockly 的「副程式」積木群組裡也會新增一塊新的副程式對應積木以供人呼叫之。

Step 07 由於自 NTP Server 取得的時間資料字串格式為 HH:MM:SS，因此要作自動開啟的時間比對前，需先將該時間字串 (szTimeFromNTP) 的「小時」字串先抽離取出才能進行比對。

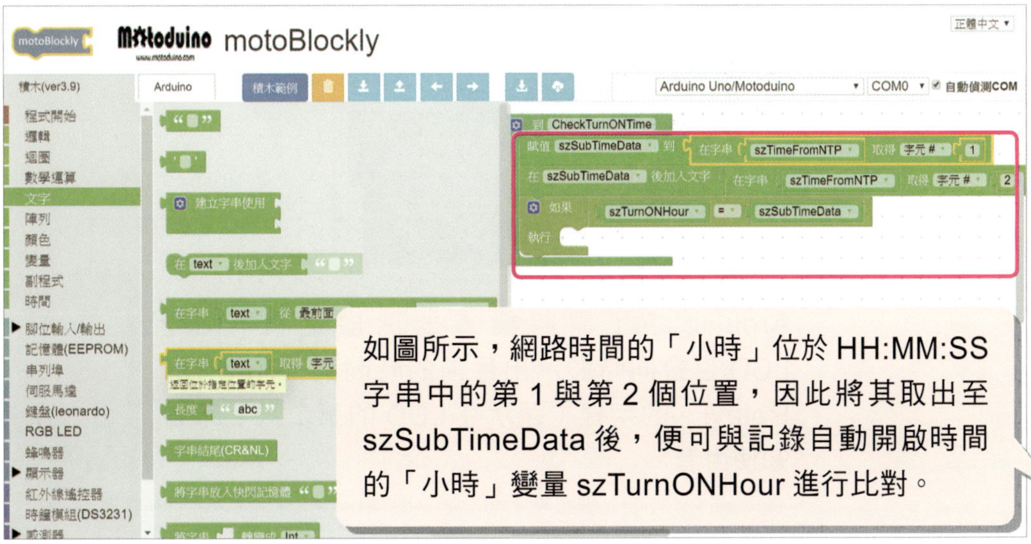

如圖所示，網路時間的「小時」位於 HH:MM:SS 字串中的第 1 與第 2 個位置，因此將其取出至 szSubTimeData 後，便可與記錄自動開啟時間的「小時」變量 szTurnONHour 進行比對。

Step 08 當網路時間的「小時」字串與自動開啟時間的「小時」變量 szTurnONHour 比對吻合後，接著便是將時間字串 (szTimeFromNTP) 裡的「分鐘」字串進行抽離比對。

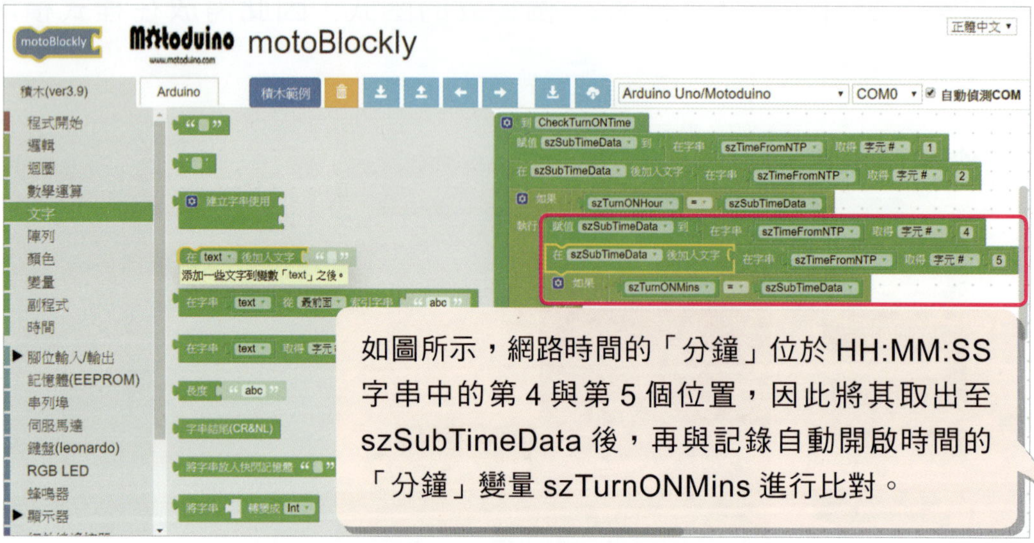

如圖所示，網路時間的「分鐘」位於 HH:MM:SS 字串中的第 4 與第 5 個位置，因此將其取出至 szSubTimeData 後，再與記錄自動開啟時間的「分鐘」變量 szTurnONMins 進行比對。

Step 09 一旦網路時間的「小時」、「分鐘」均與自動開啟的設定時間相符，即代表目前已達自動開啟位於 A3 腳位繼電器的時間，對應動作如下圖紅框處所示。

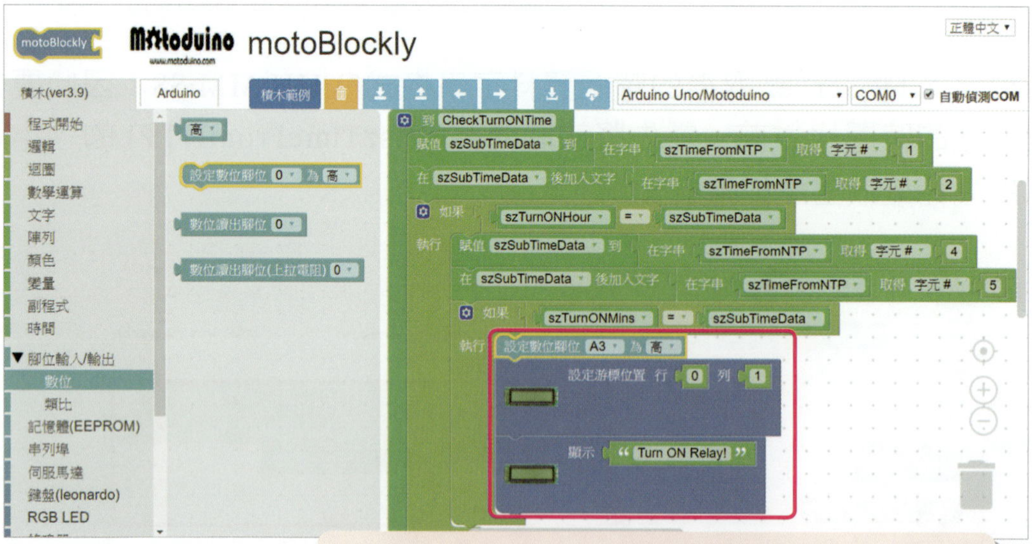

Arduino 除了需將繼電器開啟之外，1602 LCD 也會同時顯示出目前的時間與「Turn ON Relay!」的字樣（顯示在 LCD 的第二列）來告知使用者。

Step 10 最後再讓位於 D9 腳位的蜂鳴器發出警示音來提醒使用者，休息 55 秒（延遲 55000 毫秒）後，再讓 Arduino 繼續進行 NTP 對時的動作。至此，CheckTurnONTime() 副程式的程式堆疊便暫告一段落。

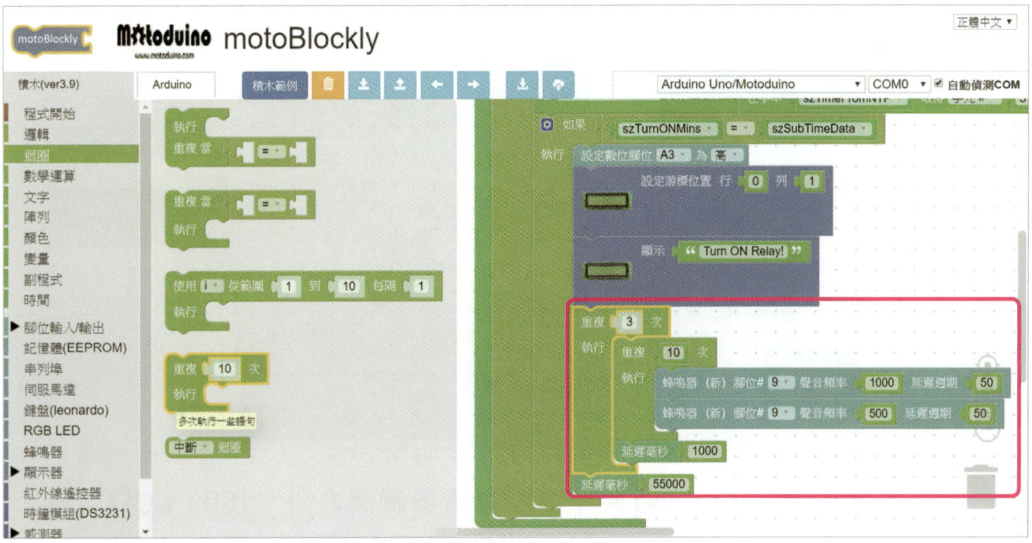
motoBlockly
Arduino Uno/Motoduino
COM0
如果 szTurnONMins = szSubTimeData
設定游標位置 行 0 列 1
顯示 Turn ON Relay!
重複 3 次
重複 10 次
延遲毫秒 1000
延遲毫秒 55000

Step 11 NTP 定時系統除了會在指定時間點自動開啟繼電器外，也可以在指定時間自動關閉繼電器。因此除了 CheckTurnONTime() 這個比對自動開啟時間的副程式之外，還需要建立另一個比對自動關閉時間的副程式 -CheckTurnOFFTime()。動作流程如下圖所示：

1. CheckTurnOFFTime() 副程式的時間比對動作幾乎與 CheckTurnONTime() 相同。
2. 同樣需從網路時間 HH:MM:SS 中個別地將「小時」與「分鐘」字串抽離出來。
3. 最後將比對的對象由原本的 szTurnONHour、szTurnONMins 置換為 szTurnOFFHour、szTurnOFFMins（如圖紅框處所示）即可。

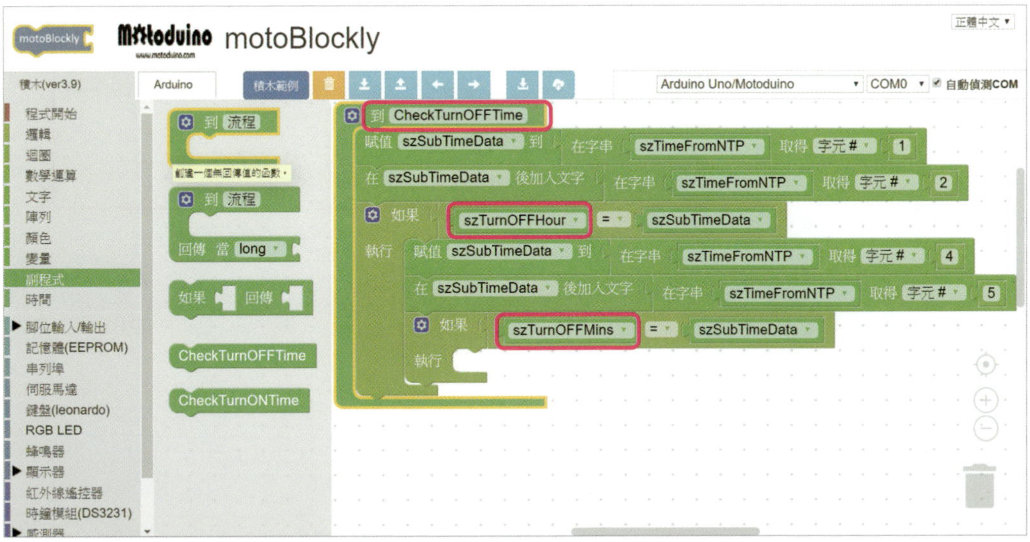
motoBlockly
Arduino Uno/Motoduino
COM0
到 CheckTurnOFFTime
賦值 szSubTimeData 到 在字串 szTimeFromNTP 取得 字元# 1
在 szSubTimeData 後加入文字 在字串 szTimeFromNTP 取得 字元# 2
如果 szTurnOFFHour = szSubTimeData
賦值 szSubTimeData 到 在字串 szTimeFromNTP 取得 字元# 4
在 szSubTimeData 後加入文字 在字串 szTimeFromNTP 取得 字元# 5
如果 szTurnOFFMins = szSubTimeData
CheckTurnOFFTime
CheckTurnONTime

Step 12 一旦網路時間的「小時」、「分鐘」均與自動關閉的設定時間相符，即代表目前已達自動關閉繼電器的時間，對應動作如圖紅框處所示。

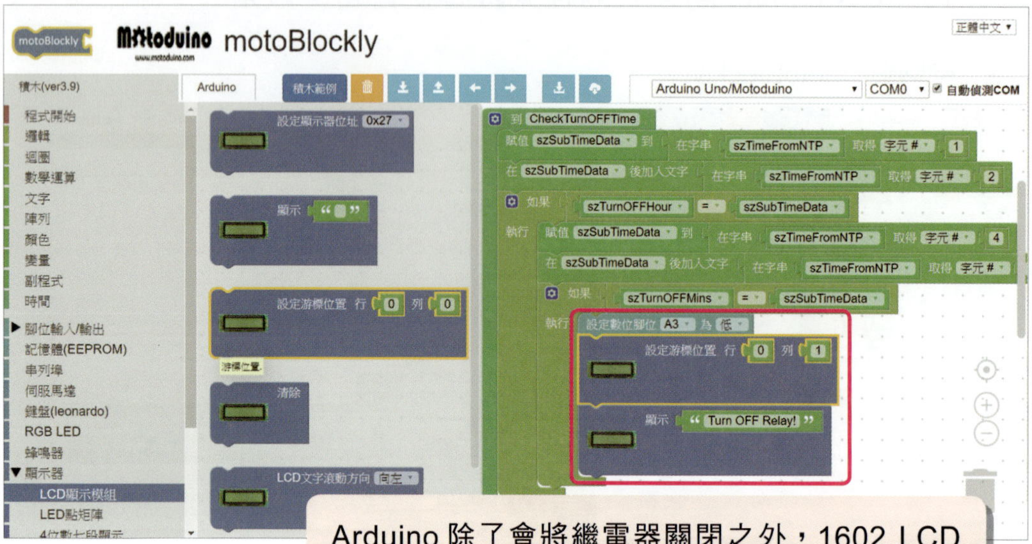

Arduino 除了會將繼電器關閉之外，1602 LCD 也會同時顯示出目前的時間與「Turn OFF Relay!」的字樣（顯示在 LCD 的第二列）來告知使用者。

Step 13 最後補上不同於自動開啟時的蜂鳴器警示音。至此，CheckTurnOFFTime() 副程式的程式部分便已完成。

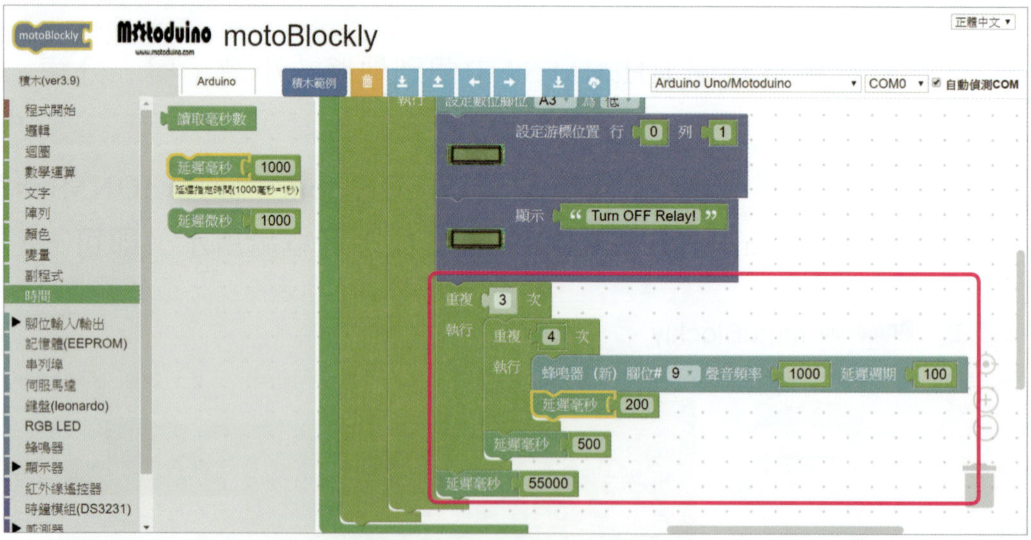

Step 14

1. 當 Arduino 每次取得新的網路時間來顯示後，均需用其來比對自動開 / 關繼電器的時間。
2. 在完成比對自動開 / 關時間的 CheckTurnONTime() 與 CheckTurnOFFTime() 兩個副程式之後，便需回到主程式的迴圈積木中來呼叫它們以達到不斷比對的效果。
3. 最後再補上一個休息 5 秒（延遲 5000 毫秒）的程式積木，讓系統以 5 秒的間隔時間比對一次自動開關時間即可。至此，整個 NTP 定時開關系統的程式已全部完成。

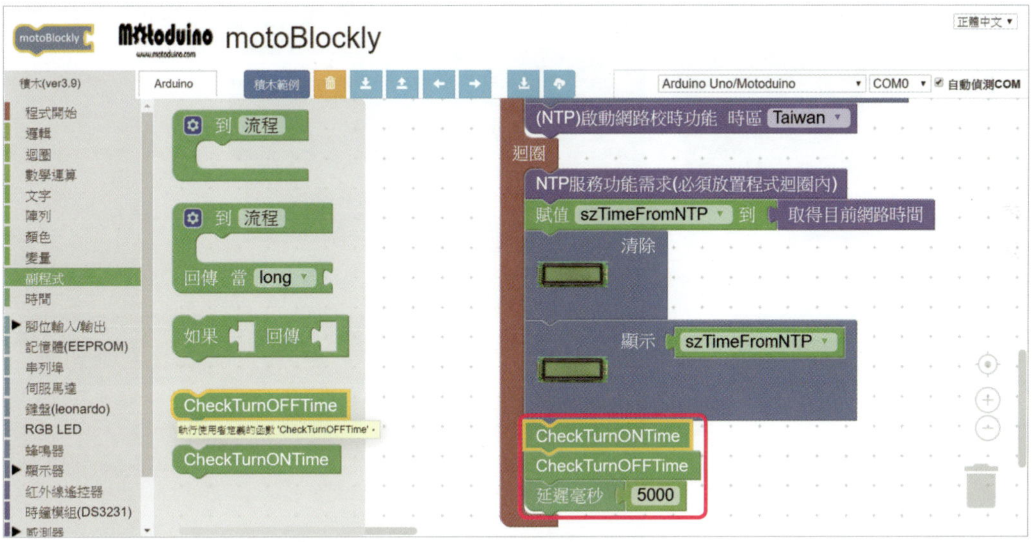

Step 15 完整的 NTP 定時開關系統 motoBlockly 程式碼如下：
請在紅框處填入自己對應的資訊，程式才能正常的運作。

> **注意**
> 設定自動開 / 關的「小時」時間 szTurnONHour 及 szTurnOFFHour 為 24 小時制，即早上 8 點需設為 08，晚上 8 點則需設為 20。

設定
ESP8266 設定
WiFi 模式 STATION
串列輸出腳位 13
串列輸入腳位 12
SSID(分享器名稱) Your_SSID
Password(密碼) Your_Password
宣告 szTurnONHour 當 String 資料 08
宣告 szTurnONMins 當 String 資料 19
宣告 szTurnOFFHour 當 String 資料 08
宣告 szTurnOFFMins 當 String 資料 20
宣告 szTimeFromNTP 當 String 資料
宣告 szSubTimeData 當 String 資料
設定顯示器位址 0x27
清除
顯示 NTP System Ready
(NTP)啟動網路校時功能 時區 Taiwan
迴圈
NTP服務功能需求(必須放置程式迴圈內)
賦值 szTimeFromNTP 到 取得目前網路時間
清除
顯示 szTimeFromNTP
CheckTurnONTime
CheckTurnOFFTime
延遲毫秒 5000
到 CheckTurnONTime
賦值 szSubTimeData 到 在字串 szTimeFromNTP 取得 字元# 1
在 szSubTimeData 後加入文字 在字串 szTimeFromNTP 取得 字元# 2
如果 szTurnONHour = szSubTimeData
執行 賦值 szSubTimeData 到 在字串 szTimeFromNTP 取得 字元# 4
在 szSubTimeData 後加入文字 在字串 szTimeFromNTP 取得 字元# 5
如果 szTurnONMins = szSubTimeData
執行 設定數位腳位 A3 為 高
設定游標位置 行 0 列 1
顯示 Turn ON Relay!
重複 3 次
執行 重複 10 次
執行 蜂鳴器 (新) 腳位# 9 聲音頻率 1000 延遲週期 50
蜂鳴器 (新) 腳位# 9 聲音頻率 500 延遲週期 50
延遲毫秒 1000
延遲毫秒 55000
到 CheckTurnOFFTime
賦值 szSubTimeData 到 在字串 szTimeFromNTP 取得 字元# 1
在 szSubTimeData 後加入文字 在字串 szTimeFromNTP 取得 字元# 2
如果 szTurnOFFHour = szSubTimeData
執行 賦值 szSubTimeData 到 在字串 szTimeFromNTP 取得 字元# 4
在 szSubTimeData 後加入文字 在字串 szTimeFromNTP 取得 字元# 5
如果 szTurnOFFMins = szSubTimeData
執行 設定數位腳位 A3 為 低
設定游標位置 行 0 列 1
顯示 Turn OFF Relay!
重複 3 次
執行 重複 4 次
執行 蜂鳴器 (新) 腳位# 9 聲音頻率 1000 延遲週期 100
延遲毫秒 200
延遲毫秒 500
延遲毫秒 55000

NTP 定時開關系統展示影片：https://youtu.be/jM76GAZ510U

5-5 LINE Notify 實作應用 – 定時用藥提醒系統

獨居在家的老人及病人，有時會因為記憶力不佳而忘記服藥；生活緊張的現代人，有時也會因為忙碌而錯過吃藥的時間，其所造成的後果輕者只會感到身體不適，重者甚至會導致病人的死亡。因此，本節將使用 Arduino 開發板與 WiFi 模組，搭配 NTP 與 LINE Notify 兩種不同的雲端服務，實作出一套可以提醒使用者按時吃藥的「定時用藥提醒系統」。

1. 定時用藥提醒系統的動作流程是使用者需先在 Arduino 中設定吃藥的起始時間（幾點幾分）與用藥的間隔時間（單位為「分鐘」，需間隔多少「分鐘」後才能施行下次用藥）。
2. 接著系統便會利用網路時間協定（NTP）取得目前時間並計算出下次的吃藥時間，且會將目前與下次用藥時間同時顯示在 1602 LCD 上。
3. 之後系統便會幫忙使用者留意並比對時間，一旦到了用藥時間，系統便會以蜂鳴器（D9）和發送 LINE 訊息的方式來通知使用者吃藥。

而「定時用藥提醒系統」與「定時開關系統」最大的不同是：

「定時開關系統」：僅會在每一天的開啟與關閉時間當下做一次動作。

「定時用藥提醒系統」：則是會依所設定的用藥相隔時間，在一天中做多次提醒的動作。

取得 LINE Notify 的權杖（Token）

使用 NTP 積木便可直接從網路取得目前時間不同，在使用 LINE Notify 服務之前，必須先取得 LINE Notify 的權杖（Token），才有辦法使 LINE 協助 Arduino 發送即時訊息，而其取得權杖的步驟如下：

Step 01 請先以自己的 LINE 帳號註冊 Email 與密碼登入 LINE Notify 的網站（該網址為 https://notify-bot.line.me/zh_TW/），登入後再點選右上角的「個人頁面」選項來進行下一步。

Step 02 如下圖所示，進入 LINE Notify 的個人頁面後，首先便可看到之前也是使用這個 LINE 帳號來做連動的雲端服務。倘若之前的 IFTTT 超音波防盜系統也是透過這個 LINE 帳號來發送訊息的話，此時便可看到 IFTTT 為已連動的服務之一。不過此設定流程的重點為取得 LINE Notify 的權杖，因此請點選畫面左下方的「發行權杖」按鈕來繼續進行下一步。

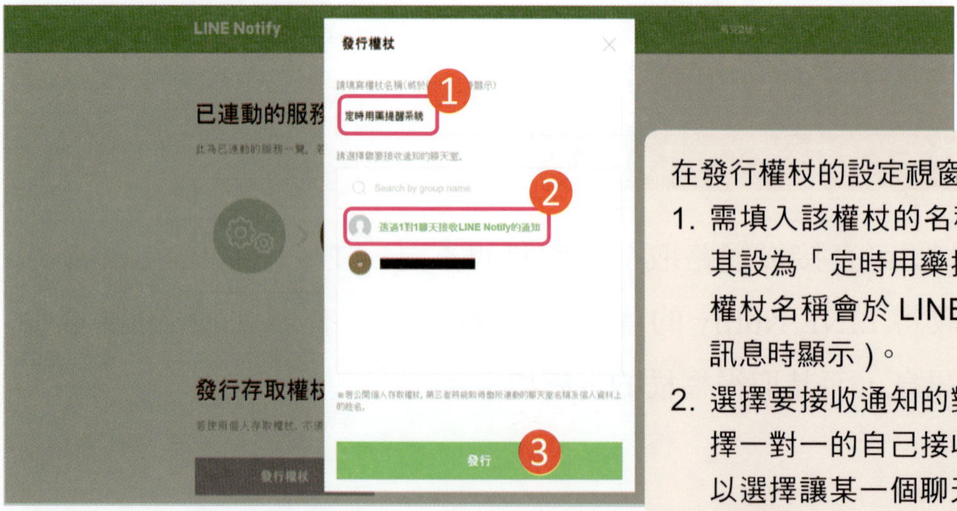

在發行權杖的設定視窗中：

1. 需填入該權杖的名稱（此範例將其設為「定時用藥提醒系統」。權杖名稱會於 LINE Notify 傳送訊息時顯示）。
2. 選擇要接收通知的對象（可以選擇一對一的自己接收就好，也可以選擇讓某一個聊天室裡的人同時接收）。
3. 填寫完畢後再按下『發行』的按鈕即可。

Step 03 如下圖所示，完成上一步驟的程序後便可取得在 Arduino 程式中所需的 LINE Notify 權杖。此權杖由 LINE Notify 自行產生，除了不能修改之外，離開此頁面後也無法再次取得這個權杖編號，因此請務必將其先複製到記事本中以利後續的操作。

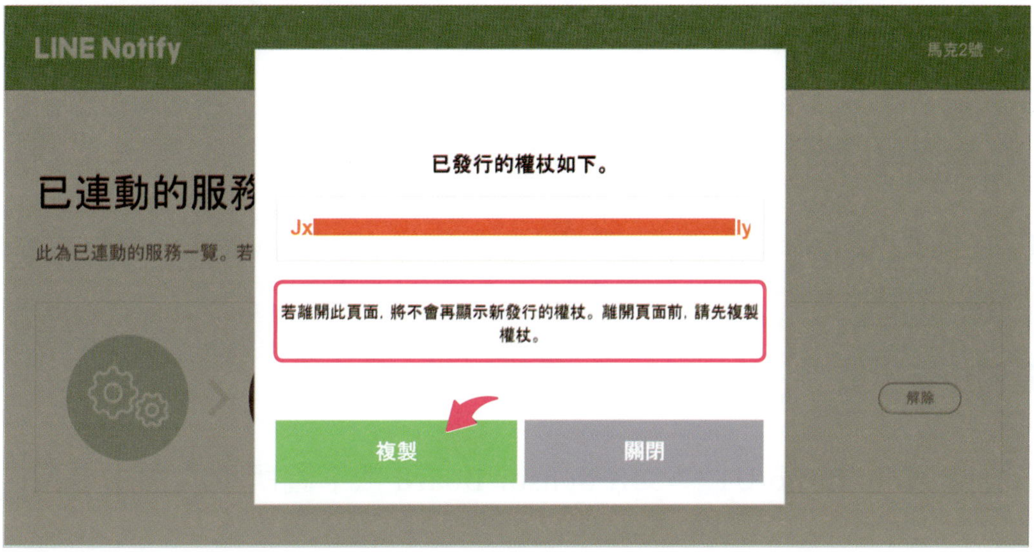
LINE Notify
馬克2號
已發行的權杖如下。
Jx[redacted]ly
若離開此頁面，將不會再顯示新發行的權杖。離開頁面前，請先複製權杖。
複製
關閉
解除

Step 04 關閉顯示權杖的視窗後：

❶ 已連動的服務中便會新增一個剛剛所建立的連動服務。

❷ 在該帳號的 LINE 通訊軟體中，也會收到來自 LINE Notify 送來的「已發行個人存取權杖。」的確認訊息。

至此，取得 LINE Notify 權杖的步驟便已全部完成。

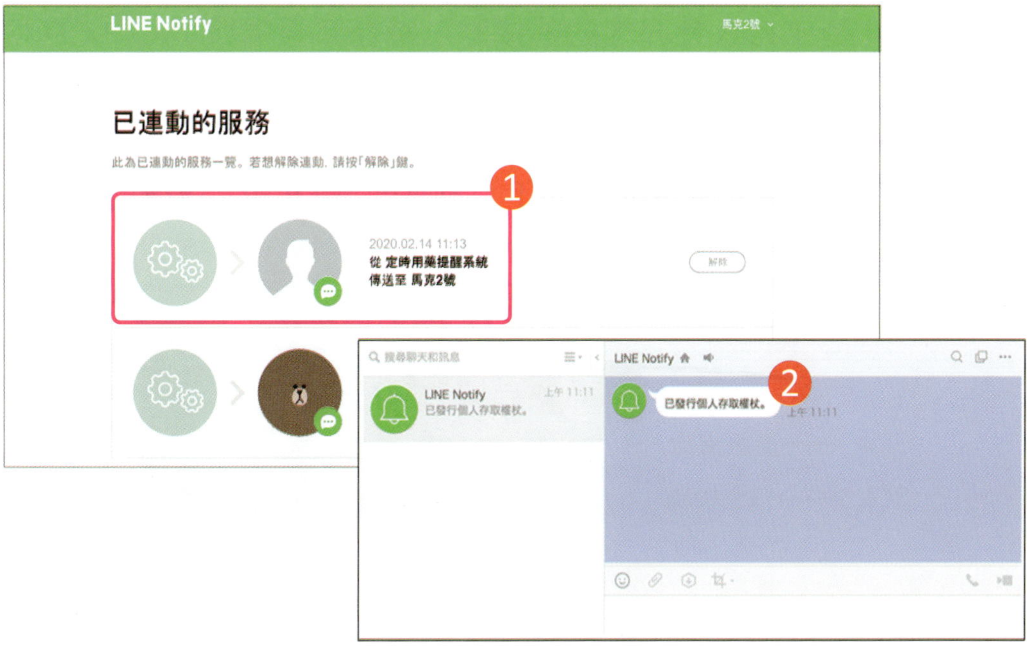
LINE Notify
馬克2號
已連動的服務
此為已連動的服務一覽。若想解除連動，請按「解除」鍵。
1
2020.02.14 11:13
從 定時用藥提醒系統
傳送至 馬克2號
解除
LINE Notify
已發行個人存取權杖。
2

Arduino 硬體設定

定時用藥提醒系統在硬體方面的需求有：

1. 改款自 Arduino UNO 且作為大腦來控制各項硬體的「Motoduino U1」。
2. 配置有蜂鳴器（D9），可以此發出警示音的「S4A Sensor board」擴充板。
3. 可顯示目前時間與下一次用藥時間的 16 行（直）x2 列（橫）顯示模組（1602 LCD）。
4. 可協助 Arduino 取得時間資訊與發送 LINE 訊息的「慧手科技 WiFi Terminal」。

硬體組裝步驟：

Step 01 先將 Motoduino U1 與 S4A Sensor Board 依下圖所示的方式接合在一起。

Step 02 拿出 RJ11 轉 4 Pins 杜邦線的連接線，將杜邦線端與 1602 LCD 模組依下圖所示的方式 (黑線接 Gnd、紅線接 Vcc、黃線接 SDA、綠線接 SCL) 連接在一起。另外由於此類 LCD 模組為標準的 I2C 介面，因此另一端的 RJ11 頭只能連接至 Sensor Board 上同樣支援 I2C 的 A4/A5 RJ11 插槽中。

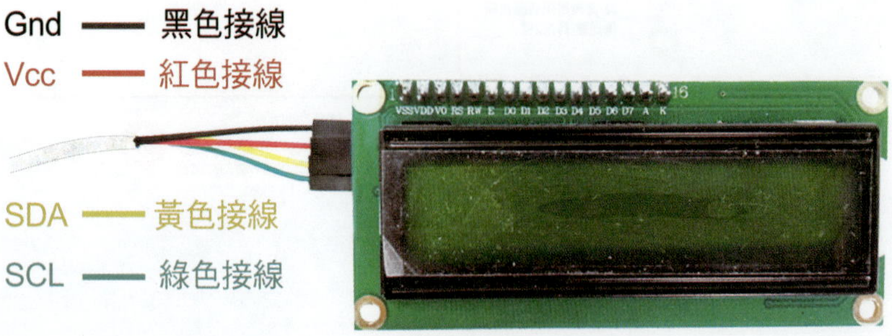

Step 03 最後再將 WiFi Terminal 以兩頭均為 RJ11 接頭的連接線與 S4A Sensor Board 的 D12/D13 插槽相連接，USB 傳輸線則分別連接 Arduino 與電腦，即可完成所有的硬體配線。定時用藥提醒系統硬體連接的最終完成圖會如下所示。

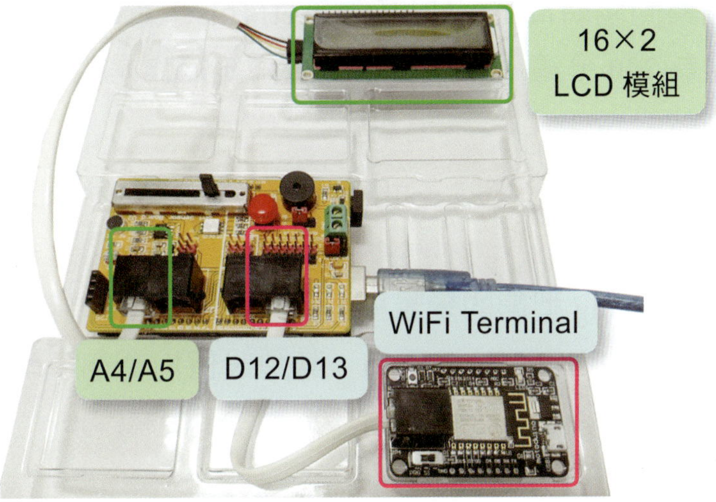

Arduino 圖控程式

定時用藥提醒系統雖然方便，不過一開始還是得先將首次吃藥的時間與用藥的間隔時間在程式中預先設定好，此系統才能在正確的時間點提醒使用者吃藥。在取得 LINE Notify 的訊息發送權杖之後，便可開始以 motoBlockly 圖控式程式來編輯程式，其完整編輯流程如下。

Step 01 在設定 (Setup) 積木中初始化 ESP8266 WiFi Terminal。

依上一節演示的硬體組裝位置而言：ESP8266 設定積木的『串列輸出腳位』請選擇數位腳位 13(Digital Pin 13)、『串列輸入腳位』請選擇數位腳位 12(Digital Pin 12)，「SSID（分享器名稱）」與「Password（密碼）」則為 ESP8266 準備連線的路由器或無線網路分享器的名稱與密碼，請讀者依自己的狀況填入即可。

Step 02 宣告 5 個 int（整數）型態與 2 個 String（字串）型態的變量。

❶ 代表首次吃藥時間的「小時」nNotifyHour 與「分鐘」nNotifyMins（本例設定的首次吃藥時間為 8:15）。

❷ 代表吃藥間隔時間的 nNotifyOffsetMins（單位為分鐘，本例設定的間隔時間為 240 分鐘。如要快速驗證系統運作是否正常，可將其設定為 2 分鐘）。

❸ 代表目前時間的「小時」nCurrentHour 與「分鐘」nCurrentMins，兩者預設值皆為 0。

❹ 另外 2 個 String 型態的變量則分別為存放 NTP 時間的 szTimeFromNTP 與暫存字串的 szSubTimeData，其預設值均為空字串。

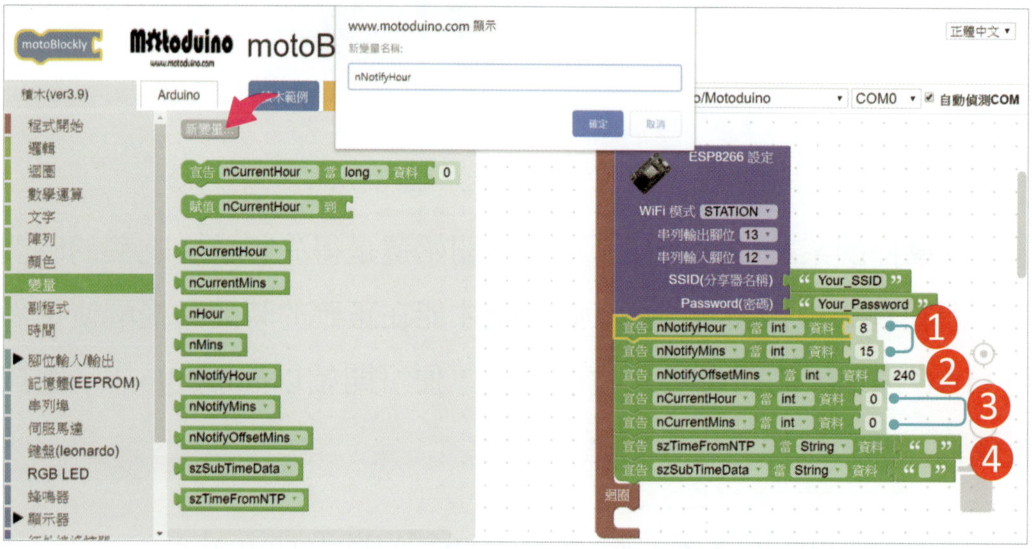

Step 03

進行 1602 LCD 顯示模組的初始化動作：

❶ 設定其位於 I2C 的位址 (0x27)。

❷ 清除 LCD 上原本顯示的文字。

❸ 在 LCD 上秀出已完成準備的訊息（本例設為「LINE Notify Sys!」。可自行設定成 16 字內的其他訊息），藉此告知使用者目前已順利完成前面的網路連線與 LCD 的初始化動作。

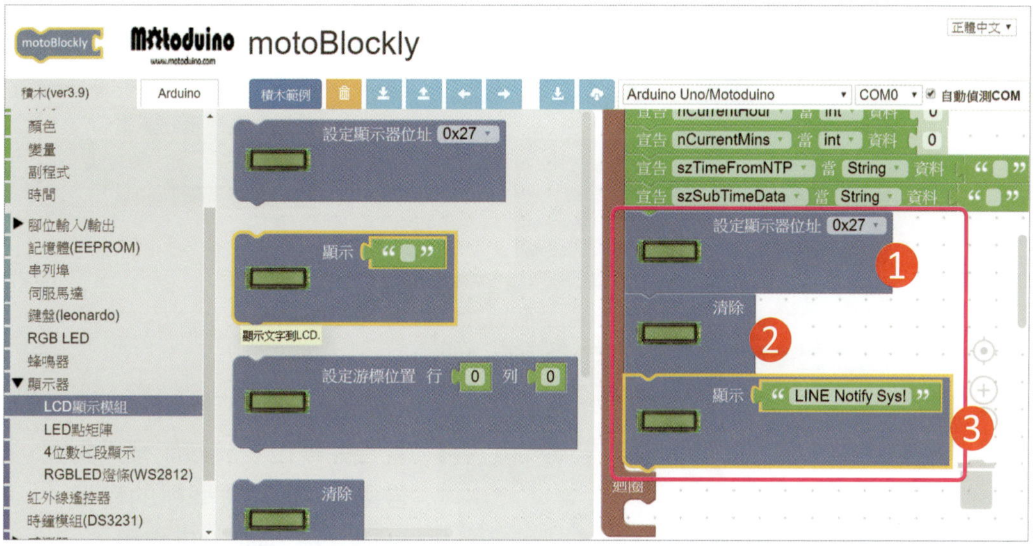

Step 04

此系統一樣使用 NTP 來取得目前時間：

❶ 在設定（Setup）積木中啟動 NTP 的網路校時功能並設定其所在時區。

❷ 另外在迴圈（Loop）積木中也需放入使用 NTP 功能時需對應置入的相關程式積木。

❸ 接著系統便可不斷地將從 NTP Server 取得的網路時間放到 szTimeFromNTP 的變量中（NTP 取得的時間格式為 HH:MM:SS），並將該時間資訊顯示在 LCD 上，而其顯示在 LCD 第一列的字串格式為「NOW: HH:MM:SS」。

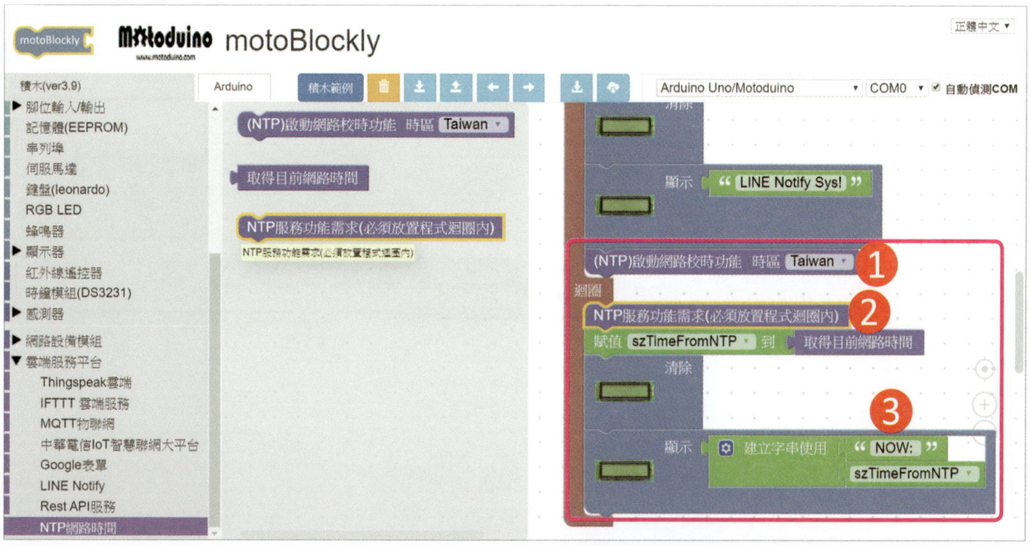

Step 05 由於在每次開機後，系統會根據自 NTP 取得的網路時間及吃藥間隔時間來推算出下一次的提醒時間，因此在此步驟先建立一個可以協助計算下次用藥時間的副程式 -fnCountNotifyTime()。此副程式為一個不在設定（Setup）與迴圈（Loop）積木內的獨立函式，建議將此副程式積木的位置放在主程式堆疊積木的右邊，以避免因程式碼產生的順序有誤而造成編譯上傳的失敗。

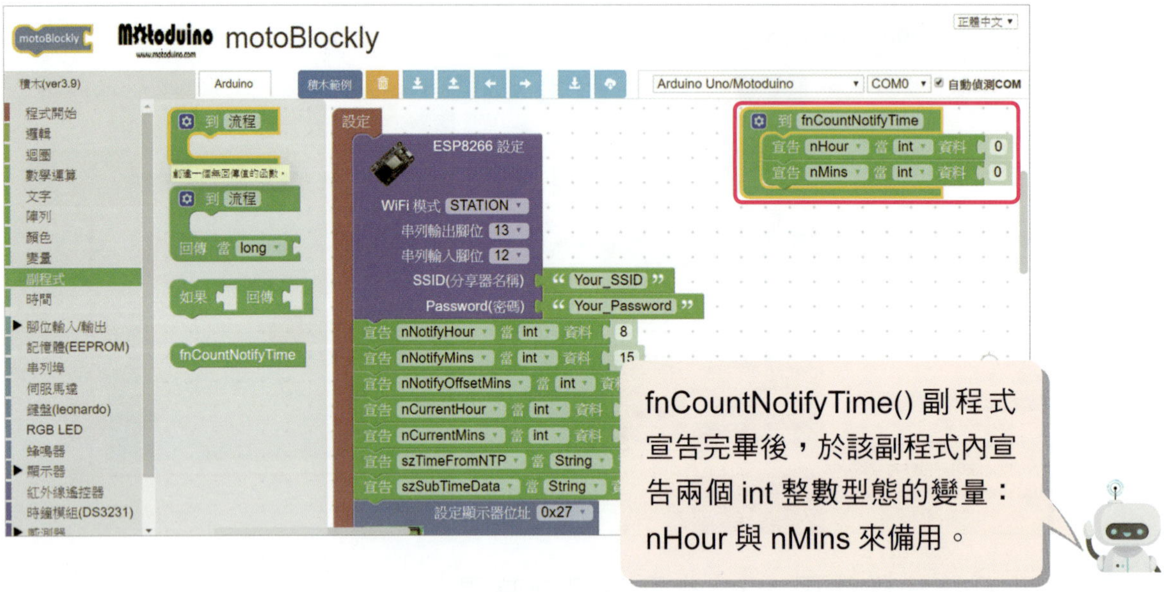
motoBlockly
到 fnCountNotifyTime
宣告 nHour 當 int 資料 0
宣告 nMins 當 int 資料 0
fnCountNotifyTime() 副程式宣告完畢後，於該副程式內宣告兩個 int 整數型態的變量：nHour 與 nMins 來備用。

Step 06 在 fnCountNotifyTime() 副程式中先將原本單位為「分鐘」計的用藥間隔時間 nNotifyOffserMins 換算為幾小時又幾分鐘 (即是將間隔時間除以 60，商為「幾小時」、餘數為「幾分鐘」)，並將結果分別放入 nHour 與 nMins 兩變量中暫存。

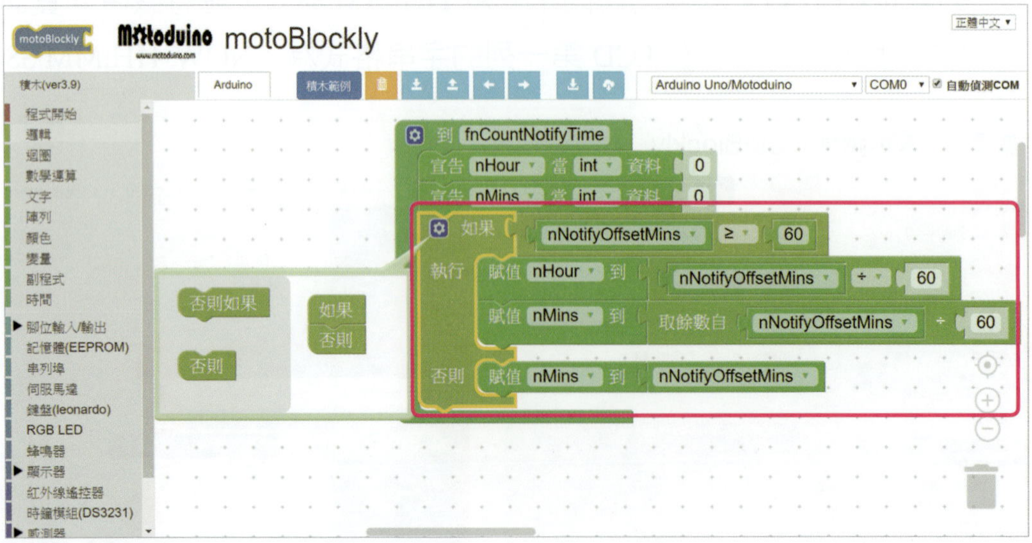
motoBlockly
到 fnCountNotifyTime
宣告 nHour 當 int 資料 0
如果 nNotifyOffsetMins ≥ 60
執行 賦值 nHour 到 nNotifyOffsetMins ÷ 60
賦值 nMins 到 取餘數自 nNotifyOffsetMins ÷ 60
否則 賦值 nMins 到 nNotifyOffsetMins

Step 07 如下圖橘色框處所示，完成將單位為分鐘數的用藥間隔時間換算成幾小時又幾分鐘之後，將其中的幾分鐘 nMins 加上原本吃藥的「分鐘」時間 nNotifyMins，再將超過 60 分的時間減掉 60 並進位 1 小時，藉此算出下一次提醒用藥的「分鐘」時間（nNotifyMins）。

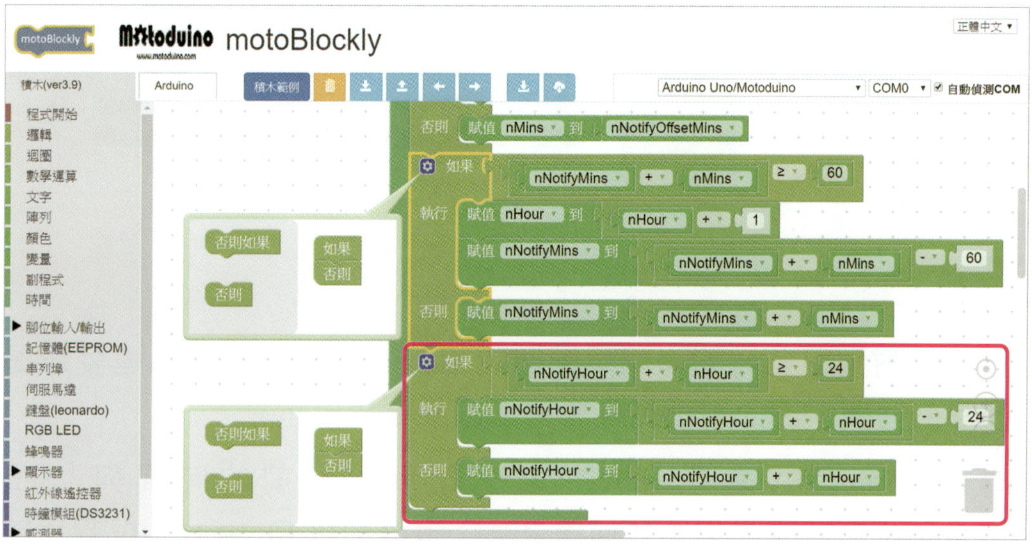
motoBlockly
Arduino Uno/Motoduino
COM0
否則 賦值 nMins 到 nNotifyOffsetMins
如果 nNotifyMins + nMins ≥ 60
執行 賦值 nHour 到 nHour + 1
賦值 nNotifyMins 到 nNotifyMins + nMins - 60
否則 賦值 nNotifyMins 到 nNotifyMins + nMins
如果 nNotifyHour + nHour ≥ 24
執行 賦值 nNotifyHour 到 nNotifyHour + nHour - 24
否則 賦值 nNotifyHour 到 nNotifyHour + nHour

最後再將所換算出的幾小時又幾分鐘的幾小時 nHour 加上原本吃藥的「小時」時間 nNotifyHour（如圖紅框處所示），再將超過 24 時的時間減掉 24 小時，藉此算出下一次提醒用藥的「小時」時間（nNotifyHour）。至此便完成 fnCountNotifyTime() 副程式。

Step 08 由於在每次取得網路時間後，系統都須將其與用藥時間做比對，因此需再建立一個可以協助比對用藥時間的副程式 - fnCheckNotifyTime() 來供主程式呼叫。一樣為避免程式碼產生的順序有誤，此副程式積木的位置請放置在主程式堆疊積木的右邊。

1. 如下圖所示，網路時間的「小時」位於 HH:MM:SS 字串中的第 1 與第 2 個位置。
2. 「分鐘」則位於 HH:MM:SS 字串中的第 4 與第 5 個位置。
3. 因此將其個別取出至 szSubTimeData 並轉化成純數字後（原本該變量的型態是字串 String），便可與記錄用藥時間的 nNotifyHour（小時）與 nNotifyMins（分鐘）變量來進行比對。

由於自 NTP Server 取得的時間資料的字串格式為 HH:MM:SS，因此需先將該時間字串（szTimeFromNTP）的「小時」與「分鐘」先抽離取出來才能進行比對。

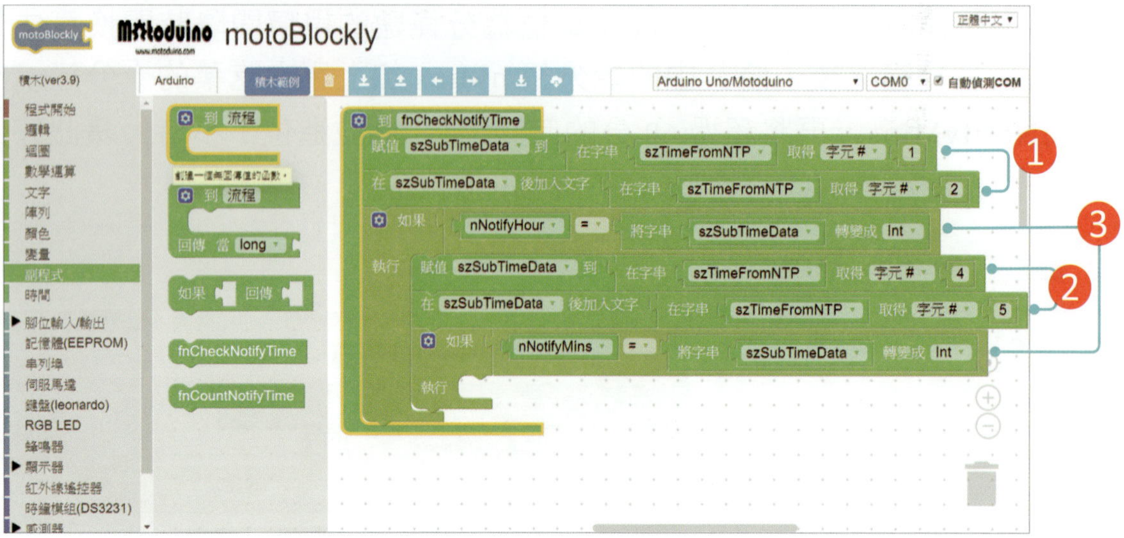

Step 09 一旦比對到目前時間均與用藥時間相符，即代表目前已達發送提醒用藥訊息的時間，因此對應動作會如下圖紅框處所示：

❶ Arduino 除了會在 1602 LCD 上顯示出目前的時間與「Send LINE Notify!」的字樣來告知使用者外，也會利用 LINE Notify 程式積木來發送提醒訊息。

❷ 「token（授權碼）」請填入之前在 LINE Notify 網站中取得的權杖編碼。

❸ 「訊息」則填入欲發送的用藥提示訊息。

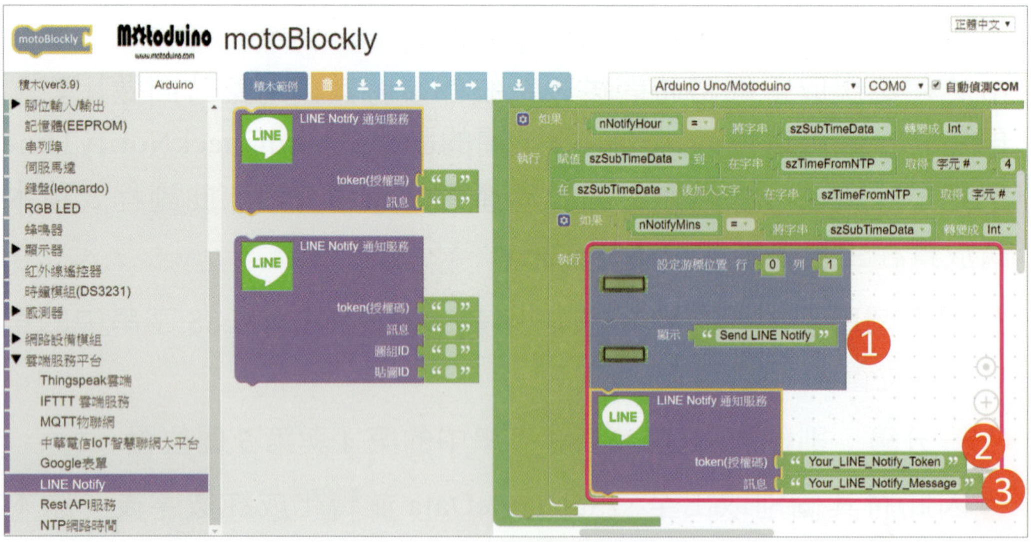

Step 10

最後再讓位於 D9 腳位的蜂鳴器發出警示音來提醒使用者，且在休息 50 秒（延遲 50000 毫秒）後，才能讓 Arduino 繼續進行下一個 NTP 對時的動作。至此，fnCheckNotifyTime() 副程式便算完成。

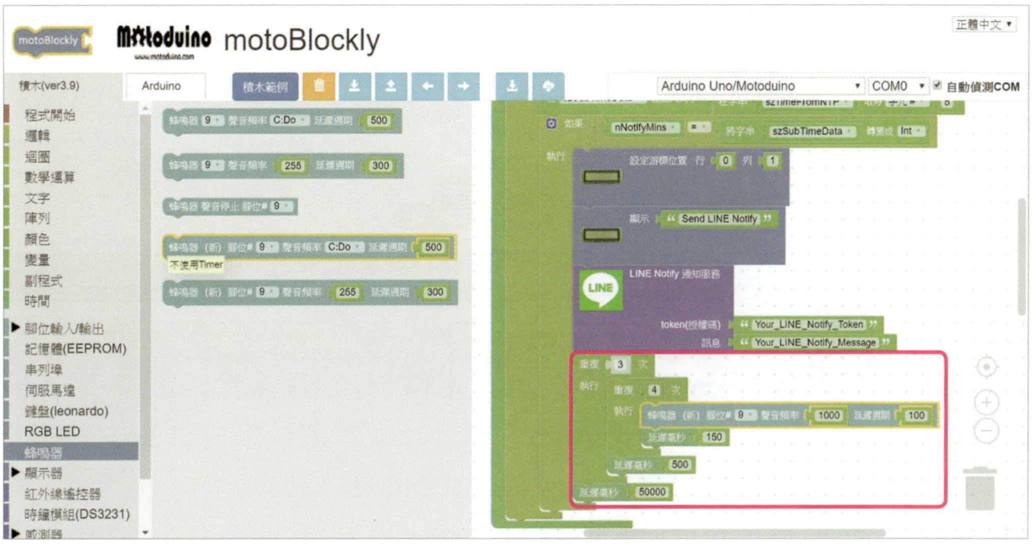

Step 11

完成了 fnCountNotifyTime() 與 fnCheckNotifyTime() 兩個副程式之後，接著要回到主程式來設定呼叫它們兩個的時間點。首先在迴圈積木中將目前的「小時」、「分鐘」時間分離出來，並將其轉換成整數後個別置入 nCurrentHour 與 nCurrentMins 兩個變量之中備用。

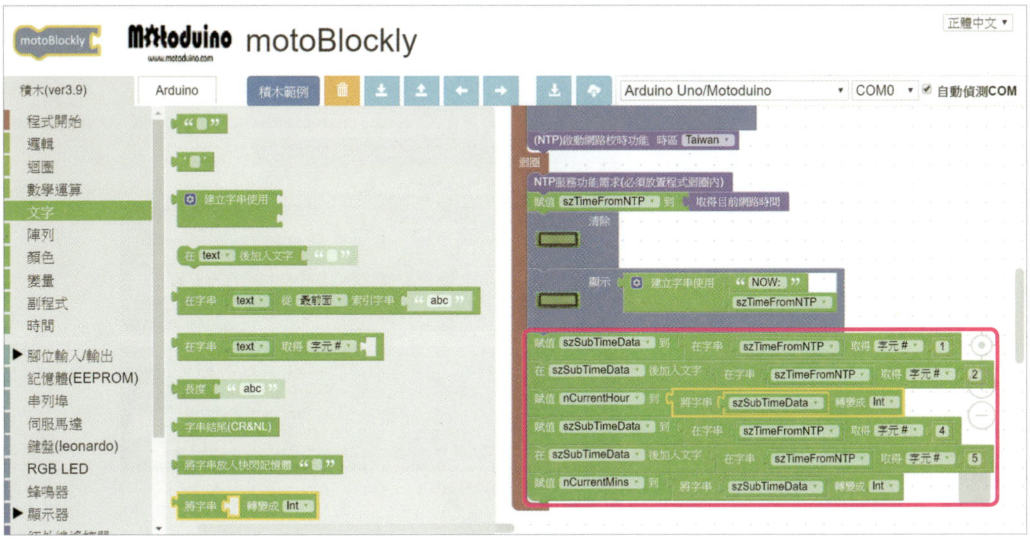

Step 12 接著比對現在的時間是否已經超過原本設定的用藥時間。若時間已超過，便呼叫 fnCountNotifyTime() 這個副程式，以原本設定的用藥時間與用藥的間隔時間來計算出最新的用藥時間，並在取得最新的用藥時間之後，將其顯示在 LCD 的第二列中，其顯示格式為「Notify: HH:MM」。

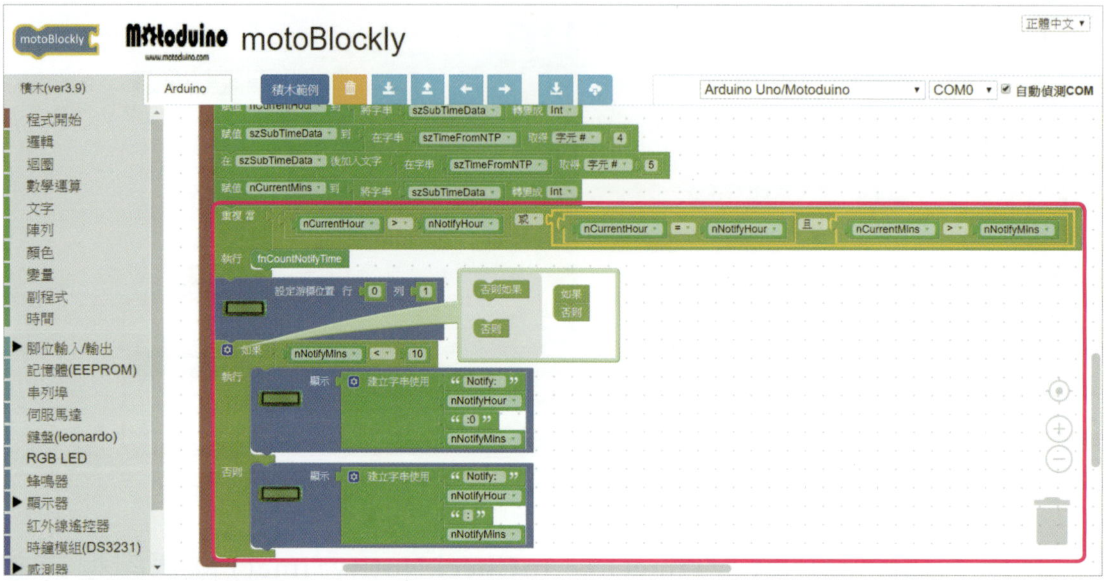

Step 13 算出最新一筆用藥時間之後，系統便得開始不斷監控用藥時間是否已經到來。因此，在最後需間隔 5 秒的時間呼叫 fnCheckNotifyTime() 副程式來協助比對。至此，完整的定時用藥提醒系統程式完成！

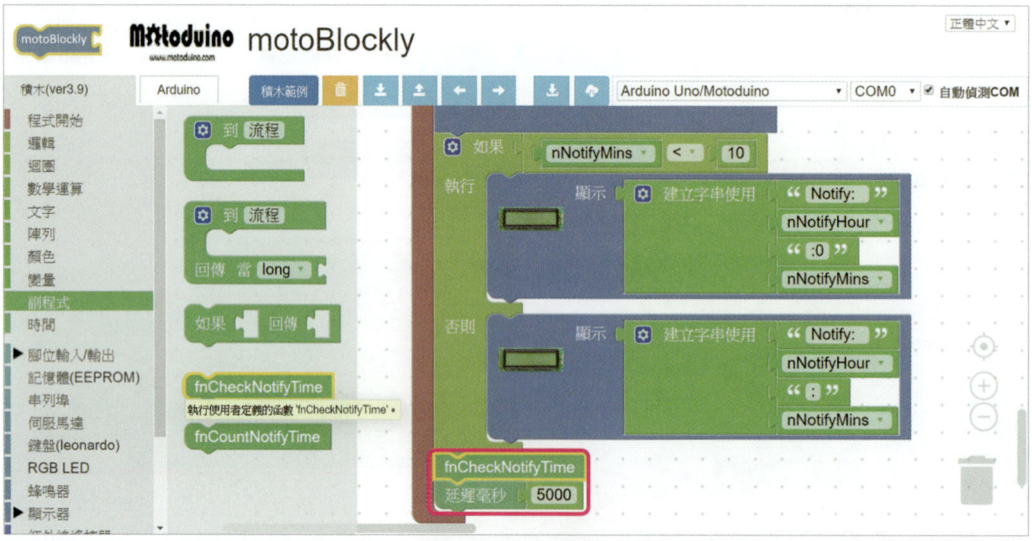

Step 14 完整的定時用藥提醒系統 motoBlockly 程式碼如下：請在紅框處填入自己對應的資訊，定時用藥提醒系統的程式才能正常的運作。

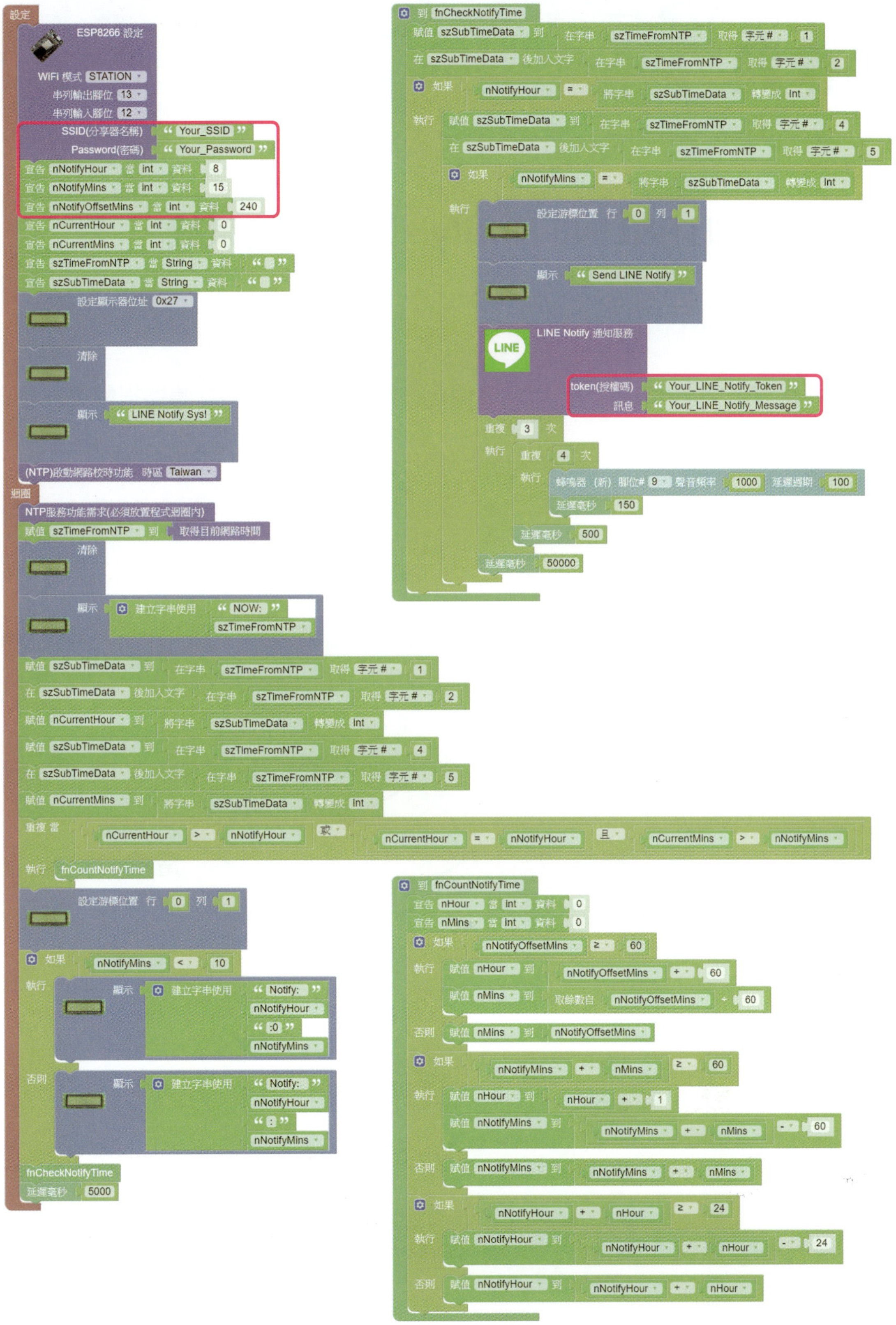
設定
ESP8266 設定
WiFi 模式 STATION
串列輸出腳位 13
串列輸入腳位 12
SSID(分享器名稱) Your_SSID
Password(密碼) Your_Password
宣告 nNotifyHour 當 int 資料 8
宣告 nNotifyMins 當 int 資料 15
宣告 nNotifyOffsetMins 當 int 資料 240
宣告 nCurrentHour 當 int 資料 0
宣告 nCurrentMins 當 int 資料 0
宣告 szTimeFromNTP 當 String 資料
宣告 szSubTimeData 當 String 資料
設定顯示器位址 0x27
清除
顯示 LINE Notify Sys!
(NTP)啟動網路校時功能 時區 Taiwan
迴圈
NTP服務功能需求(必須放置程式迴圈內)
賦值 szTimeFromNTP 到 取得目前網路時間
清除
顯示 建立字串使用 NOW: szTimeFromNTP
賦值 szSubTimeData 到 在字串 szTimeFromNTP 取得 字元# 1
在 szSubTimeData 後加入文字 在字串 szTimeFromNTP 取得 字元# 2
賦值 nCurrentHour 到 將字串 szSubTimeData 轉變成 Int
賦值 szSubTimeData 到 在字串 szTimeFromNTP 取得 字元# 4
在 szSubTimeData 後加入文字 在字串 szTimeFromNTP 取得 字元# 5
賦值 nCurrentMins 到 將字串 szSubTimeData 轉變成 Int
重複 當 nCurrentHour > nNotifyHour 或 nCurrentHour = nNotifyHour 且 nCurrentMins > nNotifyMins
執行 fnCountNotifyTime
設定游標位置 行 0 列 1
如果 nNotifyMins < 10
執行 顯示 建立字串使用 Notify: nNotifyHour :0 nNotifyMins
否則 顯示 建立字串使用 Notify: nNotifyHour : nNotifyMins
fnCheckNotifyTime
延遲毫秒 5000
到 fnCheckNotifyTime
賦值 szSubTimeData 到 在字串 szTimeFromNTP 取得 字元# 1
在 szSubTimeData 後加入文字 在字串 szTimeFromNTP 取得 字元# 2
如果 nNotifyHour = 將字串 szSubTimeData 轉變成 Int
執行 賦值 szSubTimeData 到 在字串 szTimeFromNTP 取得 字元# 4
在 szSubTimeData 後加入文字 在字串 szTimeFromNTP 取得 字元# 5
如果 nNotifyMins = 將字串 szSubTimeData 轉變成 Int
執行 設定游標位置 行 0 列 1
顯示 Send LINE Notify
LINE Notify 通知服務
token(授權碼) Your_LINE_Notify_Token
訊息 Your_LINE_Notify_Message
重複 3 次
執行 重複 4 次
執行 蜂鳴器 (新) 腳位# 9 聲音頻率 1000 延遲週期 100
延遲毫秒 150
延遲毫秒 500
延遲毫秒 50000
到 fnCountNotifyTime
宣告 nHour 當 int 資料 0
宣告 nMins 當 int 資料 0
如果 nNotifyOffsetMins ≥ 60
執行 賦值 nHour 到 nNotifyOffsetMins ÷ 60
賦值 nMins 到 取餘數自 nNotifyOffsetMins ÷ 60
否則 賦值 nMins 到 nNotifyOffsetMins
如果 nNotifyMins + nMins ≥ 60
執行 賦值 nHour 到 nHour + 1
賦值 nNotifyMins 到 nNotifyMins + nMins - 60
否則 賦值 nNotifyMins 到 nNotifyMins + nMins
如果 nNotifyHour + nHour ≥ 24
執行 賦值 nNotifyHour 到 nNotifyHour + nHour - 24
否則 賦值 nNotifyHour 到 nNotifyHour + nHour

定時用藥提醒系統展示影片：https//youtu.be/xiILOIk_hnk

實作題

NTP&LINE Notify - 定時鬧鐘系統

創客題目編號：A008011

題目說明　利用 NTP 與 LINE Notify，製作一個可在特定時間點發出蜂鳴器提醒聲與發送 LINE 訊息的鬧鐘系統。

創客指標

外形	0
機構	0
電控	1
程式	2
通訊	2
人工智慧	0
創客總數	5

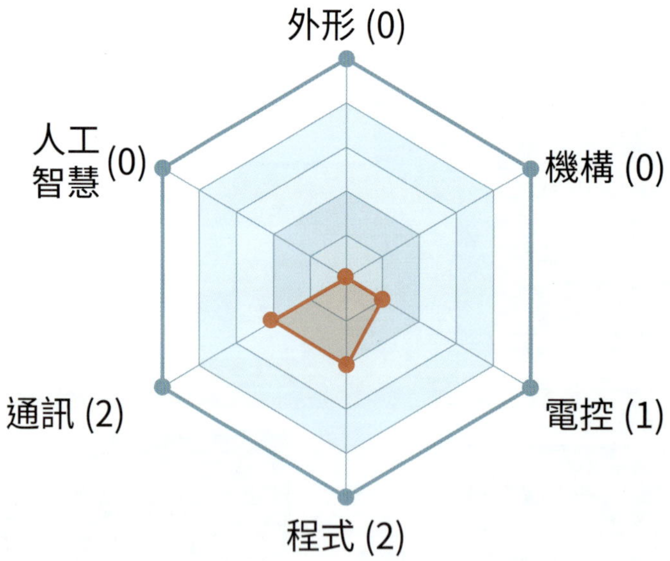

實作時間
60 分

附錄

實作題解答

實作題解答

CH1 ThingSpeak- 溫溼度紀錄系統

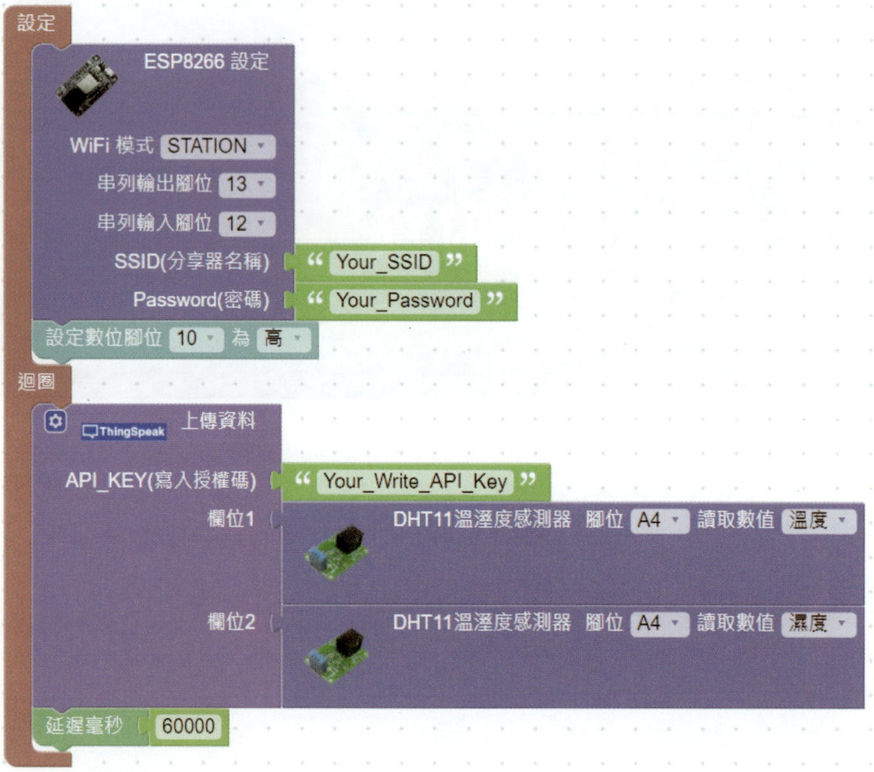
設定
ESP8266 設定
WiFi 模式 STATION
串列輸出腳位 13
串列輸入腳位 12
SSID(分享器名稱) " Your_SSID "
Password(密碼) " Your_Password "
設定數位腳位 10 為 高
迴圈
ThingSpeak 上傳資料
API_KEY(寫入授權碼) " Your_Write_API_Key "
欄位1 DHT11溫溼度感測器 腳位 A4 讀取數值 溫度
欄位2 DHT11溫溼度感測器 腳位 A4 讀取數值 濕度
延遲毫秒 60000

CH2 IFTTT- 下雨通報系統

設定
ESP8266 設定
WiFi 模式 STATION
串列輸出腳位 13
串列輸入腳位 12
SSID(分享器名稱) Your_SSID
Password(密碼) Your_Password
設定數位腳位 10 為 高
迴圈
如果 類比讀出腳位 A3 > 512
執行 設定數位腳位 10 為 低
設定數位腳位 11 為 高
重複 3 次
執行 蜂鳴器 腳位# 9 聲音頻率 650 延遲週期 500
蜂鳴器 腳位# 9 聲音頻率 900 延遲週期 500
IFTTT GET URL 雲端服務
KEY(授權碼) Your_IFTTT_Webhooks_Key
Event Name(事件名稱) Your_GMail_Event_Name
Value1 0
Value2 0
Value3 0
設定數位腳位 10 為 高
設定數位腳位 11 為 低
延遲毫秒 30000

CH3 MQTT-Arduino 遙控電子琴

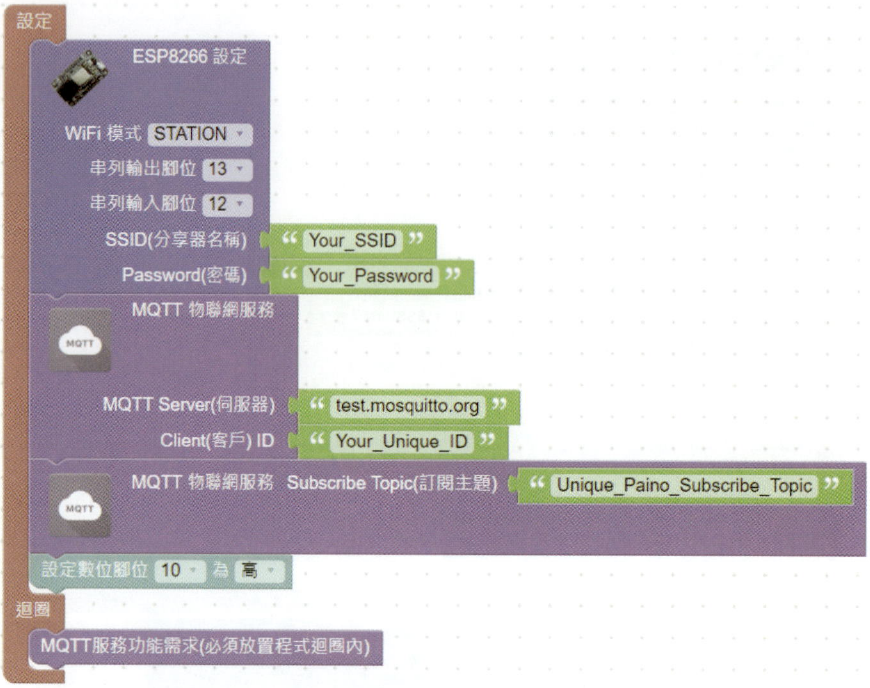
設定
ESP8266 設定
WiFi 模式 STATION
串列輸出腳位 13
串列輸入腳位 12
SSID(分享器名稱) Your_SSID
Password(密碼) Your_Password
MQTT 物聯網服務
MQTT Server(伺服器) test.mosquitto.org
Client(客戶) ID Your_Unique_ID
MQTT 物聯網服務 Subscribe Topic(訂閱主題) Unique_Paino_Subscribe_Topic
設定數位腳位 10 為 高
迴圈
MQTT服務功能需求(必須放置程式迴圈內)

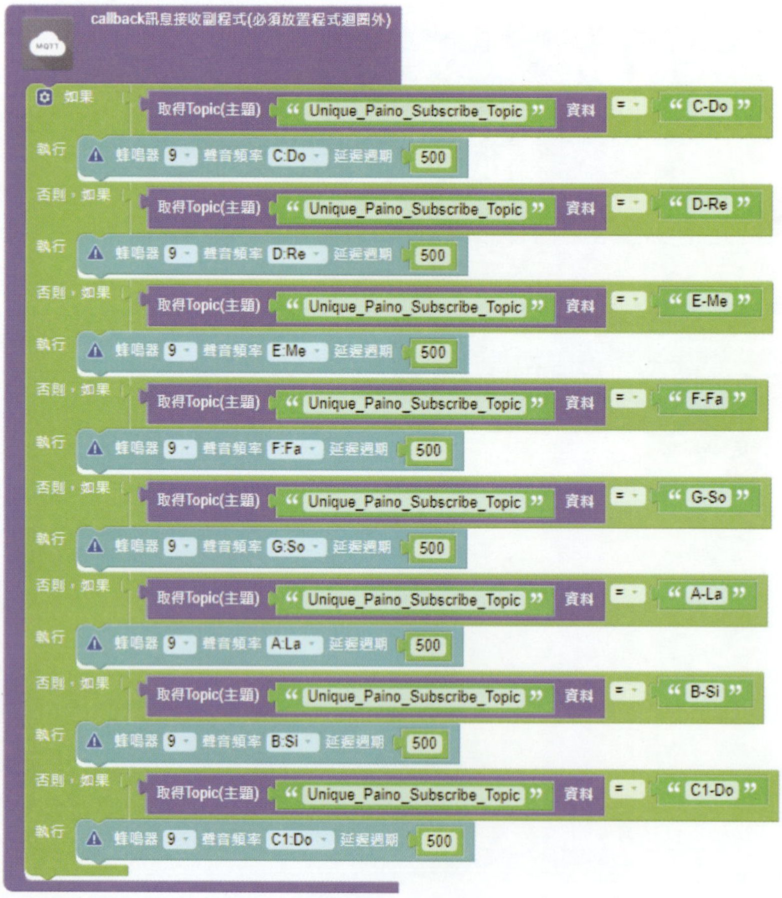
callback訊息接收副程式(必須放置程式迴圈外)
如果 取得Topic(主題) Unique_Paino_Subscribe_Topic 資料 = C-Do
執行 蜂鳴器 9 聲音頻率 C:Do 延遲週期 500
否則，如果 取得Topic(主題) Unique_Paino_Subscribe_Topic 資料 = D-Re
執行 蜂鳴器 9 聲音頻率 D:Re 延遲週期 500
否則，如果 取得Topic(主題) Unique_Paino_Subscribe_Topic 資料 = E-Me
執行 蜂鳴器 9 聲音頻率 E:Me 延遲週期 500
否則，如果 取得Topic(主題) Unique_Paino_Subscribe_Topic 資料 = F-Fa
執行 蜂鳴器 9 聲音頻率 F:Fa 延遲週期 500
否則，如果 取得Topic(主題) Unique_Paino_Subscribe_Topic 資料 = G-So
執行 蜂鳴器 9 聲音頻率 G:So 延遲週期 500
否則，如果 取得Topic(主題) Unique_Paino_Subscribe_Topic 資料 = A-La
執行 蜂鳴器 9 聲音頻率 A:La 延遲週期 500
否則，如果 取得Topic(主題) Unique_Paino_Subscribe_Topic 資料 = B-Si
執行 蜂鳴器 9 聲音頻率 B:Si 延遲週期 500
否則，如果 取得Topic(主題) Unique_Paino_Subscribe_Topic 資料 = C1-Do
執行 蜂鳴器 9 聲音頻率 C1:Do 延遲週期 500

CH4 GoogleForm- 聲光數據上傳系統

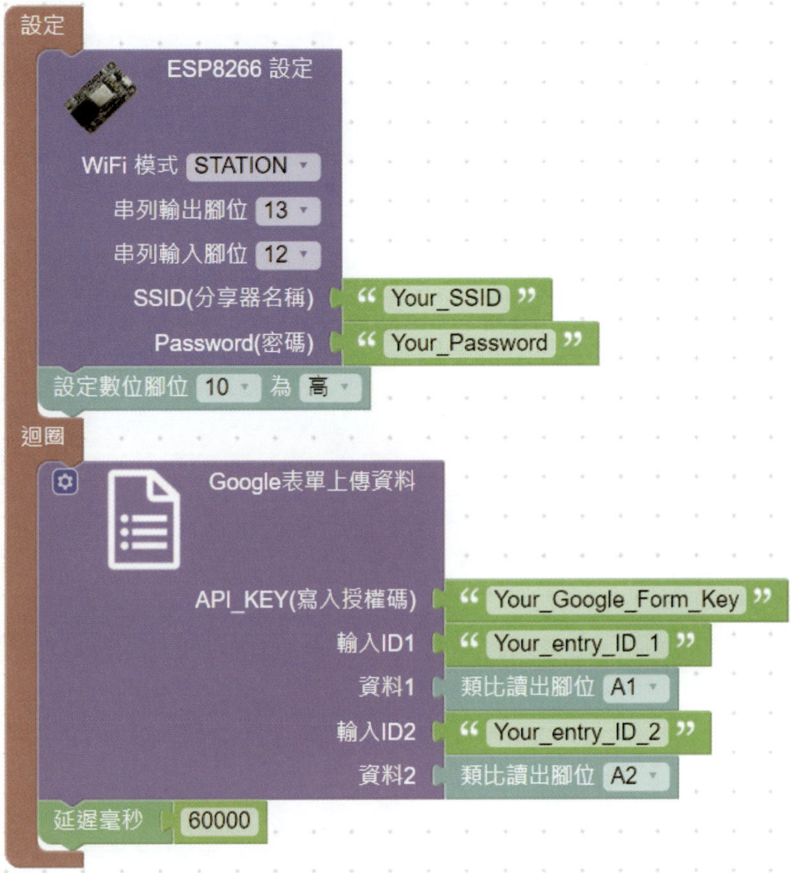
設定
ESP8266 設定
WiFi 模式 STATION
串列輸出腳位 13
串列輸入腳位 12
SSID(分享器名稱) " Your_SSID "
Password(密碼) " Your_Password "
設定數位腳位 10 為 高
迴圈
Google表單上傳資料
API_KEY(寫入授權碼) " Your_Google_Form_Key "
輸入ID1 " Your_entry_ID_1 "
資料1 類比讀出腳位 A1
輸入ID2 " Your_entry_ID_2 "
資料2 類比讀出腳位 A2
延遲毫秒 60000

CH5 NTP&LINE Notify- 定時鬧鐘系統

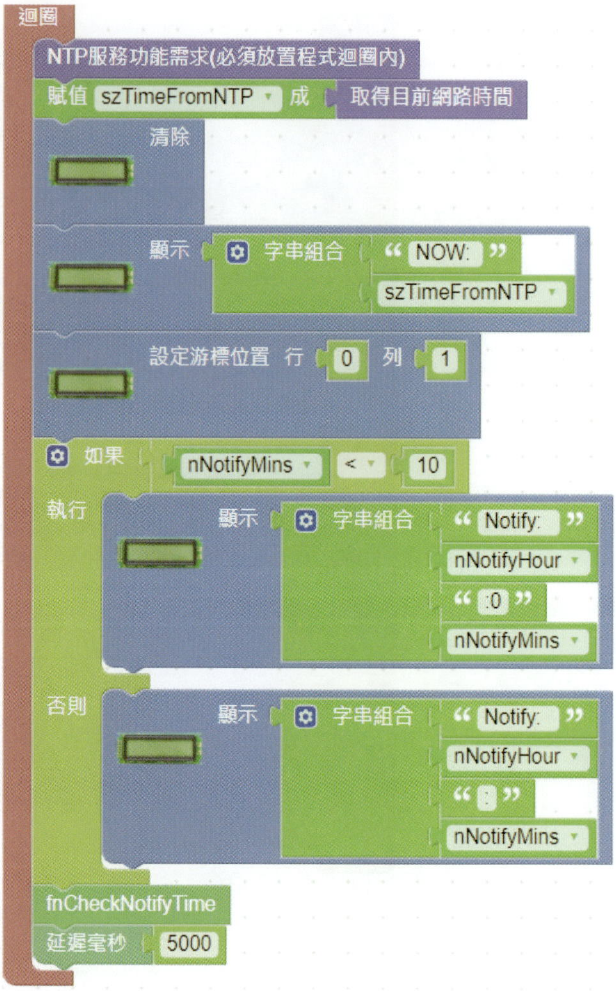

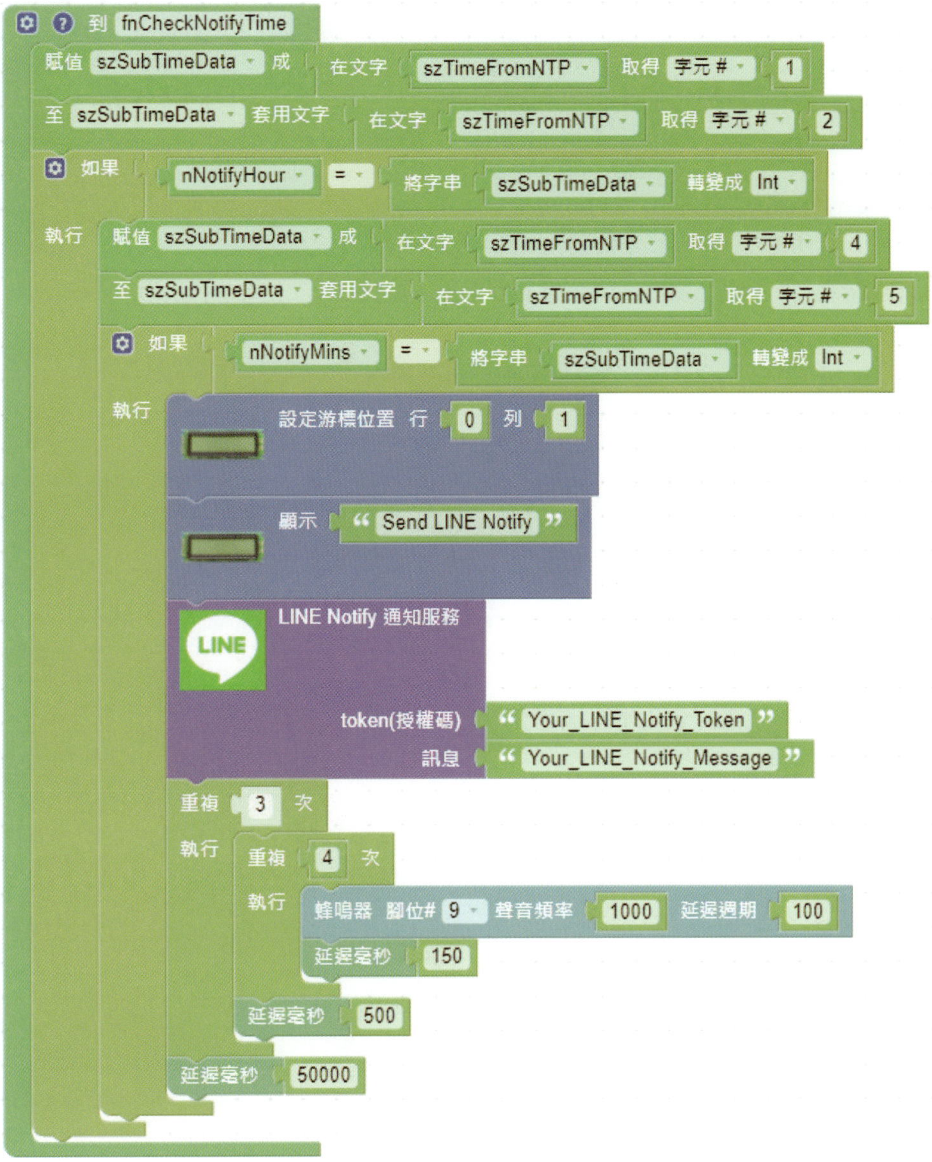
到 fnCheckNotifyTime
賦值 szSubTimeData 成 在文字 szTimeFromNTP 取得 字元 # 1
至 szSubTimeData 套用文字 在文字 szTimeFromNTP 取得 字元 # 2
如果 nNotifyHour = 將字串 szSubTimeData 轉變成 Int
執行 賦值 szSubTimeData 成 在文字 szTimeFromNTP 取得 字元 # 4
至 szSubTimeData 套用文字 在文字 szTimeFromNTP 取得 字元 # 5
如果 nNotifyMins = 將字串 szSubTimeData 轉變成 Int
執行
設定游標位置 行 0 列 1
顯示 " Send LINE Notify "
LINE Notify 通知服務
LINE
token(授權碼) " Your_LINE_Notify_Token "
訊息 " Your_LINE_Notify_Message "
重複 3 次
執行 重複 4 次
執行 蜂鳴器 腳位# 9 聲音頻率 1000 延遲週期 100
延遲毫秒 150
延遲毫秒 500
延遲毫秒 50000

NOTE

NOTE

NOTE

書名　用Arduino輕鬆入門物聯網 IoT 實作應用 - 使用圖形化motoBlockly程式語言

書號　PN066

版次　110年01月初版

編著者　慧手科技__徐瑞茂．林聖修

總編輯　張忠成

責任編輯　李翊綺

校對次數　8次

版面構成　楊蕙慈

封面設計　楊蕙慈

出版者　台科大圖書股份有限公司

門市地址　24257新北市新莊區中正路649-8號8樓

電話　02-2908-0313

傳真　02-2908-0112

網址　tkdbooks.com

郵購帳號　19133960

戶名　台科大圖書股份有限公司

※郵撥訂購未滿1500元者，請付郵資，本島地區100元 / 外島地區200元

客服專線　0800-000-599

網路購書　PChome商店街 JY國際學院　博客來網路書店 台科大圖書專區

各服務中心

總公司	02-2908-5945	台中服務中心	04-2263-5882
台北服務中心	02-2908-5945	高雄服務中心	07-555-7947

線上讀者回函
歡迎給予鼓勵及建議
tkdbooks.com/PN066

Motoduino IoT 物聯網課程實作應用教具盒

產品編號：3008005
建議售價：$2,200

配合 Arduino 控制板的簡單易學，結合 Wi-Fi 無線模組，我們可以利用各式免付費的雲端服務，來完成各式的物聯網應用，讓物聯網成為學生生活的一部分，藉此激發學生創意來解決生活中遇到的難題。本微課程介紹了系列的物聯網應用單元作為學生入門學習與實作參考。

特色：
1. 利用簡單 Arduino 結合 Wi-Fi 做日常生活的物聯網應用。
2. 引導學生透過邏輯運算思維，藉由 Motoblockly 圖控程式導入物聯網的實作。
3. 學習如何使用雲端服務工具，實現生活科技中物聯網的服務與智慧家庭應用。

ThingSpeak	IFTTT ifthisthenthat	MQTT	Google FORMS	LINE Notify
農場大數據、雲端叫號系統	防盜、求援系統	遠端遙控、傳訊系統	雲端點餐、打卡系統	定時開關、用藥提醒系統

Maker 指定教材

輕課程 用 Arduino 輕鬆入門 物聯網 IoT 實作應用 - 使用圖形化 motoBlockly 程式語言
書號：PN066
作者：慧手科技－徐瑞茂．林聖修
建議售價：$350

產品清單

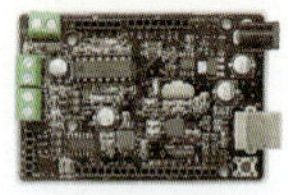 Motoduino U1 控制板 ×1	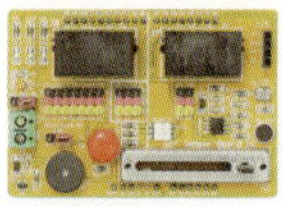 互動學習板 V2×1	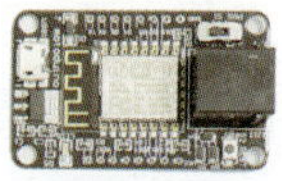 Motoduino WiFi Terminal×1	 4 位數七段顯示器 ×1	 超音波模組 ×1
 1602 I2C LCD 模組 ×1	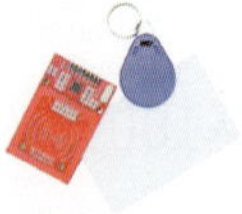 RFID Reader+ RFID Card×1	 DS-3231 時鐘模組 ×1	 RJ11 線 ×3	 RJ11- 杜邦線 ×2
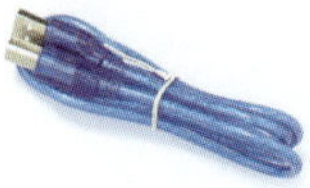 USB 線 ×1	 母 - 母杜邦線 (20cm 10p)×1	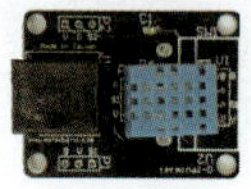 DHT11 溫溼度模組 ×1	 繼電器模組 ×1	 電源插座模組 ×1
 電線 - 短路線 ×2	 電源線插頭 ×1			

※ 價格．規格僅供參考　依實際報價為準